Dr. Reinaldo Espinosa

DEDICO ESTOS ESTUDIOS A
LA CIUDAD DE LOJA, CUYA
CORDIAL ACOGIDA ESTIMULA
NUESTROS TRABAJOS.

EL AUTOR

ESTUDIOS BOTÁNICOS EN EL SUR DEL ECUADOR

Tomo I
LOJA-CATAMAYO-MALACATOS-VILCABAMBA

Y

Tomo II
HERBARIUM UNIVERSITATIS LOXENSIS
(PRIMER INVENTARIO)

REINALDO ESPINOSA

Segunda edición

Con prólogos por F. Vivar C. y B. B. Klitgaard

Editado por:

Herbario LOJA — Reinaldo Espinosa,
Departamento de Botánica y Ecología,
Facultad de Ciencias Agrícolas,
Universidad Nacional de Loja

Departamento de Botánica
Sistemática, Instituto de
Ciencias Biológicas,
Universidad de Aarhus

**Estudios Botánicos
en El Sur del Ecuador TOMOS I y II**

Reinaldo Espinosa

Primera edición   –   Tomo I, 1948 y Tomo II, 1949
                                          ambos, Departamento de
                                          Botánica, Universidad Nacional de Loja

Segunda edición   –   1997
Coedición: Herbario LOJA — Reinaldo
                                          Espinosa, Departamento de
                                          Botánica e Ecologia, Facultad de
                                          Ciencias Agricolas, Universidad
                                          Nacional de Loja, Ecuador

                              –   Departmento de Botánica
                                          Sistemática, Instituto de Ciencias
                                          Biológicas, Universidad de
                                          Aarhus, Dinamarca

Impresión: –   Gráficas COSMOS
                                          Loja, Ecuador

Carátula: –   Foto por G. P. Lewis
                                          Chuquiraga jussieui J. Gmelin.

Pedidos a: Herbario LOJA — Reinaldo Espinosa,
                                 Universidad Nacional de Loja
                                 Casilla 11—01—249, Loja
                                 Tele/fax: (+593) 07 571 730

                                 Department of Systematic Botany,
                                 University of Aarhus
                                 8000 Aarhus C, Dinamarca
                                 Fax: (+45) 89 42 47 47

CONTENIDOS

PROLOGO BIOGRAFICO A LA SEGUNDA EDICION

El Departamento de Botánica y Ecología de la Facultad de Ciencias Agrícolas de la Universidad Nacional de Loja, con el auspicio de la Agencia Danesa para el Desarrollo Internacional (DANIDA) y la Universidad de Arhus de Dinamarca, decidió publicar la segunda edición de los **"Estudios Botánicos en el Sur del Ecuador"**, de la autoría del Doctor Reinaldo Espinosa Aguilar. Cabe destacar que, luego del fallecimiento de este ilustre botánico, sus herederos cedieron en venta los derechos de autor a la Universidad Nacional de Loja. La primera edición de la obra se encuentra completamente agotada, por lo que ha sido necesario un nuevo lanzamiento, a petición de muchos estudiosos.

Diversas circunstancias han incidido en la demora de devolver al publico esta segunda edición, que complementa al Herbario y Jardín Botánico de la Facultad de Ciencias Agrícolas de la Universidad Nacional de Loja, ambas obras sueños caros de Espinosa que, a la hora actual, han tomado forma y cada vez se hacen más tangibles si se prosigue con el mismo empeño, heredado del ilustre maestro zarumeño, su fundador.

Reinaldo Espinosa Aguilar nació en el pueblo de Malvas, perteneciente al Cantón Zaruma de la Provincia de El Oro, el 22 de Junio de 1899. Don Modesto Espinosa y Doña Zobeida Aguilar fueron sus padres. Tuvo numerosos hermanos y " en todos ellos primó un espíritu de comprensión y ayuda mutua" como dijera el profesor Nélson Jaramillo, uno de sus biógrafos. Falleció trágicamente el 29 de diciembre de 1952 en las montañas de Pasto, Departamento de Nariño, Colombia.

Desde la escuela se destacó como alumno distinguido, por lo cual en 1913 fue becado al Instituto Normal "Juan Montalvo" de Quito para que continue sus estudios. Aquí recibió las enseñanzas de excelentes maestros, muchos de ellos europeos. Regresó a su terruño a enseñar en la misma escuela que se educó, llamada Juan Montalvo. Un ex–alumno suyo lo recuerda así: "Fue Reinaldo Espinosa para nosotros una revelación, por sus conocimientos y preparación pedagógica. Nos enseñaba Historia, Geografía y Antropología; esta ultima ciencia desconocida para todos....Frente a sus alumnos era un hombre cariñoso, amable, benigno. Hacía comprender lo que enseñaba requiriendo respuestas relacionadas al tema tratado, no era un simple expositor de la materia".

En 1923 se inició como profesor en la Escuela 9 de Octubre de Guayaquil, donde permaneció dos años, hasta que fue llamado a Quito para enseñar Ciencias Biológicas en los Colegios Normales. Este desplazamiento a la capital lo aprovechó para cursar estudios superiores en la Universidad Central. Durante los años 1928 y 1929 se perfeccionó en Pedagogía y Sicología, y aprendió el idioma alemán por correspondencia.

Más tarde viajó a Alemania becado por el gobierno nacional para ingresar a la Universidad de Jena. Aquí concluyó estudios de Física, Botánica y Biología. En 1932 se graduó de doctor con la tesis "ANATOMIA Y MORFOLOGIA VEGETAL DE LAS PLANTAS DE LOS ANDES ECUATORIANOS", por cuya realización obtuvo el diploma MAGNUM CUN LAUDE. Hombres de ciencia de la talla de Otto Renner, Vosstand, Ludwig Diels y Pilger alabaron su trabajo. De regreso al Ecuador ocupó el cargo de Rector del Colegio Normal "Juan Montalvo". En 1935, el Presidente Velasco Ibarra lo nombró Ministro de Educación. En 1939 viajó a Dresde, Alemania, como representante del Ecuador al Congreso de Agricultura. Por su comprensión de los problemas relacionados con la Botánica y la Agricultura, el destino lo afincó en Europa durante la segunda guerra mundial. Desde Berlín, en calidad de locutor y comentarista de habla hispana, abordó interesantes temas científicos, vinculados a la biología y agricultura.

Luego de la derrota de Alemania por las fuerzas aliadas, gracias a las gestiones del Municipio de Zaruma y de sus familiares, Espinosa obtuvo un salvoconducto hacia E.U.A., desde donde pasó a Colombia y luego a Ecuador. Amargado por los horrores de la guerra y en busca de la paz que encontró entre sus familiares y amigos, y sus queridas plantas, Espinosa no aceptó propuestas de trabajo que le hicieron varias universidades de Norte y Centroamérica. Su contingente científico y su penetrante mirada de botánico y ecólogo los destinó para el "Sur del Ecuador", "jardín botánico" que tanto admiró y urgó con fruición de sabio.

El 9 de marzo de 1946 fue nombrado profesor de la Universidad de Loja, donde regó bondad y sabiduría. Sin embargo, por ciertas desavenencias, tuvo que abandonar prematuramente Loja y viajar a Quito como Director de la Escuela Politécnica, a pesar del pedido clamoroso de la juventud lojana que le expresaba a su partida: "la magnífica labor científica de usted frente a la cátedra, como en la dirección del Jardín Botánico, quedará trunca, precisamente cuando esa obra cobra relieves exitosos y es objeto del aplauso de todos..."

No volvió más, pero dejo sembrado un reguero de ciencia. Y en sus alumnos el ejemplo de su vida, plena de perseverancia, disciplina y hombría de bien.

Quienes fuimos sus alumnos jamás olvidaremos la dedicación del doctor Reinaldo Espinosa por el estudio de la botánica del Sur del Ecuador. Como biólogo supo vislumbrar el porvenir de la botánica agrícola, concebida no como una disciplina rutinaria sino como parte importante de la complejaciencia agronómica que domestica a las plantas para convertirlas en el "pan de cada día". Hacia ese objetivo se orientó el primer tomo, escrito con el estilo de Diels, cuya obra "Contribuciones al Conocimiento de la Vegetación y de la Flora del Ecuador", tradujo del idioma alemán al español.

En sus descripciones resalta la curiosidad científica hacia todo detalle. Bautiza solventemente toda la gama de plantas que determinan el hábitat, incluyendo recomendaciones para el cultivo y la mejora genética de algunas especies y variedades. Cautivaron su curiosidad especialmente los matorrales bajos muy ricos en especies más que los matorrales de altura; los primeros, mezclas secundarias de elementos autóctonos e introducidos y los segundos, formaciones primitivas dignas de conservarse para el ecosistema. En el primer tomo se encuentran descripciones sobre del estado de conservación del suelo y la vegetación y se advierte sobre el daño que causa la quema y desaparición de lo verde. No nos atrevemos a decir que hemos mejorado nuestras costumbres y cuidado los recursos naturales como lo quiso Espinosa, quién en 1947 demostró la eficacia de su teoría aplicada al ecosistema del cantón Zaruma, en el trabajo prospectivo realizado con ayuda del Dr. Francisco Cousin, funcionario del Banco de Fomento. Partiendo del diagnóstico de cultivos e inventarios forestales, determinó las causas de la degradación del medio, confeccionó una lista botánica de plantas promisorias para restituirlas en determinados sitios ecológicos, vislumbró las posibilidades de riego y argumentó sobre el uso de abonos y métodos de cultivo.

Como Decano de la Facultad de Agronomía y Veterinaria de la Universidad Nacional de Loja luchó denodadamente por modernizar la enseñanza en general. Criticó con suavidad pero con firmeza los "métodos burgueses de enseñanza"; pero, por desgracia, muchos no lograron comprender la proyección de sus ideas en su verdadera dimensión.

Cuando en sus viajes de recolección de especies vegetales visitó los trabajos de la apertura de la vía Loja–Cuenca y observó la tala inmisericorde de las montañas de San Lucas y del Acacana, pronosticó, con la seguridad de clarividente, la sustitución de esas reliquias vegetales por pastos "bajos e inservibles".

El museo viviente del Jardín Botánico, otra de sus realizaciones, lo inició con la siembra de 23 órdenes botánicos basada en la conocida clasificación de Linneo y De Candolle. "Este sistema es muy didáctico, nos decía; si se logra implementar y sostener será un libro vivo para reconocer flores y órganos vegetales, sin necesidad de lápiz o pizarra". Todo eso quiso hacer y no lo logró personalmente. Pero dejó un fértil germen. Aunque si viviera, todavía escucharía los "lamentos" de los eternos insatisfechos que gastan energía inutil en quejas intrascendentes, en lugar de beneficiarla para algo provechoso.

Poco después de su desaparición, el día 16 de enero de 1952, el H. Consejo Universitario de la Universidad Nacional de Loja, resolvió designar con su nombre el Herbario y Jardín Botánico de la actual Facultad de Ciencias Agrícolas. Estas reliquias se han guardado hasta hoy, por más de medio siglo, procurando mejorarlas y actualizarlas.

Quienes conocimos de cerca a este gran hombre y escuchamos sus expresiones llenas de peremnidad, estamos obligados a señalar, para orgullo de la Facultad de Ciencias Agrícolas de la Universidad Nacional de Loja, nuestra Facultad, la suerte de haber contado entre los pioneros de su cuerpo docente con hombres de la talla de Espinosa, ejemplos de verdaderos maestros que siempre respondieron a las inquietudes y aspiraciones de sus alumnos.

"Mucho aprenderemos de los libros, pero más aprenderemos en la contemplación de la naturaleza, causa y ocasión de todos los libros", dijo el premio Novel de Literatura Santiago Ramón y Cajal. Esa afán de contemplación y estudio de la naturaleza hizo de Espinosa un inquieto viajero, un traductor de la fluida conversación que él sostuvo con las plantas, porque entendió que ellas son y serán el sustento de la vida.

Como profesor de la Facultad, en la Revista Universitaria de noviembre 1947, Epoca VI, número 1, se expresaba así: " Las buenas costumbres fijadas en la edad temprana serán siempre un contrapeso beneficioso frente a las tendencias innatas... No hay que sorprenderse que el europeo nos aventaje mucho cuando se establece entre noso-tros: está acostumbrado a calcular sus necesidades en días que vendrán; está acostumbrado al ahorro; tiene una educación que le hace apto para la defensa propia. Muchas de las que se llaman diferencias raciales no son probablemente sino un resultado de la diferencia del medio y la educación.... La educación es poderosa. Poderosa siempre que sea adecuada al medio. La influencia de teorías pedagógicas, bien fundamentadas sin duda, pero no formuladas para nuestro ambiente, están produciendo una crisis educativa en nuestro país..... El intelectual que vive de los libros, que forma una aristocra-cia sin títulos ni fortuna, que ha perdido la orientación de la vida real, que subordina la suerte a una situación; del otro lado, el ignorante, que casi no conoce el libro pero que humildemente que acoge a la existencia como es ella por inconsulta o miserable que sea.... El pedagogo que halle las fórmulas de salvar este contraste, de dar a nuestra niñez y juventud el ambiente que le corresponde de acuerdo con nuestra naturaleza, no será comunista, ni socialista, ni fascista; será un pedagogo ecuatoriano. Imagino que ese pedagogo empezaría por formar el hogar para que el hogar eduque y sacar de las aulas a la escuela, el colegio y la Universidad para llevarlos a la nación. al "Ecuador Real".... Esto dijo hace cincuenta años Espinosa sobre la educación y muestro medio; destacando, en otras palabras, que el contraste entre el "presuntuoso intelectualismo y la "casi imbécil comprensión de los otros" trae discusiones intrascendentes.

Para nuestra Escuela de Agronomía formuló un nuevo Plan de Estudios basado en que a la Universidad "no le asiste el derecho de fijar un plazo rígido e invariable para que el estudiante llegue a un grado de preparación total con un rígido sistema como de escuela primaria". Llamó enseñanza burguesa a la que no permite que los jóvenes conozcan, parcialmente y todo, sino las materias de su inclinación y en el tiempo que puedan, luego de cumplir con la jornada de trabajo para vivir. Cursos cortos, en el primer ensayo, permitieron que se graduaran varios zootecnistas prácticos. Pero la incomprensión y la viveza criolla propia de la falta de preparación hicieron que este plausible ensayo no prosperara. Hoy las ideas de Espinosa están vívidas: las profesiones medias adecuadamente concebidas permiten obtener mejores réditos económicos que muchas de las profesiones completas, que graduan a granel doctores e ingenieros, muchos de los cuales, por falta de vocación o de iniciativas, malbarataron su tiempo y el dinero del Estado, pasando a conformar grupos de oportunistas o fracasados pasivos.

Como Decano de nuestra Facultad demostró su talento futurista, no se amedrentó por nada. Amó a la juventud y generosamente trabajó para ella. Empeñoso en proseguir con su obra no le importó disponer de su escasa economía, dándo ejemplo de desprendimiento y pureza espiritual.

Como profesor de genética vislumbró el porvenir del germoplasma de varios géneros locales como el *Solanum, Lycopercicum* e *Ipomoea*, entre los cuales la creación de un futuro tomate resistente a plagas y enfermedades y el descubrimiento de una nueva especie de camote dulce encontrada en Catamayo.

El Herbario "Reinaldo Espinosa" lo inició en el año 1946, año en el cual la Universidad Nacional de Loja lo incorporó a su seno en calidad de catedrático. Desde entonces, logró posesionarse del "Sur del Ecuador" y de la "Eterna Primavera", región donde se dan la mano las stipa de la serranía gris con los cítricos y bananos verdecaña y esmeralda del trópico, como anotó con gran versación de ecológo.

Este fue el hombre multifacético que tuvo en su inicios nuestra Facultad, respetuoso del concepto y accionar de los demás, y que siempre supo que la ciencia practicada con esmero y humildad traen la paz y el adelanto a los pueblos que las saben utilizar. Por eso en los pocos días que pasó en Loja, al tiempo que dejó colecciones botánicas puras y confiables, también tradujo para conocimiento general las aplicaciones más importantes de las mismas.

Reinaldo Espinosa fue un amigo ejemplar, profesor versado e intuitivo, hombre sufrido y generoso, ejemplo para todos. Nunca se enojó por insultos, celos, envidias y chismes. Rechazó los adulos. Escontró verdadero placer en departir con su propia gente, a la dió y de que recibió muchos y variados conocimientos, porque comprendió que proceder de otra maneraes convertirse en la corteza inutil que retrasa el crecimiento y desarrollo del árbol lozano y fructífero.

El primer tomo de "Estudios Botánicos en el Sur del Ecuador" contiene descripciones maravillosas sobre la vegetación de los páramos, las cejas de montaña y los valles temperados, premontanos y tropicales de Loja, Malacatos, Vilcabamba y Catamayo. Aquí, con la percepción de un sabio, Reinaldo Espinosa escudriñó desde el diminuto musgo hasta el corpulento y frondoso árbol. Sus descripciones de novela científica pintan vivamente los paisajes engalonados de cultivos, jardines naturales y taludes de vías poblados de hierbas y arbustos. Admiró como el que más la curiosa estructura vegetal del "chaparro lojano", entremezclado de ipomeas, beffarias, zarzamoras, bomareas y más flores lindas.

Este primer tomo guarda gran valor para la agronomía porque está acompañado de muestras y descripciones de los suelos de la provincia de Loja del eminente geólogo y profesor de la Facultad de Agronomía y Veterinaria de nuestra Universidad, ingeniero Bernardo Mora Ortega. Pero también describe y analiza los efectos del clima, a pesar de los pocos datos registrados para esa época en las estaciones meteorológicas de Loja, especialmente del Colegio Bernardo Valdivieso.

El inventario del "Herbarium Universitatis Loxensis", que corresponde al segundo tomo, consta de 2.800 especies entre las cuales 45 nuevas, muchas de ellas descubiertas por Espinosa y que llevan su nombre; tal por ejemplo: *Paepalanthus espinosianus* Moldenke sp. nov., familia de las Ericaulaceae; *Daphnosis espinosa* Monanchino sp. nov. de las Thymeliaceae; *Miconia espinosana* Gl., familia Melastomataceae. El nombre de Loja y sus regiones vecinas fue perennizado por el ilustre zarumeño en las especies: *Paepalanthus loxensis* Moldenke sp. nov. de la familia Eriocaulaceae (familia tan lojana, como solía decirnos a los alumnos), *Meriania loxensis* y *Miconia zamorensis* *Gl.*

Su instinto natural de agrónomo le hizo descubrir la especie *Ipomoea batata* f. *trifida* Moldenke sp. nov., herborizada con el número 492, en el valle de Catamayo (La Toma), altitud 1400 msnm, en Julio de 1946. Esta especie, cuyo nombre vernáculo es "camote chino" o "pulga", tiene pulpa rojiza, sabor dulce y tamaño de "papa" para enlatar. Una muestra botánica fue remitida al Britton Herbarium, del Jardín Botánico de New York.

Los 440 géneros botánicos que recogió fueron clasificados con ayuda de 48 científicos, sus amigos, entre los cuales sobresalen: Allen, en Lauraceae; Balley, en Rosaceae y Palmaceae; Benson, en Ranunculaceae; Gleason, en Melastomatoceae; Cuatrecasas, en Asteraceae; Donnel, en Convolvulaceae; Hernan y Monachino, en Leguminosae; Maguire en Caryophyllaceae; Seyermark, enAsteraceae y, sobre todo, Harold Moldenke, curador del Herbario de New York, en Verbenaceae, Eriocaulaceae y 45 familias más. La ordenación taxonómica utilizada se basó en el sistema de Engler.

Mucho se apenó Espinosa en no poder acopiar más ejemplares sobre familias tan importantes como las Ericaceae, Lauraceae, Graminae (Poaceae). Por ese tiempo las vías carrozables no le permitieron recorridos más hábiles. Pero, gracias a su aguda observación dedujo que la rica biodiversidad de Loja y la Región Sur del Ecuador se debe a la convergencia de frentes atmosféricos con variados componentes climáticos combinada con el relieve local. Esta especial situación da origen al aparecimiento de especies vegetales que tienen su hábitat natural en Chile, Bolivia y Colombia. Por eso previó la futura importancia botánica de la región, que ha sido confirmada por todos los estudiosos que han visitado la provincia de Loja, gracias a la difusión científica que él mismo logró difundir. Lo expuesto permite aseverar que el doctor Reinaldo Espinosa fue quién inició el verdadero "turismo" científico hacia nuestra "punta geográfica", tan quebrada, variada y difícil.

Felizmente hoy el Herbario Reinaldo Espinosa se ha enriquecido mucho con la perseverancia local y la ayuda extranjera. Consta de 16.500 muestras botánicas y tiene el asesoramiento científico de DANIDA y de la Universidad de Aarhus de Dinamarca. Los numeros existentes se encuentran ubicados en coordenadas geográficas y pronto ingresarán a la red internacional del internet.

Hoy, se reedita la obra que Reinaldo Espinosa escribió y dejó en la actual Facultad de Ciencias Agrícolas de la Universidad Nacional de Loja, justamente para celebrar con efusión y sinceros deseos de progreso un nuevo aniversario del Alma Mater. Esta importante obra ha servido para estimular a la juventud en el estudio de la naturaleza verde que Espinosa tanto conoció y amó, y supo traducir. Porque no son pocos los profesionales ecuatorianos y latinoamericanos que, graduados con los conceptos científico–filosóficos del maestro Espinosa, trabajan éxitosamente en programas nacionales de desarrollo. Y, consecuentemente, estamos seguros que seguirán siendo muchos aquellos estudiosos, nacionales y extranjeros, que se beneficien con la lectura de "ESTUDIOS BOTANICOS EN EL SUR DEL ECUADOR", que orgullosamente presentamos a la consideración del gran publico.

Loja, 11 de Abril de 1997

Francisco Vivar Castro

PROLOGO A LA SEGUNDA EDICION

Es importante hacer notar que esta obra es el único documento existente que presenta de manera exhaustiva los diferentes tipos de vegetación que se encuentran en la región sur del Ecuador. En su primera edición, no tuvo ni el reconocimiento botánico, ni la amplia distribución que se merecía, pero espero que esta nueva edición logre difundir, con mayor amplitud, un trabajo que considero de gran importancia y valor histórico.

Para mejor comprensión de la obra, se han unido en un solo cuerpo, los dos volúmenes de la primera edición: el primero, con un contenido de índole general y descriptivo, publicado en 1948 y el segundo, con el inventario del Herbarium Universitatis Loxensis, publicado en 1949.

Los dos tomos originales de Reinaldo Espinosa son una obra meticulosa de botánica descriptiva y una excelente recopilación de los nombres comunes de las plantas de la zona, los cuales han sido incluidos en su totalidad en el índice de la presente edición.

Reinaldo Espinosa era un visionario admirable muy adelantado a su tiempo. Su preocupación por la flora y la vegetación de la región sur eran constantes y lo manifiesta repetidas veces en su libro. Así nos escribe: «En el año 1938 que visité por primera vez estos lugares, aún descendía el bosque hasta un nivel mucho más bajo que ahora, y en las partes próximas a la mayor elevación, era muy espeso. En la actualidad, estos bosques son destruidos rápidamente y lo probable es que, si no se toman medidas contra este procedimiento, después de pocos años la región quedará convertida hacia abajo en prados de muy poco valor, y hacia arriba en una formación semejante al páramo, con yerbas duras y pequeños arbustos. Hoy día se saca un poco de madera de esos bosques; luego se los tala y a continuación se quema la vegetación derribada. Sobre el suelo queda, para la putrefacción lenta, una empalizada de troncos que ni siquiera se utilizan como leña. Este es el proceso de derroche imprevisivo que se ha llevado a cabo en grandes extensiones de la parte montañosa del país y que han conducido a la desaparición de los bosques, con la consiguiente perdida de grandes superficies, en muchos conceptos». Es evidente que esta obra puede servir de referencia a muchos conservacionistas actuales.

Las colecciones botánicas realizadas por Espinosa, se encuentran depositadas, en su mayoría, en el Herbario LOJA que lleva su nombre. Este Herbario es otra muestra de la dedicación de Espinosa a la botánica y a esta región del país. Sus colecciones comenzaron este Herbario. Cerca de 45 especies nuevas de plantas han sido descritas a partir de sus colecciones y es gracias a sus cuidados y a su preocupación por obtener identificaciones de los especialistas internacionales que contamos con una base sólida para seguir expandiéndolo. Actualmente el Herbario LOJA, no es solamente una colección con gran valor histórico, sino que es fuente de referencia y de inspiración para las nuevas generaciones de botánicos del Ecuador.

Reinaldo Espinosa realizó innumerables expediciones para colectar muestras botánicas. La totalidad de su itinerario de colección aún no se conoce con detalle pero quizás este libro sirva de incentivo para hacer un estudio más detallado del mismo. Sus colecciones son apenas una pequeña muestra de la gran biodiversidad que existe en el sur del Ecuador y que aún queda por descubrir. Citando a Espinosa: «Tal vez con el tiempo llevemos a cabo esta obra; si no será tarea de nuestros discípulos».

Bente B. Klitgaard

NOTA EDITORIAL

El objetivo de esta segunda edición de «Estudios Botánicos en el Sur del Ecuador», ha sido el volver a publicar un documento histórico e importante sobre la Región Sur del Ecuador, y no producir un inventario botánico actualizado.

En la primera edición, solamente una selección de nombres vernaculares fueron incluidos en el índice, mientras que en la segunda edición todos los nombres que aparecen en los dos tomos originales son comprendidos en el índice.

El texto de la segunda edición es idéntico al texto de la primera edición, tomando en cuenta las siguientes excepciones: se ha corregido errores de imprenta y la ortografía de algunos nombres científicos; la actualización de ciertos nombres de localidades; y se ha estandarizado abreviaturas de autores de nombres científicos dentro del texto. No se ha intentado actualizar la taxonomía ni la nomenclatura de todas las identificaciones de las colecciones botánicas listadas en el tomo II. Sin embargo, en el índice de esta segunda edición se ha actualizado la nomenclatura de ciertas plantas notables, especialmente especies indicadoras, y otras taxa que de una manera u otra son importantes para la Región: *Juglans*, por ejemplo, no esta identificada hasta especie en la primera edición; pero con nuestro conocimiento ahora, sabemos que la especie que crece en la Región es *Juglans neotropica.* Esta información adicional esta incluido en el índice de esta edición. Asimismo, los nombres *Chionanthus pubescens* y el género *Oreocallis* son incluidos en el índice de la segunda edición, y son remitidos a los nombres bajo los cuales aparecieron en el texto original: *Lonicera pubescens* y *Embothrium,* respectivamente.

Los contenidos de las dos páginas de FE DE ERRATAS de los dos tomos de la primera edición, también son incorporadas en el texto de la segunda edición.

En el capítulo "Especies y formas nuevas descritas del sur del Ecuador en los últimos años", Reinaldo Espinosa ha traducido las descripciones originales, incluido los diagnósticos latinos de 18 taxa, que fueron descritas y publicadas en 1947 y 1948, por diferentes autores, en la revista botánica PHYTOLOGIA. <u>Bajo el código de nomenclatura botánica estas descripciones no son consideradas las originales (los protólogos).</u>

En pocos casos, en la primera edición del tomo II, las descripciones de plantas faltan números de la colección de Espinosa, significando que no existe una remisión a una muestra de herbario para estas especies, aunque las descripciones incluyen información que da a entender que una muestra ha sido el recurso original de datos. Se ha tratado de encontrar la muestra correspondiente en el Herbario LOJA — Reinaldo Espinosa, y cuando fueron localizadas, estas han sido añadidas en la segunda edición.

ESTUDIOS BOTÁNICOS EN EL SUR DEL ECUADOR

LOJA – CATAMAYO
MALACATOS – VILCABAMBA

Tomo I

REINALDO ESPINOSA

PROLOGO PARA LA PRIMERA EDICION

Los estudios botánicos que se han realizado acerca del Ecuador son ya en respetable número pero por desgracia se hallan en su mayor parte en idiomas extranjeros y dispersos en revistas científicas. Solamente Jameson y Sodiro dejaron al Ecuador algunos estudios en español y acequibles a los estudiosos del país. La obra de estos botánicos hubiese sido ahora grande, si quienes les sucedieron la hubieran continuado, en la forma que ellos la iniciaron. Por desgracia esto no ha sucedido. El padre Luis Mille, en su calidad de profesor de los colegios jesuitas, ha continuado en parte los trabajos de Sodiro; pero sin duda por dificultades materiales, la obra pública de este entendido ha sido muy limitada.

En 1938, el autor de estos «Estudios» tradujo al Español el libro de Ludwig Diels «Contribuciones al conocimiento de la vegetación y de la flora del Ecuador», un bosquejo general hecho por mano maestra y al rededor del cual se puede realizar un trabajo fecundo.

Digna de mención, aunque casi desconocida en el Ecuador, es la obra realizada por Wilson Popenoe, en lo que se refiere a las plantas frutales del Ecuador.

A nosotros los ecuatorianos nos toca en primer lugar, la realización del estudio sistemático de nuestra naturaleza. Esto tendrá la doble ventaja de que acaso podremos hacerlo con más detenimiento, y de que nuestros trabajos sean puntos de referencia más acequibles a las generaciones que nos sucedan.

Debido a las dificultades provenientes de las vías de comunicación, los botánicos y herborizadores que han venido al Ecuador han seguido de preferencia las rutas que conducen hacia las provincias centrales y, en la mayor parte de los casos, han dejado al margen a la provincia de Loja. Pero la flora de esta provincia es precisamente una de las más interesantes del país, y esto explica quizá que, pese a todo, exploradores y herborizadores resueltos la hayan incluído en sus rutas, como se verá por la lista que consigno al pie.

Desde que empezó sus funciones la nueva Universidad de Loja, ha existido el propósito de establecer aquí un centro de estudios botánicos que tenga las dependencias necesarias, para realizar investigación y dar una enseñanza eficiente. Un jardín y un herbario han de ser los dos núcleos del Departamento Botánico. La fundación definitiva de este centro es tanto más necesaria, cuanto que en el país no existe propiamente una institución en la que se lleve a cabo el estudio sistematizado de nuestra vegetación y nuestra flora. Nos hallamos empeñados en comenzar la obra, para que la continúen nuestros discípulos. Estos «Estudios» son la primera contribución, muy modesta, de la institución naciente.

La formación del Herbario se halla en marcha, gracias a la colaboración de nuestros colegas del exterior, particularmente de los Estados Unidos. Sean nuestras primeras palabras el ofrecimiento de nuestro trabajo a todas las instituciones y personas que se interesan en la ciencia de las plantas. Nuestro Herbario es por ahora sólo un comienzo y comprende casi exclusivamente plantas fanerógamas; pero es un comienzo que promete tener éxito. Necesitamos aún colaboradores en determinadas familias muy importantes en esta provincia, como malváceas, solanáceas, ericáceas, etc., y más que todo, los necesitamos para las numerosas familias de las briófitas y talófitas. Nuestro material actual y el que podamos recoger en el futuro, estará a la disposición de los que se interesen en él, tanto en el país como en el extranjero. Así mismo tendremos el mayor empeño en intercambiar especímenes ya determinados, principalmente con las naciones americanas.

Abrigamos también la esperanza de que, en el transcurso de pocos meses, nuestro Jardín Botánico estará en condiciones de cumplir su cometido. Por lo mismo, nos interesamos en el intercambio de semillas y plantas vivas.

Nuestro interés por el momento consiste en hacer el control más minucioso posible de nuestra flora, para luego pasar a estudios de carácter aplicativo, ya en los terrenos de experimentación ya en los laboratorios que actualmente se construyen.

La intención del autor de estos comienzos se dirige principalmente a despertar en la juventud universitaria el interés por estudios cada vez más serios y profundos sobre esta flora, privilegiada por su inmensa variedad y sus notables peculiaridades. Si nuestro trabajo de estudio y enseñanza cumple este cometido, entonces daremos por bien empleado el tiempo que sea necesario emplear para ello.

Dificultades materiales en la impresión han impedido publicar ya en este volumen el primer inventario de nuestras colecciones. Hemos resuelto, pues, formar un segundo volumen que saldrá después de poco y contendrá:

Lista de colaboradores del Herbario de la Universidad de Loja;

Relaciones de la Flora de Loja con la de las provincias centrales y septentrionales y los países limítrofes;

Nuevas especies halladas en Loja;

HERBARIUM UNIVERSITATIS LOXENSIS (Primer inventario);

Bibliografía;

Illustraciones y carta geográfica de la región estudiada;

Indice de especies;

Indice de nombres vernáculos.

Cúmpleme aquí expresar mis más caros agradecimientos a las personas que colaboran en nuestro trabajo. Muy particularmente corresponde mi reconocimiento al Dr. Harold Norman Moldenke, Associate Curator del Herbario de Nueva York, quien con alto espíritu de colaboración, ha organizado la determinación específica de nuestras colecciones, nos ha favorecido con el suministro de bibliografía y nos ha cedido una importante colección de especímenes de la flora de los Estados Unidos.

R. ESPINOSA

Loja, Marzo de 1948

HERBORIZADORES Y EXPLORADORES QUE HAN VISITADO LA PROVINCIA DE LOJA

CALDAS, FRANCISCO JOSE de, 1801—1805

CONDAMINE, CH. M. de la, 1743: Malacatos; observó principalmente las cinchonas.

HARTWEG, THEODOR, 1841—1843: Saraguro, Cisne, Juntas, Loja, Zamora, Catamayo, Potrerillo, Solana, Malacatos, Yangana, Cóndor-Urco.

HITCHCOCK, ALBERT SPEAR, 1923: Portovelo (El Oro), Tambo, La Toma, Loja, Oña, Cuenca.

HUMBOLDT, ALEXANDER von, Julio—Agosto 1802: Cañar, Cuenca, Oña, Loja, Gonzanamá, Río Macará.

JAMESON, WILLIAM, 1864: Cuenca, Surucucho, Paute, Oña, Saraguro, Loja. Sus contribuciones son importantes para el conocimiento de la flora ecuatoriana.

JUSSIEU, JOSEPH, 1739: Loja.

LEHMANN, FRIEDRICH KARL, 1876: Oña, Saraguro, Ramos-Urcu, Juntas, Loja.

POORTMAN, H., 1822: Cangonamá, Cisne, Saraguro, Zamora.

POPENOE, WILSON: estudió principalmente las plantas frutales y publicó «Económic Fruit-bearing Plants of Ecuador».

ROSE, J.N. y G., 1918—1919: Cuenca, Portovelo, cercanías de Oña, Loja.

SEEMANN, BERTHOLD, Agosto—Octubre 1847: Loja, Cuenca.

SIEVERS, WILHELM, 1909: viniendo del Perú, visitó Loja, Cuenca, Cañar, Alausí.

STEYERMARK, JULIO A., del Chicago Natural History Museum, durante la última Guerra Mundial en estudio de las quinas. Prepara un estudio sobre la Flora del Ecuador.

WALLIS, GUSTAV, Junio 1866: Provincia de Loja; falleció en un viaje a Cuenca.

NOTA.- Para más detalles, véase la obra de Diels, citada en el prólogo.

I

DESCRIPCIÓN DEL TERRENO ESTUDIADO

La región estudiada hasta ahora en la provincia de Loja, puede delimitarse así:

Por el lado de Levante, las faldas occidentales de la Cordillera Oriental de los Andes, en parte hasta el lomo mismo de la montaña, en parte sólo hasta alturas medianas.

Por el poniente, la cordillera de Ambocas y la derivación que separa al valle y el cañón del río Catamayo de la cuenca del río Casanga. Por este lado, debido a la facilidad del trabajo, he prestado especial atención a la parte que va desde la altura de Las Chinchas a lo largo de la carretera de Occidente, hasta el río Guayabal.

Por el norte, las alturas de Acacana (derivaciones del Nudo de Guagra-Uma). He de advertir que la Cordillera Occidental, con excepción del Villonaco y sus descensos hacia el este y el oeste, no ha sido aún reconocida. Por el sur, el Valle de Malacatos-Vilcabamba, hasta la población del último nombre.

Ateniéndonos a los datos de Wolf y a mis propias observaciones, la orografía y la hidrografía de esta región pueden describirse como sigue:

A partir del Nudo de Guagra-Uma y los páramos de Saraguro (más o menos a los 3° 44' lat. sur), la Cordillera Oriental sigue una dirección norte-sur, con un profundo corte a los 3° 52', aproximadamente, que da paso al río Zamora hacia el Oriente. En partes la cordillera llega hasta los 4000 metros y aún los sobrepasa; pero a ambos lados de la depresión del río Zamora, baja mucho y deja una puerta abierta a las influencias climatéricas de Oriente. A diferencia de lo que pasa de la provincia del Azuay hacia el norte, en las latitudes de Loja la Cordillera no constituye en ninguna parte un obstáculo insalvable que aisle el valle interandino de la Región Oriental, en cuanto se refiere a la influencia de los vientos. Sólo hacia el este y sureste del Nudo de Cajanuma, llegan a formarse picachos rocosos y desnudos que recuerdan en menor escala las crestas y yermas del centro y norte del país. Los páramos que se forman son comparables apenas con el nivel inferior y mediano de los del norte; la vegetación arbórea avanza en considerables extensiones hasta cerca del lomo de la Cordillera, y en otras, hasta el lomo mismo.

Hacia el Occidente de la Cordillera Oriental, se extiende la Hoya de Loja. No es ésta una hoya propiamente dicha, en el concepto que se tiene en el centro y norte del país; sin embargo, conservaré esta designación clásica. Es un valle que hacia el lado septentrional se estrecha en dos cañones que corresponden a los ríos Las Juntas o San Lucas, y Zamora, y hacia el sur se reduce nuevamente a otros dos cañones cuyos fondos riegan los ríos Malacatos (septentrional) y Zamora. En el centro, «la Hoya de Loja propiamente dicha, presenta una forma ovalada» y sólo tiene una pequeña extensión de superficie más o menos plana en la ciudad misma y hacia el norte de ésta, hasta el poblado de Motupe. Por el Occidente de este valle longitudinal, se extiende la Cordillera Occidental con su punto culminante, el Villonaco (unos 3000 metros de altitud). Esta cordillera es aún más baja que la Oriental, pues como dice Wolf, si su elevación mayor, el Villonaco, se situara en la última, quedaría perdido en ella y sin preeminencia alguna.

Hacia el sur del valle está el Nudo de Cajanuma, que deja en el centro una depresión (2520 metros de altitud), por la que pasa la carretera hacia Malacatos y Vilcabamba. Por el Occidente, el nudo remata en las alturas de Urituzinga.

Desde la ciudad de Loja (2200 metros de altitud) es fácil el ascenso hacia cualquiera de las cordilleras o hacia la cima de los nudos, particularmente en la actualidad, que han mejorado notablemente las vías de comunicación. Ambos nudos y la Cordillera Occidental están atravesados por carreteras, y el camino carrozable que debe conducir al Oriente, se halla próximo al lomo de la Cordillera Oriental.

Como se deduce ya de la descripción anterior, el Valle de Loja se halla bañado por el sistema del río Zamora (en su parte inicial). El Zamora nace de los contrafuertes de la Cordillera Oriental, hacia el sureste de Loja; se nutre a su comienzo de dos quebradas, la de Monjas, que provee de agua potable a Loja, y la de los Pizarros, para luego, formando sinuosidades, alcanzar la ciudad por su lado oriental. Al extremo norte de la ciudad, recibe por el lado izquierdo el río Malacatos, procedente de las estribaciones del Nudo de Cajanuma. El Malacatos parece haber sido de mayor caudal que el Zamora inicial, en tiempos pasados; pero sus cabeceras se han despoblado de vegetación arbórea hasta tal punto, que seguramente debido a esta circunstancia el caudal ha disminuído visiblemente. La ciudad de Loja se halla situada en el ángulo formado por los dos ríos de que hablamos. Poco más abajo de la unión del Malacatos, el Zamora recibe del lado oriental el riecito de Jipiro. Todas las corrientes de agua que alimentan al Zamora por el lado derecho, se distinguen por una limpidez cristalina, a la vez que por una temperatura notablemente más baja, que la del aire.

Ninguna de las ciudades interandinas del Ecuador tienen tanta facilidad como Loja para proveerse de agua potable abundante y de buena calidad; por todos lados afluyen a la ciudad aguas puras de las montañas. Del agua potable depende en Loja la higienización; luego, con un poco más de interés para este problema, la ciudad pudiera ser una de las mejor higienizadas del país.

Recibiendo corrientes de agua de poca importancia por ambos lados y estrechando el valle hasta convertirlo en un simple cañón, el río Zamora continúa hacia el norte, en descenso bastante rápido, hasta que recibe por el lado izquierdo el río Juntas. Este baja de las alturas de Acacana y recibe por su margen izquierda, como surtidero principal, el riecito de Vino-Yacu. Unidos el Zamora y el Juntas, la corriente conserva el nombre del primero y se dirige resueltamente, al Oriente, en descenso bastante rápido, sin embargo no tan brusco como el del río

Pastaza, que sale de la hoya de Ambato. Aquí en este corte se halla, como lo dije antes, la puerta por la cual el Oriente, con prolongaciones de su clima y de su vegetación, se mete en la parte interandina.

Desde la Cordillera Occidental, se baja por abruptos y complicados contrafuertes al valle de Catamayo. Por la carretera actual, se asciende
desde los 2200 metros de altitud (ciudad de Loja) hasta los 2780 (paso de la Cordillera), para descender luego en curvas cerradas y múltiples hasta los 1400 metros, altura ésta a la que se halla La Toma, en la parte septentrional del Valle de Catamayo. La única parte plana de la carretera es el paso del valle; terminado éste y desde el puente de Guayabal, se asciende nuevamente hasta una altura que no debe ser menor de los 2750 metros, dejando, más o menos en la mitad del ascenso, la planicie de San Pedro de la Bendita. El punto más alto de la carretera se llama Las Chinchas, y desde él arranca la cordillerita que se dirige hacia Catacocha y separa los ríos Catamayo y Casanga, como lo he dicho más arriba. Desde Las Chinchas empieza nuevamente un fuerte descenso, pasando por Zambi, Chorrera Blanca y Santa Ana, hasta el río Ambocas.

La corta descripción de la carretera de occidente (necesaria para la localización de mis herborizaciones), demuestra que el Valle de Catamayo, a pesar de su altura absoluta de 1400 metros en La Toma, se halla profundamente encajonado entre montañas. Si hacia el Oriente y Occidente se hallan las alturas antes mencionadas, hacia el norte están las de Chuquiribamba y al sur las derivaciones de la Cordillera de Santa Rosa. En conjunto, el valle da la impresión de una fuente bombonera: fondo plano con paredes laterales oblicuas y abiertas hacia arriba. El Valle de Catamayo es uno de los más extensos de la Región Interandina, y entre los de sus mismas condiciones climatéricas y florísticas, el más amplio y hermoso. Desde el extremo sur en el río Arenal (Catamayo) hasta el extremo norte en el puente del río Guayabal, habrá aproximadamente unos 15 kilómetros en línea recta, y la parte más ancha (a la latitud de La Toma) no será menor de 5 kilómetros. El valle tiene un ligero declive de norte a sur. En toda su extensión apenas si se levantan collados de poca altura, y los bordes del valle se cortan casi en ángulo con las faldas que le circundan. Otros valles de análogas condiciones de altitud, clima y vegetación como son los de Yunguilla-Jubones y el del Chota, se diferencian grandemente del de Catamayo por las circunstancias que acabo de citar, pues estos últimos son más bien meros cañones de los respectivos ríos, con sólo pequeñas extensiones de terreno más o menos plano.

Hacia el Occidente y a una diferencia de altitud de unos 500 metros, el Valle de Catamayo parece continuarse en la planicie de San Pedro de la Bendita. De la mitad meridional y más angosta del valle, sale el cañón que da paso al río Catamayo hacia el suroeste.

El valle de que hablo está regado por el río del mismo nombre que, al entrar en él, tiene el nombre de Arenal. Nace en el Nudo de Sabanilla y, antes de entrar al valle, recibe un afluente considerable por la orilla derecha (oriental), el Malacatos (meridional), del que hablaré posteriormente. Al virar hacia el suroeste, el Catamayo recibe por la orilla derecha (norte) otro afluente, el río Guayabal, que recoge las aguas del espacio comprendido entre la Cordillera Occidental, el Nudo de Guagra-Uma y la Cordillera de Ambocas. Este último es el que da importancia al valle de Catamayo, pues proporciona el riego, sin el cual el valle fuera en su mayor parte casi desierto.

Hacia el sur del Nudo de Cajanuma, se baja por un cañón bastante estrecho en cuyo fondo se halla el Malacatos meridional, hasta el punto denominado Landangui. Desde aquí se abre, en dirección NE-SO, el Valle de Malacatos, con las poblaciones de Tacsiche y Malacatos. Esta última está a una altitud de 1600 m.s.m. Hacia el cañón del río Malacatos meridional (curso superior del río) desciende varias estribaciones de la Cordillera Oriental, entre las que cito particularmente la de Horta-Naque, recorrida en Noviembre de 1946, por una pequeña expedición al servicio de la Universidad de Loja. Esta estribación va ha terminar precisamente en la parte más elevada de la cordillera, erizada aqui de picos de rocas desnudas. Entre el laberinto de lomos y picos que se presentan en la unión de Horta-Naque con la Cordillera Oriental, se localiza un considerable número de lagunas, a diferentes altitudes. La extensión de cada una de ellas varía mucho, pues las hay desde pequeñas pocitas perdidas casi entre la turba que forman las plantas almohadilladas, hasta verdaderos laguitos de un kilómetro o más diámetro. Hasta en el lomo mismo de las estribaciones se forman depósitos de agua, de mayor o menor extensión, siempre que haya una depresión favorable. Desconocidas estas lagunas hasta hace pocos años [1] fueron observadas por primera vez desde el aire por el aviador ecuatoriano Cosme Renella en el mes de Noviembre de 1924, y visitadas posteriormente por el estudiante, Julio Bustamante el 16 de Septiembre de 1932.

En recuerdo de este entusiasta y joven explorador (ya fallecido), a quién se conocía con el apodo de «Compadre», en la población de Loja se denominan en general «Lagunas del Compadre». Paisaje bravío es este de las lagunas: picos agudos y lomos afilados alternan con quebradas y depresiones de laderas casi acantiladas; en toda depresión, por insignificante que sea, se aloja una lagunita o quedan huellas de alguna desaparecida. Vistas desde las alturas, las lagunas parecen negras, porque sus límpidas aguas transparentan las rocas del fondo; en realidad, el agua es clara y cristalina.

¿Cuál es el origen de estas lagunas? Yo me explico así: se hallan en sitio de páramo constantemente húmedo, donde las plantas almohadilladas, como lo veremos más adelante, constituyen una esponja que retiene el agua procedente de la atmósfera y la destilan lentamente, por el subsuelo rocoso e impermeable. Esta agua recogida en tal forma de la atmósfera, corre hacia las depresiones y allí se acumula sobre fondo de roca impermeable. Como las tierras y los productos primitivos del páramo no son ambicionables por el hombre, es de suponer que la espesa almohadilla se conservará y, por consiguiente, yo considero a estas lagunas como los surtideros más seguros de los ríos adyacentes.

Hacia el lado sur de Horta-Naque, varias lagunitas dan origen al río Uchima, que desciende al valle de Vilcabamba, y por el lado norte, una laguna de consideración desagua en otra menor, por medio de cascadas sucesivas, y de esta segunda toma su principio el río Yamba o Boquerón, afluente del Malacatos. Como nuestra pequeña expedición, la primera de estudio que ha subido a las lagunas, fue financiada y auspiciada por la Universidad de Loja, he creído del caso denominar a

---

(1)   A juzgar por una antigua carta geográfica que existe en el Municipio de Loja, si fueron conocidas en tiempo de la dominación española.

estas dos fuentes del río Yamba, «Lagunas de la Universidad».

Paralelamente al valle de Malacatos y partiendo desde Landangui, se extiende una pequeña cadena de montículos que separa a este valle del de Vilcabamba. En este último se sientan dos poblaciones pequeñas, separadas por el río Uchima: Vilcabamba (que da nombre al valle) hacia el sur y San Pedro al norte [2].

El Valle de Malacatos y su vecino de Vilcabamba se hallan bañados, respectivamente, por los ríos Malacatos, cuyo mayor afluente de la margen izquierda es el Yamba, y Chambo y Uchina que, unidos más abajo de Vilcabamba, desembocan juntos en el Malacatos. Este, a su vez, va a dejar sus aguas en el Catamayo.

Después de esta corta descripción orográfica e hidrográfica, cedo la palabra al ilustrado profesor de Geología y Petrografía de la Universidad de Loja, Ing. Bernardo Mora, quien nos hará una reseña suscinta de las condiciones geológicas de la región estudiada.

---

(2)   *Por lo que interesa a los nombres de localidades consignados en mis colecciones, debo aclarar que en la región estudiada existen tres poblados con el nombre de San Pedro: uno que es un caserío suburbano situado al SO de Loja; el que nombramos anteriormente, situado al NNE de Vilcabamba, y el último, también ya antes nombrado, que se halla al O de La Toma y a mayor altitud que ésta. Al designor estos lugares en el inventario, añado respectivamente las palabras «Loja», «Vilcabamba» y «de la Bendita».*

II

ALGUNOS SUELOS DE LA PROVINCIA DE LOJA

E l objeto del presente artículo es describir los suelos sobre los que crecen las plantas coleccionadas por el Profesor de Botánica, Doctor Reinaldo Espinosa, para el Herbario de la Universidad de Loja.

El suelo es el resultado de la desintegración de las rocas. Se produce por la acción de varias agencias que no mencionamos porque no corresponde a nuestro propósito. Puede derivarse de las mismas rocas sobre las cuales descansa; en este caso se llama suelo autóctono. O puede haber sido traído desde otros lugares por las corrientes de agua, o de aire, o por la fuerza de la gravedad; se llama entonces suelo de transporte o acarreo.

Derivándose el suelo de las rocas, para establecer sus cualidades, es necesario determinar las rocas que lo han originado; porque éstas varían mucho en su composición química y en propiedades físicas. Comenzaremos por la descripción de las rocas que hay en las regiones que nos interesa.

ROCAS METAMORFICAS.- La base geognóstica de la Provincia de Loja, la constituyen rocas metamórficas de la era precambriana. Predominan esquistas cristalinas arcillosas, habiendo también micáceas y grafíticas. En menor escala, se encuentran cuarcitas y neises de composición granítica. Afloran estos materiales en las dos cordilleras que limitan la Hoya de Loja, las que tienen constitución geológica igual en su prolongación hacia el sur. En el interior de esta hoya se observa afloramientos de poca magnitud de estas rocas metamórficas.

ROCAS SEDIMENTARIAS.- Según el Doctor Teodoro Wolf, la Hoya de Loja y las hoyas adyacentes de Piscobamba, Vilcabamba y Malacatos, fueron asientos de dos lagos interiores que existieron en la época terciaria. Debo añadir que, la sección sur del valle Catamayo, probablemente, fué también el asiento de un lago de la misma época, que puede haber formado parte del extenso lago de Piscobamba. En el fondo de estas aguas, se depositaron las rocas sedimentarias que hoy ocupan la parte central de dichas hoyas.

Clasificaremos estas rocas sedimentarias en tres variedades, teniendo en cuenta los tipos diferentes de suelo que producen. *1.- Conglomerados y areniscas. 2.- Arcillas. 3.- Mantos calizos.*

1.- Conglomerados y Areniscas. Están formados los primeros por una mezcla de guijarros, de tamaño mediano con arena y, a veces, un poco de arcilla. Las areniscas se componen de granos de arena fina, ambas rocas tienen sus partículas componentes unidas por un cemento de arcilla y óxido de hierro. Excepcionalmente se observa pequeños segmentos de arenisca, cementados con sílice.

En la Hoya de Loja, las partículas componentes de estas rocas, provienen, casi exclusivamente, de las esquistas cristalinas. Los conglomerados afloran en muchos lugares de las pendientes orientales del sur de la hoya; también afloran, en extensión considerable, al oeste de la ciudad, a lo largo de la colina que la limita por ese lado. Las areniscas afloran en pequeñas extensiones del sector Las Pitas, al oeste de la Carretera norte.

Las hoyas de Malacatos, Vilcabamba y Piscobamba están rodeadas, en el este, por las rocas metamórficas descritas, y, en el oeste, por rocas ígneas. De esta circunstancia resulta que, las partículas que entran en la formación de conglomerados y areniscas, que tienen su origen en las dos clases de roca, serán una mezcla de dos variedades, con predominio de aquella que se encuentra más próxima.

2.- Arcillas. Constituyen el tipo de roca más abundante en las hoyas. Las hay del tipo esquistoso y también compactas. Siendo las primeras de color claro, y de coloraciones obscuras las segundas. Las arcillas esquistosas tienen regular consistencia y no se disgregan fácilmente. Las arcillas compactas son suaves; el agua las disgrega y convierte en lodo.

3.- Mantos Calizos. Están formados por estratos de carbonato de calcio, separados por otros de esquista arcillosa de color blanco. Los estratos calizos tienen, generalmente, pocos centímetros de espesor, y, donde tienen mayor magnitud, se utilizan para extraer la cal usada en las construcciones locales.

En la Hoya de Loja, los mantos calizos afloran al norte de la ciudad, principalmente en las faldas orientales. Al sur de la ciudad no se los encuentra. En Malacatos y Vilcabamba, los mantos calizos también afloran al norte de las hoyas. En la hoya de Catamayo, hay mantos calizos en la falda oriental, al sur de la hoya.

Entre estos mantos se encuentra, a veces, sílice amorfa, compacta, dura. La cal se presenta generalmente en forma compacta, pero también ocurre en forma pulverulenta.

ROCAS ÍGNEAS.- En la Hoya de Loja, los afloramientos de estas rocas son de magnitudes muy pequeñas. En la formación de su suelo, no ejercen influencia que merezca considerarse. Ocurren en las partes más elevadas de las dos cordilleras que limitan la hoya. Con una excepción, son pórfidos de color obscuro, del tipo intrusivo, básicos. En la cordillera principal, al suroeste de la hoya, hay una intrusión de granito anfibólico, de grano grueso. Ocurre en el límite con el terreno sedimentario.

Dijimos ya que las hoyas de Malacatos, Vilcabamba y Piscobamba están limitadas en el oeste por rocas ígneas, que también afloran dentro de los valles, en los ángulos que forman la intersección de los tres ríos que atraviesan esa sección. Son éstas generalmente pórfidos de color obscuro del tipo básico.

El Valle de Catamayo presenta caracteres diferentes de los que presentan los tres que se han nombrado. Está rodeado exclusivamente por rocas ígneas que, en su mayoría, son pórfidos del tipo básico. En las faldas orientales, las rocas ígneas afloran hasta unos doscientos metros de altura sobre el Valle. Desde ese punto, hasta la cumbre de la cordillera, se encuentran las esquistas cristalinas, en las que ocurre pequeñas intrusiones de rocas ígneas del tipo general de la zona. En las otras faldas, afloran exclusivamente rocas ígneas. El suelo de la parte plana del Valle es de acarreo; ha sido transportado por los ríos que cruzan y también por las aguas lluvias que han arrastrado el material de las laderas. En la parte sur oriental, hay una pequeña sección ocupada por rocas sedimentarias, con suelo autóctono.

Indicaremos ahora el tipo de suelo que producen las rocas que hemos mencionado.

Las esquistas cristalinas, en su mayoría del tipo arcilloso, son resistentes a la desintegración por agentes químicos. Algunas tienen poca resistencia mecánica. El suelo autóctono que produce es, generalmente, poco profundo, contiene granos de cuarzo provenientes de las vetas que hay en la misma roca. No he observado indicio alguno que indique la presencia de carbonato de calcio. En las laderas pendientes y en las cumbres que no contienen vegetación arbórea, las plantas crecen sobre la roca, muy poco o nada, descompuesta, sobre la cual el material pulverizado es muy escaso, y, a veces, falta completamente. En general, este suelo es de reacción ácida y pobre en substancias nutritivas para la vegetación.

El neis aflora en el límite del terreno terciario de la Hoya de Loja, entre los kilómetros 5 y 6 de la carretera occidental. No he encontrado esta roca en otro lugar. Es del tipo granito hornabléndico. Se encuentra alterado en toda la profundidad observable. Produce un suelo arenoso, deleznable, de poca fertilidad en las laderas, que ocurre, porque, debido a su poca consistencia, las aguas lluvias arrastran fácilmente el suelo que se forma.

Las rocas sedimentarias producen suelos distintos para cada variedad. Los conglomerados producen suelos poco profundos, inadecuados para retener la humedad, por lo cual su vegetación es pobre. En las laderas pendientes carecen de vegetación arbórea. Donde hay mantos calizos, el suelo es de muy buena calidad. El suelo de las arcillas está siempre mezclado con el de otras rocas, más frecuentemente con el de los conglomerados, lo cual mejora sus condiciones físicas y su poder fertilizante.

Dijimos ya que las rocas ígneas afloran en extensión considerable en los valles de Malacatos, Vilcabamba, Piscobamba y Catamayo. Todos estos valles son de temperatura tropical. En los tres primeros valles, llueve, generalmente, de Diciembre a Mayo en cantidad suficiente para que se hagan cultivos de maíz en terrenos de secano. Pero en el Valle de Catamayo, la cantidad de lluvia que cae no es suficiente para hacer esos cultivos, por lo cual, la región tiene la flora escasa de las zonas áridas. En los cortes de la carretera que conduce a Loja desde el último valle, se observa que las grietas formadas en las rocas ígneas contienen carbonato de calcio pulverulento, hasta, aproximadamente, un metro de profundidad. Este material y el clima seco, producen en el Valle de Catamayo un suelo de reacción alcalina, muy rico en substancias nutritivas para vegetación, como se observa en los cultivos que se hacen bajo riego. Los otros tres valles mencionados poseen también suelo profundo y rico.

LA REGION HORTA-NAQUE.- El Sr. Profesor, Doctor Espinosa, hizo aquí una colección numerosa de plantas, por lo cual es necesario describir la geología y suelo de esta zona. Es un ramal de la cordillera oriental que, partiendo desde una altura de 3600 metros, termina en la confluencia de los ríos Palmira y Landangui y divide los valles de Malacatos y Vilcabamba. Las rocas de todo el terreno donde se hizo la colección, son esquistas cristalinas, arcillosas principalmente. El suelo es autóctono y de poca profundidad; contiene, además de los productos de descomposición de la roca, granos de cuarzo provenientes de las vetas que hay en el lugar. El clima es húmedo, llueve la mayor parte del año.

CARRETERA CATAMAYO-PIÑAS-PIEDRAS-SANTA ROSA.- Muchas plantas del Herbario han sido coleccionadas en esta carretera y otras, en la carretera Loja-Saraguro. Se hace necesario describir la geología y suelo observables a lo largo de estas vías. Me ocuparé ahora de la carretera que encabeza este párrafo.

Desde el cruce del río Guayabal, hasta, aproximadamente, un kilómetro antes de llegar a la población de San Pedro, el terreno es de rocas ígneas, del tipo color obscuro, básicas, que es el general de la zona. El tramo siguiente, que incluye la población de San Pedro, hasta el puente El Sauce, en la quebrada Mataperro, pasa por rocas sedimentarias, de color amarillo obscuro; son arcillas de bastante consistencia, más endurecidas que las rocas sedimentarias del terreno terciario mencionado anteriormente y, no obstante la extensión considerable de su afloramiento, presentan en todas partes uniformidad en textura, composición y dureza. Afloran estas arcillas en los siguientes lugares: en la carretera que va de San Pedro hacia El Cisne, en una distancia de unos seis kilómetros; en la quebrada Mataperro por donde sube el antiguo camino de herradura que conduce a la costa; en la cordillera Las Chinchas siguiendo la carretera que va a Catacocha, hasta el sitio Velacruz; y en el ramal de la misma cordillera, por donde baja la carretera que nos ocupa, hasta el paso de la quebrada Inguna. Los caracteres de estas rocas indican que se formaron bajo la superficie del mar. Deben pertenecer a la formación cretácea de que nos habla el Dr. Wolf.

Pasando el puente El Sauce, la carretera entra en terreno de rocas ígneas, del tipo general de la zona, por una distancia de cinco kilómetros aproximadamente. Desde allí nos encontramos de nuevo, en el terreno de las rocas sedimentarias cretáceas, mencionadas en el párrafo anterior, hasta llegar al Puente de la quebrada Inguna. Se encuentran allí rocas ígneas intrusivas, básicas, hasta unos tres kilómetros de distancia. Aún en ese trayecto surgen ya las rocas metamórficas, que son esquistas cristalinas arcillosas, y sobre las cuales continúa la carretera hasta el Paso de Santa Ana. Nos encontramos ahora con una considerable intrusión de rocas graníticas de color claro y de grano mediano, o grueso. Predominan los granitos, pero también se observa sienitas. Esta intrusión termina, aproximadamente, un kilómetro antes de llegar al río Ambocas. A lo largo de este río, y de los ríos Amarillo y Calera, hasta el paso de este último por el puente El Pache, afloran rocas metamórficas, principalmente, esquistas cristalinas arcillosas. En este trayecto, en la confluencia de los ríos Luis y Ambocas, aparece una intrusión de rocas ígneas, tipo básico.

Desde el puente El Pache se entra en una extensa zona de rocas ígneas que se extiende hasta unos 5 kilómetros más adelante de la población de Piñas. Predominan aquí rocas de color obscuro tipo básico. En el trayecto restante, hasta llegar a las planicies de la costa, se encuentran solamente rocas metamórficas, que son esquistas cristalinas del tipo común arcilloso.

La topografía del terreno, desde que se parte de la población de San Pedro hasta el punto en que la carretera se bifurca en ramales, que va el uno a Piedras y el otro a Santa Rosa, es de región montañosa, con pendientes de fuerte inclinación en casi todo el trayecto. Desde el punto de bifurcación mencionado, se entra en terreno de colinas bajas con pendientes de suave inclinación, hasta llegar a las planicies de la costa.

El clima presenta notables variaciones a lo largo del trayecto que se recorre. Desde el Catamayo hasta la cordillera Las Chinchas, la carretera está dentro de la hoya del Catamayo, por consiguiente, participa de su clima, que es árido, con lluvias muy escasas. Desde Las Chinchas hasta la Garganta de Piñas, llueve con regularidad de Diciembre a Junio; a veces llueve desde Octubre. Los meses restantes constituyen la estación seca; las lluvias son una excepción. La región comprendida entre la Garganta de Piñas y el punto de bifurcación de la carretera que se mencionó en uno de los párrafos anteriores, es muy húmeda, pues llueve o llovizna la mayor parte del año. La región restante pertenece a la costa y participa de su clima que tiene estaciones más o menos marcadas de lluvia y sequedad; de Junio a Diciembre, la segunda, y la lluviosa en los meses restantes.

El suelo es autóctono en todo el trayecto; por consiguiente varía según la roca que le origina y el clima de la región. Como es de esperarse, la topografía descrita, es de poca profundidad.

CARRETERA LOJA—SARAGURO.- Partiendo de la ciudad de Loja, hasta el sitio Quebrada de Las Lágrimas, donde termina la hoya, la carretera está asentada sobre rocas sedimentarias de época terciaria, características de la sección. Luego se entra al terreno de las rocas metamórficas, que son esquistas cristalinas arcillosas, principalmente, hasta llegar al sitio Pucala. Comienza aquí la sección denominada por el Doctor Wolf granito de Las Juntas. La roca dominante es el granito de coloración clara y de granos de tamaño variable. Al principio, se observa que predomina la sienita, entre la cual hay intercalaciones de las esquistas cristalinas antes nombradas. Termina el granito poco antes de llegar a la población de San Lucas. Se entra, de nuevo al terreno de las esquistas cristalinas que continúan hasta llegar cerca de la cumbre del paso Acacana. Pero en este último tramo se observa intrusiones frecuentes de rocas ígneas. La carretera continúa por rocas ígneas, generalmente de tipo básico, hasta el cruce del río Paquishapa, más allá de la población de Saraguro. Hay en éste último sector un dato importante para estudios geológicos posteriores. Poco antes de cruzar el río Paquishapa, la carretera pasa por rocas sedimentarias de color blanco, de poca consistencia; su aspecto es semejante al de las rocas sedimentarias de época terciaria de las hoyas de Loja y Piscobamba. Afloran en una longitud de quinientos metros a lo largo de las márgenes del río. Sobre ellas descansan rocas ígneas que no han alterado la textura de las primeras. Por esta circunstancia, por la forma estratificada en que ocurren las rocas ígneas y por su textura, deduzco que han sido derrames de lava ocurridos con posterioridad a la formación sedimentaria. No se observa cenizas volcánicas ni otros materiales que indiquen una erupción violenta.

La topografía del terreno recorrido es característica de la región montañosa de la Provincia de Loja. Saliendo del valle sobre el que está situada la ciudad de Loja, todo el terreno que se recorre contiene pendientes de fuerte inclinación, hasta llegar a las inmediaciones de Saraguro. Aquí los declives son suaves hasta el riachuelo Sinincapa, a unos dos kilómetros de la última población nombrada. Después, continúa la misma topografía con laderas de fuerte inclinación.

El clima de todo el trayecto es aproximadamente igual al de la Hoya de Loja. Llueve, generalmente, de Diciembre a Junio, y llovizna durante Agosto y Septiembre. En el tramo Quebrada de Las Lágrimas-Cerro Acacana, llueve con mayor intensidad, de lo que resulta un clima más húmedo para esos lugares.

El suelo es autóctono y de profundidad variable según la pendiente del terreno y el grado de humedad del lugar. [3]

Por el Ing. A. BERNARDO MORA

---

(3)   La clasificación petrográfica precisa, de todas las rocas mencionadas en el presente artículo, se hará posteriormente, cuando dispongamos de medios adecuados. Por ahora, hemos creído que, los términos generales empleados, cumplen, aunque no del todo, el propósito de indicar los materiales de que se compondrán los suelos que se han descrito.

III

CONDICIONES CLIMATERICAS
VALLE DE LOJA

Las condiciones climatéricas del Valle de Loja no pueden documentarse aún con datos satisfactorios. Tengo a la vista el Boletín del Observatorio Astronómico de Quito, con datos sobre: temperatura, lluvias, humedad atmosférica, nebulosidad, velocidad y dirección del viento. La mayor parte han sido registrados durante 9 años, desde 1935 hasta 1943. Además dispongo de unos pocos datos sobre humedad relativa y temperatura, procedentes de la Estación Metereológica de la Universidad, recientemente establecida.

En algunos casos, como al tratarse de la humedad atmosférica, las cifras parecen ser exageradas en el Boletín, si se las compara con algunas registradas en la Estación Metereológica. Como la antigua estación, dependiente del Observatorio Astronómico, funcionaba anexa al Colegio BERNARDO VALDIVIESO, puede sospecharse que estuvo a veces en manos poco expertas. Los años venideros, cuando la Estación de la Universidad haya funcionado con regularidad durante tiempo más o menos largo, comprobarán o rectificarán las mediciones anteriores. Sería prematuro exponer un juicio definitivo al respecto, pero anticipo la reserva del caso.

Aparte de los datos referentes a la humedad atmosférica, los demás me inspiran mayor confianza. La temperatura y las precipitaciones, por ejemplo, son de observación relativamente fácil. Lamento no tener datos sobre fluctuaciones diurnas; no obstante, a base de lo que hay, quiero formar un esquema provisional del clima del valle, o sea, del ambiente atmosférico de la mayor parte de las plantas observadas y colectadas por mí.

TEMPERATURA

El siguiente cuadro ilustra el curso de la temperatura durante 9 años (con pocas interrupciones). El significado de los números, siguiendo la columna vertical de cada año y en cada mes, es el siguiente: *máxima mensual, mínima mensual, oscilación, media mensual,* respectivamente.

CUADRO Nº 1
TEMPERATURA EN GRADOS C.

Años	35	36	37	38	39	40	41	42	43	Med. men.
Enero	25,2	24,8	26,8	26,3	25,3	24,6	25,7	25,7	25,6	
	9,6	10	10,5	7	7,9	8,3	8,8	10,3	7,3	
	8,3	6,5	8,8	10,6	8,7	8,9	8,6	9,4	9,3	
	16	15	17,1	16,5	15,7	15,9	17	17,6	17	16,44
Feb.	24	25,1	26,3	25,2	25,1	26,1	25,8	27	25,4	
	9,2	9	8,4	10,6	10,7	9,8	11,9	9,7	10,3	
	10,2	10,7	10,3	8,6	8,6	8,2	9,5	9,4	9	
	15,5	16,6	16,3	16,8	16,4	16,4	17,4	17,9	16,5	16,64
Marzo	24,7	24,7	24,4	23,8	26,5	25,3	26	26,3	24,2	
	8,4	7,9	10,8	8,4	9,9	9,3	11,3	10,5	12,1	
	8,5	9,5	8,6	8,9	9,6	8,2	8,8	8,7	9,3	
	15,6	16,2	15,7	16,3	16,9	16,5	17,3	17,5	17	16,42
Abril	26,8	26,2	27,2	26,8	23,5	25,4	25,9	25,6		
	9	9,3	8,2	10,7	10,1	10,1	11,5	11,8		
	8,7	8,8	9,7	10	8,2	9,1	9,4	9		
	16,5	17	16,2	16,3	16,5	16,6	18,1	17,6		16,85
Mayo	24,6	26,2	26,3	25,2	26		25,8	25,5	25,3	
	5,6	7,8	3	7,2	9,1		11,3	9,9	10,2	
	10,8	9,9	10,5	9,2	8,7		10,3	8,8	9,3	
	15,8	17	16,2	15,7	16		17,4	16,7	17,2	16,5
Junio	23,6	25,2	24,6	21,4	23,8	22,5	25,4	25,4	25	
	6,7	4,6	7,6	9,4	8,3	9,4	9,1	11,8	6	

Años	35	36	37	38	39	40	41	42	43	Med. men.
	8,7	8,9	7,6	7	8,3	6,1	9,1	7,8	9,5	
	15,3	15,4	15,2	14,9	16,1	15	17,4	17	15,8	15,68
Julio	22,7	24	25,2	23,5	22,9	23,9	23,4	23,3	22	
	6,5	4,3	4,4	8,3	10,4	7,5	13	8,6	9,8	
	7,3	7,8	8,1	7,9	7,4	7,9	6,9	8,8	6	
	15,2	14,3	14,8	14,2	16	15,5	16,5	16,6	15,3	15,37
Agosto	24,4	22,2	26,7	24,5	25,3	23	25,9		25,6	
	7,5	6,6	6	6	8	11,7	9,5		7,5	
	8,6	8	9,6	10,3	7,6	5,9	8,1		8,6	
	15,3	14,7	15,8	14,8	15,8	15,6	16,9		16,1	15,37
Sep.	27,8	24,7	26,6	25,9	25,3	24,2		26,7	27,2	
	7,2	7	8,3	5	9,5	11,1		11,4	7,7	
	8,5	9	9,8	9,3	10	7,7		9,9	8,6	
	15,8	15,2	16	15,6	16,6	16,5		17,4	16,8	16,2
Oct.	27,7	26,6	25,5	26,3	26,4	27,6	28,9	27,6	27	
	5,2	8,3	10,4	5,9	1,4	9,2	9,2	9	8,9	
	10,7	9,9	9,6	11,7	13,5	10,8	9,4	11,9	11,9	
	16,1	16	16,9	15,9	16,5	16,5	17,6	17,1	18,1	16,73
Nov.	26	27,2		26,7	27,9	27,6	28,1	28,3	27,3	
	8,5	3,7		5,2	5,9	4,2	4,8	3	8,6	
	10,1	11,5		13,2	12,9	12,8	14,3	13	11,1	
	16,3	16,8		16	16,3	15,9	17	16,9	17,4	16,5
Dic.	25,2	27,9	26,1	25,3	24,4	25,2	27,1	27,3	25,6	
	6,1	3,9	8,5	6,3	5,1	7,7	8,8	8,4	8,3	
	9,6	12,9	10,4	10,9	9,6	12,8	8,8	11,9	11	
	16,4	16,2	16,8	16	16,5	16,4	17,5	17	17,4	16,68
Med. an.	15,8	15,9	16,2	15,8	16,3	17,2	16	17,3	16,78	
Med. en 9 años				16,36						

Del examen del cuadro precedente, podemos sacar las siguientes conclusiones:

1.- Las oscilaciones de un mes a otro son muy pequeñas. Los meses de más baja temperatura son Julio y Agosto. Las máximas se registran en Abril y Octubre. Son también los meses en los cuales se han registrado las medias mensuales más altas (18,1). En Octubre de 1939 se ha anotado la más baja temperatura de los 9 años (1,4); sin embargo, el mes que más contraste ofrece entre máximas y mínimas, es Noviembre. La experiencia demuestra que este es también el mes de las heladas.

2.- Las medias anuales se aproximan mucho a las medias mensuales. Hasta en el caso extremo de comparar la media del año

1942 con la media de Junio, la diferencia no llega a 2 grados C. Este hecho y el anotado en la observación anterior, demuestran una regularidad extraordinaria de la temperatura, a través de todos los años y todos los meses.

3.- Las máximas de 28 grados son excepcionales. Las de 27 son frecuentes en los tres últimos meses del año. Las de 26 se registran en la mayor parte de los meses (con excepción de Junio y Julio).

Observaciones realizadas por el Profesor de Meteorología de la Escuela Agronómica, señor José Noroña L., durante los meses de Febrero a Junio de 1946, arrojan las siguientes cifras:

Febrero	17,5	Mayo	17,25
Marzo	17	Junio	16,75
Abril	17,75		

Estos datos coinciden, en general, con los del cuadro anterior, aun en el hecho de que Abril acuse la mayor temperatura y Junio revele un descenso.

Sobre fluctuaciones diarias, que tanta importancia tienen en la vida vegetal, no poseemos datos hasta ahora. Sin embargo, las cifras anotadas permiten deducir que tampoco son de amplitud suficiente para causar graves estragos en la vegetación; quizá con la excepción de Noviembre, mes en el cual hay oscilaciones hasta de 14,3 grados C., contraste que bien puede ser ya nocivo a plantas acomodadas a una temperatura perpetuamente regular.

LLUVIAS

El siguiente es el cuadro de las lluvias, en los nueve años a que hago referencia:

CUADRO Nº 2
CANTIDAD DE LLUVIA MENSUAL Y ANUAL
[1935-1943]

Años	35	36	37	38	39	40	41	42	43	Med. men.
Enero	73,7	107,4	25,8	42,7	86,9	101	69,2	32,1	63	66,8
	27	24,1	10,5	14,6	18,5	20	27,7	15,2	11,5	
Feb.	29,1	49,9	46,5	81,7	62,9	36,2	156	75	221,1	84,3
	14	9,4	11,3	15,3	25,5	10	50	15,4	42	
Marzo	55,3	133,3	52,3	129,3	81,6	82,1	155,1	58,4	88,1	81,7
	28,8	19	14,7	20,5	22	30	37,5	14,4	21,8	
Abril	72,6	97,6	66,9	130,9	107,1	88,9	82,4	123,4	103,7	97
	13,1	28	21,5	22	30,6	21	38,9	33	20,7	
Mayo	17	41,2	51,3	48,5	77,8	56,8	72,7	94,1	25	56,9
	14	14,5	22,5	10	18	22	16,3	32,1	9,4	
Junio	98,4	96,4	101,9	62	103,8	20,5	8,4	34,5	57,7	64,3
	14,2	19,5	18,3	15,2	17,8	7,7	3	11,3	14,4	
Julio	87,2	29,8	66,6	108,7	p4,2	59,2	36,3	9,7	34,7	59,6
	18,5	14,4	11	20	5,2	17,1	6,2	5,5	22	
Agosto	86,1	20,4	41,4	59,6	43,2	76,1	51,9	20	89,2	59,3
	22,9	6,2	10	15	13,2	17,3	28,5	7	14,5	
Sept.	98,4	47,9	79,8	45,8	44,8	54	20,4	64,1	38,5	54,8
	19,1	12,2	16,2	16,5	12	14,3	4,8	18,1	6,5	
Oct.	77	11,4	30	87,4	8,7	47,3	10,2	41	52,4	42,8
	19,8	17	7,3	23	3,7	7,9	4,5	22,1	11,9	
Nov.	63,3	11,6	77,7	17,3	40	101,2	52,1	38,2	120,9	62,6
	18,1	7,5	26	8,3	15,2	47	18,5	8,9	45,2	
Dic.	83,1	26,8	66,2	22,4	70	41,9	49,2	54,1	17	47,8
	26,4	15	22,4	10,4	20	8,5	9,6	16	6,9	
Total Anual	842,2	703,7	706,4	886,3	741	765,2	763,9	645,1	906,3	

De los datos se deduce lo siguiente:

1.- Los meses de mayores precipitaciones son Febrero, Marzo y Abril; Junio y Julio son dos meses muy variables de un año a otro. Octubre y Diciembre registran el mínimo. Mientras que en Julio de 1939 se han registrado 103,8 mm, en el mismo mes de 1941 sólo hubo 8,4 mm; en Julio de 1938 hubo 108,7 mm, al paso que en igual mes de 1942 sólo se registraron 9,7 mm. En general, todos los meses acusan una notable diferencia en los diferentes años. Este es, indudablemente un factor de gran influencia en la agricultura del Valle de Loja; con razón se comenta entre los agricultores, que en las lluvias de Loja jamás se puede confiar. Si no existe la defensa del riego artificial, sobre todo en horticultura, el peligro de una sequía inesperada es siempre inminente.

2.- Las medias anuales son bastante constantes. No se puede hablar de años excesivamente secos, ni de años con exceso de lluvias, considerado el año en conjunto; los contrastes están en la distribución mensual. El promedio anual de los 9 años arroja 767,6 mm, y de éste se alejan poco los promedios de cada año.

3.- Notables son las cifras que indican la máxima cantidad en 24 horas. Yo sospecho que ellas son, por lo menos en algunos casos, exageradas; pero de ser ciertas o por lo menos aproximadas, demostrarían que la irregularidad de las lluvias es no solamente mensual, sino diaria. En ocasiones (Marzo y Mayo de 1935, Noviembre y Diciembre 1936, Noviembre 1937, Agosto 1941, Julio 1942, Julio 1943), la cantidad máxima en 24 horas sobrepasa a la mitad del total mensual.   Las aproximaciones a la mitad son frecuentes.

4.- Períodos propiamente secos, no existen en Loja, como en *otros lugares* del país, si exceptuamos meses variables y esporádicos, como Octubre 1939, Junio 1941 y Julio 1942, que acusan cantidades muy pequeñas.   Cuando cesa el período de lluvias (Enero a Junio) de occidente, cuya influencia se hace notar en el Valle de Loja, empiezan por lo general los llamados «páramos», que seguramente se explican por las influencias orientales, que a su vez tendrían su explicación en el invierno austral. Como ya he dicho anteriormente, la Cordillera Oriental no es aquí un obstáculo insalvable para las influencias de Oriente. El «páramo» es una llovizna persistente, que no pocas veces toma los caracteres de verdadera lluvia. Se manifiesta, por lo general, de Junio a Septiembre. A partir de Octubre, en algunos años como el presente de 1947, empiezan ya a hacerse sentir las lluvias de Occidente. Otras veces, como en 1946, los «páramos», incesantes de Julio a Septiembre, se prolongan hasta Octubre y causan grandes daños en las vías de comunicación. Así es como los períodos de lluvia se aproximan, con frecuencia, unos a otros. Los meses que generalmente se reputan como secos, son Noviembre y Diciembre; sin embargo esta regla no es una ley.

HUMEDAD ATMOSFERICA

Los datos del Boletín del Observatorio Astronómico son estos:

CUADRO Nº 3
HUMEDAD DEL AIRE

Años	35	36	37	38	39	40	41	42	43	Prome.
Enero	79	83	81	79	82	81	80	82	83	81
Feb.	78	83	81	80	83	81	80	82	87	81,66
Marz.	78	86	81	81	83	80	82	84	85	82,87
Abril	86	83	79	81	81	81	77	84		81,5
Mayo	85	80	79	83	82		80	83	81	81,6
Junio	86	79	79	84	82	82	78	80	79	81
Julio	86	73	78	84	79	81	76	76	75	79,66
Agosto	83	74	77	82	82	81	76		76	78,8
Sept.	86	75	79	83	82	78		79	76	79,7
Oct.	85	77	76	78	77	80	80	78	78	78,7
Nov.	85	76	75	78	78	76		81	80	78,6
Dic.	86	80	78	79	79	79		81	78	80

De sus observaciones entre Febrero y Junio de 1946, Noroña me proporciona los siguientes datos:

Febrero	60,5	Mayo	72,5
Marzo	60,75	Junio	75
Abril	70		

La discrepancia es notable. Precisamente en los meses que acusan la mayor humedad relativa del aire, según el Boletín, los datos de Noroña demuestran cifras inferiores a las más bajas de aquel.

¿Es que el año de 1946 ha sido excepcionalmente seco? Posibles errores bien podrían explicarse por lectura equivocada del psicrómetro o por la interpretación con diferentes tablas. De todos modos, aun las observaciones de Noroña demuestran una humedad atmosférica que excede al 60%, lo cual significa mucho.

Con todo, no dejaré de citar una observación común en Loja. Un paño mojado que se deje abierto, aunque sea dentro de una habitación y por la noche, está por lo regular seco dentro de algunas horas. El suelo arcilloso de Loja, se seca rápidamente en cuanto cesa la lluvia o la llovizna. Estas observaciones no se fundan en cálculo alguno que se aproxime a la exactitud; pero no dejan de tener su valor, como índice empírico de que la humedad atmosférica tiene aquí caracteres diferentes de los que se revelan en los niveles subtropicales del Ecuador.

NEBULOSIDAD

Los siguientes son los datos del Boletín del Observatorio Astronómico de Quito, de 1935 a 1943:

CUADRO Nº 4

Años	35	36	37	38	39	40	41	42	43	Prome.
Enero	9	10	9	8	9	9	8	7	8	8,5
Feb.	9	9	9	9	9	9	8	8	8	8,8
Marz.	9	9	9	8	8	9	8	8	7	8,4
Abril	8	9	9	9	9	9	8	7	8	8,4
Mayo	8	9	8	8	8	8	8	7	7	8
Junio	9	8	9	9	9	9	6	7	8	8,3
Julio	8	7	8	8	8	7	8	6	8	7,5
Agost.	8	7	7	8	8	8	7	8	7	7,5
Sept.	8	8	8	8	8	8	6	8	8	7,7
Oct.	9	9	7	8	8	8	7	6	7	7,6
Nov.	9	8	8	8	8	7	7	7	8	7,7
Dic.	9	9	8	8	9	7	8	6	8	8

La mayor nebulosidad se registra en los meses de Enero y Febrero, cuyo promedio se aproxima a 9; la menor, en Julio y Agosto.

VELOCIDAD DEL VIENTO

CUADRO Nº 5
VELOCIDAD DEL VIENTO EN KM./HORA

Años	35	36	37	38	39	40	Prom. en 4 años
Enero	9,1	9,7	9	5,8	6,9	7	8,4
Feb.	7,3	8,8	6	5,8	5,9		6,69
Marz.	8,2	9,4	9,2	5	6,5		7,95
Abril	13,2	8,2	8,5	5,5	7,7		8,85
Mayo	14,2	8,4	6,9	8	7,2		9,37
Junio	13,4	10,9	9,7	9,9			10,39
Julio	13,9	14,4	12,4	8			12,17
Agost.	12,3	13,8	8,2	5,9		12,5	10

Años	35	36	37	38	39	40	Prom. en 4 años
Sept.	12,9	10,4	6,7	7,8		7,5	9,45
Oct.	10,6	7	6	7,8		6	7,78
Nov.	10,2	6,4	5,7	7,8		5,7	7,5
Dic.	10,7	6,1	5,8	6,3		6,5	7,2
Prom.							
Anual	11,3	9,5	7,9	7			

A fin de tener un dato de comparación para todos los meses, al calcular los términos medios he tomado en cuenta solamente los 4 años que cuentan con observaciones completas (1935 a 1938).

Del cuadro que antecede parece deducirse que los meses de más calma van de Octubre a Febrero, al paso que los de más fuertes vientos son Junio, Julio y Agosto. Esto corresponde bien a la experiencia popular de aquí.

Pero la oscilación en los movimientos atmosféricos acusa diferencias, no solamente de mes a mes, sino también de año a año; esto aparece bien claro en los 4 años registrados.

Por desgracia, ni en este ni en ninguno de los otros elementos del clima poseemos datos diarios, que es una de las cosas que más interesan a los estudios botánicos. Los promedios mensuales demuestran que hay velocidades que probablemente alcanzan los 21,6 km por hora, o lo que es lo mismo, 6 metros por segundo, una velocidad que, de ser persistente, se considera ya como excluidora de la vegetación arbórea. Pero naturalmente esta velocidad o una mayor tiene que ser esporádica en Loja y, por lo mismo, de acción momentánea. Las velocidades más frecuentes están entre 5 y 8 km por hora, o lo que es lo mismo, de 1,4 a 2,2 m por segundo. Esto quiere decir que, dentro del Valle de Loja, los efectos del viento no ejercen influencia morfogénica en la vegetación.

Como dato final el clima del Valle de Loja, me falta exponer que la DIRECCION DEL VIENTO se revela muy constante SO y O. Esto naturalmente a la altura del amenómetro, que por lo que respecta a grandes elevaciones, la dirección parece ser variable, aun en las diversas horas del día, como lo demuestra el vuelo de las nubes.

CONCLUSIONES

De lo expuesto, se saca aproximadamente el siguiente concepto acerca del clima en el Valle de Loja:

Temperatura siempre igual. La sensación de frío que se experimenta en los meses de Junio y Julio, obedece, como es natural, a la acomodación del organismo humano a una temperatura constante.

Las precipitaciones son constantes. Los meses más secos son de Octubre a Diciembre, sin que la regla pueda aplicarse en absoluto.

Hay mucha irregularidad de año a año, en cuanto a la distribución de las precipitaciones.

La humedad relativa de la atmósfera es bastante elevada. La humedad absoluta no se conoce. Es presumible que la humedad relativa tenga notables oscilaciones durante las diversas horas del día.

La velocidad del viento es, por lo general, reducida. Los vientos huracanados son un fenómeno desconocido en Loja.

Las condiciones descritas pueden explicar estos hechos de simple observación:

El Valle de Loja tiene un aspecto de eterno verdor, que contrasta sorprendentemente a los ojos del viajero, con los cambios del verde al pajizo que se presentan a la vista hacia el otro lado de la Cordillera Occidental.

En el Valle de Loja se dan la mano dos vegetaciones que, en otras partes del Ecuador, están separadas por cinturones de gran amplitud altitudinal. Plantas del páramo (por lo menos de su nivel inferior: especies de *Lomatia* y *Embothrium*, de ericáceas y melastomatáceas de la altura, aún *Valeriana hieronymii* y *Stipa ichu*, se aproximan a otras de la zona tropical, tales como bananos, café y especies de *Citrus*.

Plantas muy vulnerables a las enfermedades criptogámicas, tales como las solanáceas (tomate, patatas) no dan resultado satisfactorio en el valle y sus contornos. La nebulosidad y la humedad frecuentes favorecen el desarrollo de tales enfermedades, aún en cereales y frutales. Frente a esta situación, el tomate silvestre (*Lycopersicon hirsutum*), forma grandes matorrales y florece y fructifica durante todo el año, libre de enfermedades. Este dato interesa a los cultivadores que se propongan obtener una variedad de cultivo, resistente al clima de aquí.

VALLE DE CATAMAYO

Debo a la amabilidad del Director del Aeropuerto de La Toma (Catamayo), señor Victoriano Palacios, los datos que reproduzco a continuación.

TEMPERATURA

CUADRO Nº 6
TEMPERATURA EN GRADOS C.
VALLE DE CATAMAYO

Años	1942	1943	1944	1945	1946	1947	Prom. mens.
Enero		19,1	18,8	19,4	17,6	18,7	18,7
		27,7	28,8	26,9	26,9	28,3	27,7
		23,6	23,8	23,5	23,5	24,3	23,7
Febrero		19,1	18,4	19,2	18,6	18,4	18,7
		26,6	27,1	25,8	26,7	26,9	26,6
		23,1	24,8	24,2	24,5	23,8	24
Marzo		18	19,1	19	18,6	18,1	18,5
		26,6	27,4	28,7	27,4	26,7	27,3
		22,3	24,1	25,6	24,9	23,8	24,1
Abril		18,5	18,6	18,3	17,6	18,1	18,2
		27,4	27,7	28	27,8	28,4	27,8
		24,1	24,6	24,1	24,2	24,3	24,2
Mayo	22	18,5	18,7	17,7	17,9	18	18,8
	28,5	28,4	27,8	28,2	29,7	27,8	28,4
	27,1	25	24,6	25	24,7	23,5	24
Junio	20,3	18,5	18,2	18,8	18	18	18,7
	27,7	27,6	28	28,4	28	28,4	28
	25,5	25	24,6	26,1	24,3	24,8	25
Julio	19,6	18,5	19,5	17,4	19,7	18,3	18,8
	27,8	28,3	27,6	27,3	27,8	27,8	27,7
	24,9	25,3	24,7	25,1	24,6	24	24,7
Agosto	20,4	18	19,3	18,9	20	19,5	19,3
	29,3	28,5	27,8	28,1	27	27,9	28,1
	24	25,4	25,3	25,1	24,6	24,2	24,7
Septie.	20,6	17,6	19,3	20,1	19,6	17,4	19,1
	29	28,7	27,9	29,4	27,8	28,5	28,5
	24	25,5	25,7	24,1	23,2	25,3	24,6
Octubre	19,5	17,8	17,8	17,5	18,5		18,2
	24,9	29	29,4	30	28,1		28,2
	21	25,5	23,5	24,1	24,7		23,7

Años	1942	1943	1944	1945	1946	1947	Prom. mens.
Noviem.	16,3	18,3	18,2	17,1	18,1		17,6
	29,9	26,8	29,6	29	30		29
	24,7	23,8	23,4	23,3	23,5		23,7
Diciem.	19,1	19,4	20	18,1	18,3		18,9
	28,8	27	26,6	27,7	30,3		28
	23,6	23,8	24	22,8	23,6		23,5
Promedio Anual		24,1	23,5	23,7	23,9	23,5	23,4

En el cuadro que precede, siguiendo la columna vertical para cada mes, los números significan: *Temperatura a las 7am, a las 13* y *a las 18 horas*, respectivamente.

Los datos que anteceden nos permiten conocer algo sobre la oscilación diaria de la temperatura. Se copian las medias mensuales a las 7 horas, a las 13 y a las 18. Las fluctuaciones máximas se registran de las 7 a las 13; desde esta hora hasta las 18, la temperatura declina, en descenso suave que sólo pocas veces pasa del 1° C. por hora. No se conoce la temperatura de la hora de mínimas que, como es general aquí, debe hallarse entre las 5 y 6; pero los datos copiados dan a entender que en la noche el descenso es aún menor que durante las horas de la tarde. Las oscilaciones mayores se hallan aquí también en el mes de Noviembre (hasta 13,6° C. en Noviembre de 1942, entre las 8 y las 12 horas), La temperatura se mantiene siempre alta; *es una temperatura tropical, sin caracteres continentales.* Las medias anuales coinciden, casi sin diferencia, con la temperatura que es corriente a las 18 horas.

El Valle de Catamayo se dilata, más o menos, a los 1400 metros de altitud sobre el nivel del mar, o sea a unos 800 metros más abajo del Valle de Loja. La temperatura media anual acusa una diferencia de 7,5° C. aproximadamente, entre los dos valles.

En general, la temperatura media es más elevada que las de otros lugares situados a la misma altura, pero más expuestos a influencias exteriores.

LLUVIAS

CUADRO Nº 7
CANTIDAD DE LLUVIA EN mm
VALLE DE CATAMAYO

Años	1942	1943	1944	1945	1946	1947	Prom. mens.
Enero		?	?	57	75	65	65,6
Febrero		?	T	56	79	115	83
Marzo		T	T	2	147	81	76,6
Abril		T	?	52	105	92	83
Mayo	0	T	T	8	18	113	46,3
Junio	0	T	T	0	5	1	2
Julio	0	T	0	5	0	5	3,3
Agosto	0	T	0	10	12	3	8,3
Septiem.	T	T	4	37	12	45	24,5
Octubre	0	T	40	12	22		24,6
Noviem.	T	?	6	42	9		19
Diciem.	0	T	28	109	10		49
Total							
Anual					390	494	520

En la tabla que antecede, la T significa «trazas», o sea, cantidades no apreciables.

La observación de la cantidad de lluvia en los 6 años que comprende el cuadro, es incompleta. Sin embargo, para quienes no conozcan el Valle de Catamayo y sus características, los datos consignados pueden proporcionar una idea aproximada. Las medias se han tomado con las cifras 1944 a 1947, para los meses de Septiembre a Diciembre, y con las de 1945 a 1947 para los demás meses.

El total anual de lluvias acusa una gran diferencia con el Valle de Loja. De un año a otro también parecen ser las diferencias muy notables: 1945, tiene 390 mm, y 1946, 494 mm. El presente año, calculado sólo hasta Septiembre, tiene ya una cifra superior a la de los años inmediatos anteriores.

Los meses de mayores precipitaciones van de Diciembre a Mayo, esto es, correspondiendo al período de lluvias del Occidente. Meses casi totalmente secos son Junio, Julio y Agosto.

La cantidad de lluvias es, de todos modos, muy irregular, si se comparan los mismos meses de diferentes años.

En resumen, *el Valle de Catamayo es de clima seco.* Si el fondo del valle conserva un verdor perpetuo, es debido al riego artificial y las filtraciones de los ríos que lo bañan. Las laderas que rodean al valle son semidesérticas. A partir de Diciembre, a veces ya en Octubre o Noviembre, la vegetación adquiere cierta frescura de follaje nuevo. De Junio a Octubre, particularmente en Agosto y Septiembre, la vida vegetal parece extinguirse en la mayoría de las especies; el verdor sólo se conserva en el fondo de algunas quebradas o en lugares pantanosos.

LAS FALDAS Y LAS ALTURAS

El clima de las faldas de las cordilleras y de las alturas no se puede documentar con cifras. Para estos lugares sólo tiene validez la apreciación personal y esporádica, que puede errar mucho.

La Cordillera Occidental, indudablemente más seca, está sometida a las influencias de Occidente y, al propio tiempo, a las del Valle de Loja. En toda la falda oriental (que mira hacia Loja) tienen una vegetación perennemente verde. Hacia la falda occidental, parece tener la humedad suficiente para mantener, desde 1600 metros más o menos, un vegetación de chaparro y aún bosque achaparrado en las quiebras de la altura.

La Cordillera Oriental tiene precipitaciones casi perennes. Si se exceptúa, en la mayoría de los años, el mes de Noviembre, son pocos los días del año en los cuales no se vea descender lluvia o llovizna.

La vegetación de las alturas está sometida, sin duda alguna, a cambios grandes de temperatura durante el día. En nuestra corta excursión de Noviembre de 1946, el día 7 el termómetro centígrado registró las siguientes temperaturas, en la cordilleratita de Horta-Naque, a los, 3100 metros de altitud:

A las	8:00 am	11° C.	a las	13:30	42° C.
	10:00	21° C.		15:00	28° C.
	10:30	22° C.		15:30	45° C. (frente al sol)
	11:00	25° C.		18:00	16° C.
	12:00	28° C.			
	13:00	31° C.			

El día 9 de Noviembre , a los 3500 metros;
A las 6:00 am   7° C.
       9:00   13° C. (en sombra)

Las corrientes aéreas son frecuentes y, a menudo, violentas.

VALLE DE MALACATOS

El clima del Valle de Malacatos participa mucho del de Catamayo, del cual no lo separan alturas de consideración. Sin embargo, contiene una vegetación mucho más persistente y que nunca llega al extremo de agotamiento que en las faldas contiguas al valle de Catamayo.

IV
LA VEGETACIÓN DE LA HOYA DE LOJA

En la descripción que sigue, me sujeto a la terminología usada por Diels en sus CONTRIBUCIONES [4], en tanto las regiones y los niveles se corresponden en Loja a lo observado por el citado autor. Sin embargo, la constitución orográfica da a la provincia ciertas peculiaridades, tanto en la vegetación como en la flora, que no pueden ser incluídas dentro del esquema general de Diels. Por ejemplo, mientras que la vegetación de la Cordillera Oriental es análoga, *mutatis mutandi*, a la descrita en CONTRIBUCIONES, (bosque de altura, ceja andina, páramo), la de la Cordillera Occidental difiere notablemente, con relación a la que se observa en la misma Cordillera al centro y norte del Ecuador. Con todo, la denominación de los niveles y sus correspondientes formaciones se conserva, en beneficio de la claridad, haciendo naturalmente, las observaciones del caso.

Diels menciona (paginas 57—58) los «valles áridos» de la Región Interandina como dependencias de las correspondientes hoyas, aunque de condiciones climatéricas y, por tanto, florísticas diferentes de los valles interandinos propiamente dichos. «En el sur del país se repiten manifestaciones semejantes, p. ej. en el Valle de Catamayo», dice. En mi concepto, las condiciones son análogas, pero Catamayo y

---

(4)   Ludwig Diels, «Contribuciones al conocimiento de la vegetación y de la flora del Ecuador», traducción española, editada por la Universidad Central, 1938.

sus alrededores constituyen una región para sí, ya que no cabe considerarla como simple apéndice de la hoya de Loja, sino como una área fitogeográfica exterior e independiente. Por lo mismo, le he consagrado un capítulo aparte que, si bien encierra todavía una gran deficiencia florística, ensaya por lo menos explicar las condiciones peculiares de dicha área.

Toda la superficie estudiada por mi queda comprendida dentro de la segunda división, ECUADOR CENTRAL, que establece el gran investigador citado. Catamayo es, sin embargo, un valle de influencia occidental marcada, pese a que le encierren derivaciones de los Andes.

Trataré, sucesivamente de LA REGION INTERANDINA: valle de Loja y sus contornos, bosques de altura, ceja andina, páramo; VALLES DE MALACATOS Y VILCABAMBA; REGION SEMIDESERTICA DE CATAMAYO. La descripción orográfica e hidrográfica general de la Hoya de Loja queda hecha ya en el primer capítulo. Ahora me concreto a la vegetación.

Geobotánicamente considerada, la hoya comprende cuatro niveles, a saber: valle, bosques de altura, ceja y páramos.

EL VALLE Y SUS CONTORNOS

Como en los demás valles de la altiplanicie andina, en Loja predominan los cultivos y la vegetación secundaria de los prados y los matorrales. La vegetación primitiva queda reducida, siempre en condiciones dudosas, a las lomas, los matorrales de altura y las pendientes muy inclinadas. Pero lo que distingue a este valle de los demás del país es la circunstancia ya mencionada de que aquí se mezclan, tanto la vegetación espontánea como en los cultivos, plantas de niveles bajos tropicales y subtropicales, con plantas de las alturas. En efecto, en el Valle de Loja se cultivan bananos, café y hasta caña de azúcar a niveles iguales o casi iguales a los que contienen arvejas, trigo, patatas, cebada y habas (*Vicia faba*). Entre los frutales, hay cítricos como naranjas y limones, o anonáceas como chirimoya (*Annona cherimolia*), o guayaba (*Psidium* sp.), junto a los durazneros, los manzaneros, los membrilleros y los miraveles. Entre los árboles espontáneos crecen *Schinus molle*, *Caesalpinia* sp., *Acacia macracantha* (faique), junto a *Salix hum-*

boldtiana (sauce), *Eucalyptus globulus* y *Padus capuli*. Es de advertir, sin embargo, que las plantas cultivadas del clima templado demuestran tener mejores condiciones, tanto para su desarrollo como para el rendimiento.

Concretándome a las plantas cultivadas, cito como más frecuentes, entre los cereales, trigo, cebada, maíz y (menos común) centeno. Las leguminosas están representadas por arverjas, habas (*Vicia faba*), diversas especies de fréjoles, alfalfa y tréboles. Las solanaceas patata y tomate, no tienen una prosperidad satisfactoria; pero esto debe atribuirse, más que a las condiciones ambientales, a la falta de cultivo racional y selección. Las hortalizas prosperan, particularmente en terrenos provistos de elementos calizos, de la parte norte de la ciudad: col, coliflor, rábanos, nabos, zanahorias, remolachas, lechugas, ajíes, espinaca, et. c., a las que hay que añadir algunas plantas medicinales o de condimento, como hinojo (*Foeniculum vulgare*), perejil, culantro y otras. El cultivo de las cebollas se hace con éxito.

Entre los árboles frutales, son particularmente frecuentes el aguacate (*Persea* sp.), la chirimoya (*Annona cherimolia*) y, en menor escala, los cítricos ya citados, así como las guayabas. Como ya se dijo, el duraznero prospera y da frutos de calidad. Lo mismo puede decirse del membrillo. Con menor éxito se cultiva el manzano, diversos ciruelos y el miravel. Algunas variedades de vid proporcionan fruto satisfactorio. Una especie de guabo (*Inga* sp.) es muy común en Loja.

El valle es bastante rico en plantas de jardín: rosas, alhelíes (*Mathiola incana*), jazmines, *Schizanthus pinnatus*, pajaritos (*Delphinium ajacis*), claveles y una gran variedad de compuestas (*Zinnia* y *Aster* sp., *Chrysanthemum frutescens*, p. ej.) dominan en los jardines. Notables son también algunas orquídeas de los géneros *Odontoglossum* y *Stanhopea* (toritos). En begonias se cultiva una gran variedad. Algunas veces se ven plantas cultivadas que proceden de la selva, p. ej., *Aristolochia elegans* (patito). *Evolvulus sericeus* forma también parte de los jardines. Algunas especies de cactus (*p. ej. Epiphyllum crenatum*) se mantienen en los jardines. Parte de éstos son también árboles y arbustos, tales como *Bougainvillea glabra* y *B. spectabilis* (papelillo), *Melia azedarach*, *Spiraea cantoniensis*, *Asclepias physocarpa*, *Jacaranda angustifolia* (aravisco) *Lonicera pubescens* (arupo).

De los árboles para leña y madera, merece especial mención *Eucalyptus globulus*. El eucalipto fue introducido a este valle mucho más tarde que a las hoyas centrales del Ecuador; su introducción sistemática data apenas de algo más de 20 años; sin embargo, en la actualidad da ya a las partes bajas del valle el aspecto característico de los valles interandinos del norte. El nogal (*Juglans* sp.) y el cedro (*Cedrela* sp.) son dos maderas de calidad que demuestran un buen desarrollo, aunque se ven sólo de madera esporádica. En los bosques del NE de Loja, cerca de la hacienda Montecristi, p. ej., esto es, en el cañón que da paso al río Zamora, los *Juglans* tienen predominio en algunos lugares, desde el nivel del río hasta alturas que sobrepasan los 2500 metros. Por desgracia, aquellos bosques se han destruído y se destruyen abusivamente y se deja abandonada la preciosa madera de nogal.

Entre los árboles espontáneos, tenemos que citar, en primer término, el sauce (*Salix humboldtiana*) y el aliso (*Alnus* sp.), que habita regularmente las orillas de los ríos. Esporádicamente se ven árboles de *Acacia macracantha* (faique), *Albizzia lophantha* y otras especies del *Acacia*, así como *Schinus molle*, *Caesalpinia* sp. (¿*tinctoria*?) y *Sapindus saponaria* (jorupe). Hacia la parte norte y más baja del valle, es frecuente el hermoso arbolito de *Delostoma* sp.

Como manifiesta Diels en su descripción de los valles interandinos, es difícil aquí diferenciar lo autóctono de lo introducido. Los cultivos anuales ocupan de preferencia laderas que quedan entre 2200 y 2400 metros, más o menos. Excepcionalmente sobrepasan este nivel y llegan en la Cordillera Occidental hasta las faldas del Villonaco. Las partes planas próximas a los ríos tienen también cultivos de maíz y hortalizas diversas, pero de preferencia, dehesas. El fondo del valle, a partir de la ciudad de Loja hacia el norte, parece sin embargo, ofrecer una gran variedad, como lo demuestran los frutales que se cultivan.

Entre las superficies cultivadas, se extienden las DEHESAS o POTREROS, que en partes tienen los caracteres de simples PRADOS, en los cuales se halla una mezcla de elementos diversos, unos autóctonos, otros introducidos.

Mencionaremos las plantas predominantes en estos sitios. Gramíneas: *Holcus lanatus; Setaria geniculata; Eragrostis nigricans;*

Paspalum notatum, P. depauperatum (yuruza), *P. humboldtianum, P. lividum, P. penicillatum, P. paniculatum; Digitaria sanguinalls; Panicum aquaticum; Dactylis glomerata* (pasto azul); *Lolium multiflorum; Polypogon elongatus; Eragrostis mexicana, E. montufari; Andropogon tener, A. saccharoides; Axonopus affinis; Poa annua; Sporobolus purpurascens; Bromus catharticus; Briza mandoniana; Lamprothyrsus peruvianus.* A veces se ven cultivados *Melinis minutiflorus* (janeiro) y *Pennisetum latifolium* (sacha gramalote).

En terrenos arcillosos y ácidos, predomina hasta el exclusivismo la pequeña grama *Poa annua.* Los prados que tienen vegetación gramínea exclusiva, están compuestos por esta planta, que a lo más acepta la asociación de *Andropogon tener* y especies de *Hydrocotyle* y *Trifolium amabile.* En terrenos de mejor calidad, *Poa annua* pierde su dominio, no puede mantener la concurrencia con yerbas más robustas.

Holcus lanatus, yerba introducida, tiene características de invasora y va invadiendo espontáneamente hasta las lomas. De las yerbas citadas más arriba, son los pastos más comunes *Holcus lanatus, Andropogon tener, Dactylis glomerata, Lolium multiforum* y *Aegopogon cenchroides.*

Otras yerbas que se asocian a las anteriores en los prados y potreros son: *Hypoxis decumbens* (Amar.); *Fimbristylis annua, Carex brongniartii* (Ciper.); *Plantago hirtella, P. mayor* (Plantag.); *Sida rombifolia, Sida* sp. (Malv.); *Diodia dichotoma, Silene armeria, Paronychia chilensis, Alsine oblanceolata* (Cariof.); *Duchesnea indica* (fresa silvestre) (Rosac.); *Viola arguta* (Viol.); *Trichoceros parviflorus* (Orq.); *Alonsoa meridionalis, Calceolaria tripartita, Buchnera pilosa, Veronica persica* (Escrof.); *Anagallis coeruela, A. arvensis* (Primul.); *Solanum sisymbrifolium, Browallia demissa, B. viscosa* (Solan.); *Daucus montanus, Apium leptophyllum* (Umbel.); *Oenothera rosea* (Enot.); *Medicago hispida, Crotalaria sagittalis, Zornia diphylla, Chamaecrista cinerea, Trifolium amabile, Desmodium molliculum, Indigofera tephrosioides* (Legum.); *Borreria laevis, B. sauveolens, Galium canescens* (Rubiac); *Satureja brownei* (nom. vulg. tipo), *Salvia squalens, Stachys debile* (Labia.); *Stenandrium dulce, Dicliptera paposona* (Acant.); *Senecio pimpinellifolius* var. *laciniatus, Philoglossa peruviana, Galinsoga caracasana, Bidens andicola, B. pilosa* var. *minor, Eupatorium niveum,*

Zexmenia helianthoidis, Spilanthes ocymifolia, Ageratum conyzoides, Stevia cathartica, S. bertholdii, Jaegeria hirta, Erigeron canadensis (Comp.).

De las plantas citadas, las gramíneas y las compuestas son indudablemente las que dan su carácter a los prados y dehesas; las primeras por su densidad, y las segundas por el colorido de sus flores.

Verbena littoralis esta en todas partes, ya se trate de prados y dehesas, ya de la vegetación de renuevo.

Algunas criptógamas toman también parte en esta vegetación: pocos helechos, algunas veces una especie de *Lycopodium* y, sobre todo, *Equisetum bogotense.* Esta pequeña yerba de finos tallos, con su cubierta silícea, vive cerca de los pantanos, tan bien como en las dehesas y los prados o en las lomas, hasta alturas que llegan a los 3000 metros. Cuando los bosques y matorrales son descuajados y quemados, precisamente *Equisetum bogotense* y las ciperáceas citadas arriba están entre los primeros elementos de la serie de restitución.

Viola arguta es otra planta que alcanza una expansión altitudinal considerable, desde el fondo del valle hasta las alturas del páramo. Es elemento tanto de prados, dehesas y lomas, como de los matorrales, con la particularidad de que mientras que en los lugares expuestos apenas es una yerba reptadora, en los matorrales alcanzan sus ramas 2 y más metros de desarrollo.

Muy semejantes a los prados próximos al valle, son las LOMAS. Con esta palabra de uso común en el sur del Ecuador, quiero expresar superficies descubiertas que se hallan sobre colinas o lomos de montes, a una altura que, según el grado de exposición, a veces baja hasta los 2300 metros (y aún menos) y en ocasiones avanza hasta 2600. Las lomas constituyen un herbetum que no llega a la categoría del páramo y que, tanto por su altitud como por su composición florística y más que todo por la forma de sus biotipos, difiere notable- mente de los prados y dehesas que están más abajo. Sin embargo, debo aclarar que son muchos los elementos florísticos que o bajan de las lomas a las dehesas, o ascienden a la inversa. Plantas del páramo intervienen también notablemente en la constitución de las lomas.

A diferencia de los prados y las dehesas, las lomas tienen una vegetación autóctona, en la cual los elementos extraños sólo pueden hallarse a causa de una invasión originada por el hombre.

En el paisaje, las lomas alternan muchas veces con los bosques de altura, en sentido horizontal. Vistas a distancia, las faldas de las montañas presentan la alternación bien marcada de bosques en el fondo de las quebradas, y lomas en las partes expuestas. En ocasiones, basta que de entre el bosque emerja una pequeña cúspide, para que ésta se convierta en una loma. Por entre estas dos formaciones, se extiende casi siempre el matorral de altura, o las lomas alternan simplemente con éste.

Frecuentemente las lomas hacen el papel de dehesas; pero su capacidad para alimentar el ganado es indudablemente menor.

El remate superior de las lomas es diferente, según las condiciones locales. Terminan comunmente en matorrales o en bosques de altura; pero cuando una excesiva exposición de los contrafuertes montañosos no permite el desarrollo de vegetación arbórea o arbustiva, rematan sin solución de continuidad en el herbetum del páramo.

Cito a continuación sus elementos florísticos más comunes. Gramíneas: *Paspalum humboldtianum, P.* sp., *Anthoxanthum odoratum, Stipa mucronata, Cynodon dactylon, Eragrostis montufari, Sporobolus purpurascens, S. poirietii, Setaria geniculata, Bromus catharticus, Panicum stigmosum, Andropogon glaucescens, Agrostis humboldtiana, A. tolucensis, A.* sp., *Trachypogon montufari, Axonopus elongatus. Stipa ichu* es ya frecuente en estos niveles.

Otras yerbas o pequeños arbustos son: *Carex brongniartii, Rhynchospora glauca, Bulbostylis capillaris* (Ciper.); *Paepalanthus ensifolius* (Erioc.); *Masdevallia* sp. (Oquid.); *Puya* sp. (Brom.): *Paronychia chilensis, Drymaria cordata, Diodia dichotoma* (Cariof.); *Hypericum canadense, H. strictum* (Gutif.); *Psoralea pubescens* (Leg.); *Castilleja arvesis,* (Escrof.); *Viola arguta, V. arguta* var. *glaberrima, V. humboldtii, V. obliquifolia* (Viol.); *Geranium hirtum* (Geran.); *Valeriana hieronymii, V. urticaefolia* (Valer.); *Lobelia colina* (Camp.); *Arcytophyllum ribeti, Borreria laevis* (Rub.); *Tagetes pusilla, Erigeron pusillus, Piqueria loxensis, Senecio iscoensis, S. pimpinellifolius* var. *laciniatus, Achyrocline alata, Stevia cathartica, S. bertholdii; Liabum rosulatum, Jaegeria hirta, Hieracium roseum, Pseudelephantopus spicatus, Gnaphalium mandoni, Baccharis genistelloides* (Comp.).

Entre las criptógamas, hemos dicho ya antes que en las lomas se halla *Equisetum bogotense.* Los helechos son, por lo general, más frecuentes que en los prados bajos; p. ej. *Elaphoglossum unduavense.* En el género *Lycopodium* se hallan por lo menos tres especies; p. ej. *L. jussiaei, L. clavatum.*

A veces algunas de las plantas citadas, tales como *Valeriana, Hypericum strictum* y ciertas compuestas, toman el carácter de pequeños arbustos. O también elementos arbustivos del matorral penetran en las lomas.

Una planta que adquiere con frecuencia gran dominio es *Hypericum strictum,* y en tal caso domina con el color de sus flores amarillas.

Las *Viola* son reptadoras que apenas levantan del suelo las hojas y las flores. *Viola arguta* demuestra cierta variabilidad en el rojo de sus flores.

Otra planta que llama la atención por su frecuencia, tanto aquí como entre los matorrales de altura y los páramos, es *Paepalanthus ensifolius.* Las rosetas de esta especie y de alguna otra afín, son características en las lomas y los páramos del sur del Ecuador.

Especies de *Puya* toman parte en las lomas, a veces con carácter dominante.

Lo más llamativo que ofrece el Valle de Loja son, sin duda, sus MATORRALES. Para la descripción que sigue, he creído del caso separa los matorrales bajos, que infaltablemente forman el marco de los caminos, dehesas y campos cultivados, de los matorrales de las alturas.

Los primeros son de formación secundaria, a veces la iniciación de una serie de restitución y en otras estadios avanzados de la sucesión. Su vegetación, comprende elementos autóctonos y elementos introducidos, cuya definición precisa no me es posible hacer en esta ocasión.

Los segundos en cambio son formaciones primitivas que, con frecuencia, han llegado a su estadio climático. Los matorrales bajos son a los de altura, como las dehesas a las lomas. Me concreto primeramente a los bajos.

Estos matorrales están constituidos por arbustos cuya altura no excede, por lo general, de 2 a 3 metros, pero cuya ramificación es abundante. Debajo de ellos crece pocas plantas herbáceas que, de manera general, o son helechos (p. ej. *Elaphoglossum stenophyllum,*

Polypodium phyllitides) o yerbas procedentes de los prados vecinos. Encima de ellos y por en medio de ellos se extienden plantas trepadoras, entre las que se distinguen hermosas pasifloras (llamadas vulgarmente granadillas).

Durante todo el año conservan intenso verdor, que contrasta agradablemente con el amarillo de *Cassia venustula,* y numerosas compuestas, o el violeta de las *Tibouchina* y las *Ipomoea,* o el rojo de algunas *Passiflora* y especies de *Salvia,* o el azul de otras *Salvia* y *Eupatorium buddleaefolium,* o el blanco de *Cantua quercifolia.* La floración de los matorrales podemos llamarla también perpétua.

Aquí y más allá sobresalen las rosetas y las inflorecencias (semejantes a espárragos gigantes) de *Agave americana,* que en algunas partes forma cercas sin solución de continuidad.

La mezcla del matorral es sumamente intrincada; con frecuencia se ve una flor, y es necesario buscar con detenimiento para descubrir las hojas que corresponden a la misma planta. Su anchura es limitada, regularmente de 2 a 3 metros. Termina por un lado en los bordes de los caminos, y por el otro, en cultivos, prados o dehesas. La longitud, en cambio, es igual a la de las vías que acompañan o al perímetro de los campos que rodean. La vía esta separada del matorral por una faja de yerba que, en lo general, son las mismas que pueblan los prados próximos y que han logrado pasar la intrincada valla del matorral; frecuentemente se hallan sorpresas en plantas extrañas al lugar y que han sido llevadas al sitio por la acción del tráfico.

La flora que, a primera vista, parece uniforme, es en realidad muy variada, si se la examina detenidamente. En la enumeración que sigue sólo consigno elementos salientes y típicos; la enumeración no es completa.

Arbustos: *Datura arborea, Solanum sisymbrifollium, S. lycioides, S. caripense* var. *piloso-hirsutum* (vulg. Zímbalo), *Iochroma loxense, Cestrum tomentosum, C. santanderianum, Lycopersicon hirsutum* (Solan.); *Swartzia* aff. *matthewsii, Cassia multijuga, Parosela caeruela, Cassia venustula, Crotalaria incana* (Leg.); *Salvia hirta, S. tiliaefolia, Minthostachys mollis, Scutellaria incana* (Lab.); *Heteropterys beechayana* var. *andina* (Malp.); *Stemodia suffruticosa* (Escrof.); *Tibouchina laxa, Miconia lutescens* (Melast.); *Rubus mollifrons* (Rosac.);

Buettneria flexuosa (Sterc.); *Phenax laevigatuus, P. hirtus* (Urtic.); *Plumbago scadens* (Plumb.); *Cantua quercifolia* (Polem.); *Alternanthera porrigens* (Amarant.); *Heliotropium urbanianum* (Borag.); *Cleome potamophila* (Capar.); *Piper bogotense* (Piper.); *Mauria heterophylla* (Anac.); *Jussieuia peruviana* (Enot.); *Acalypha diversifolia* (Euforb.); *Aspilia sodiroi, Baccharis balsamifera, B. riparia, Perymenium mathewsii, Eupatorium buddleaefolium, Ambrosia elatior, Bidens squarrosa, Cacosmia rugosa, Viguiera pflanzii* (Comp.).

Aunque aún son pocas las solanáceas que tenemos determinadas, de la enumeración se deduce la importancia que tiene esta familia en la formación de los matorrales bajos. No así en los de altura. Las *Iochroma* llaman la atención por sus bonitas flores blanquecinas o morado-oscuras. Una solanácea afín de ésta cubre con hermosos racimos de flores muy vistosas (que varían en la misma inflorecencia del amarillo dorado al yema y al rojo tomate) largos trechos de matorrales. *Lycopersicon hirsutum* (vulg. Yerba de gallinazo) está por todas partes, con sus racimos de flores amarillas. Este tomate silvestre, de fuerte olor, tiene una robustez y un desarrollo extraordinarios; sus frutos, sin embargo, no pasan del tamaño de una pequeña cereza. Más arriba de Loja y siguiendo la carretera de Occidente, *Swartzia* aff. *matthewsii* domina en grandes extensiones.

Junto a solanáceas de hermosas flores, *Cassia venustula*, conocido orozuz, contribuye con flores abundantes y perennes a la atracción del matorral.

Cantua quercifolia y *Ambrosia elatior* (marco) cubren a veces casi con exclusividad los matorrales. Lo mismo puede decirse de *Rubus mollifrons*, la mora de los caminos.

Tibouchina laxa, llamada vulgarmente dumarí, ofrece por todas partes sus hermosas flores moradas, de pétalos muy caedizos.

Mauria heterophylla es, por lo general, un arbusto; pero a veces llega a la categoría de un arbolito, cuyos frutos tienen el olor característico del mango.

Trepadoras que cubren los matorrales con frecuencia son: *Passiflora sanguinolenta*, de flores y frutos color rojo, muy llamativos; *P. municata, P. indecora* y otras pasifloras. La convolvulácea *Ipomoea squamosa*, de hermosas flores color violeta, es la más grande y robusta, así como la más frecuente sobre los matorrales, principalmente donde hay abundante humus. *Cynanchum* sp. es la asclepiadácea más común en el valle; la mayor parte del año está sin hojas, pero cubre con sus ramas filiformes de color verde, muchos arbustos. Tres enredaderas también comunes son *Boussingaultia baselloidea* (Basel.), *Maurandya scandens* (Escrof.), y *Muehlenbeckia peruviana* (Poligo). *Bomarea cuencensis* (Amaril.) cuelga aquí y allá sus bonitas umbelas de flores rosadas. En este mismo grupo cabe colocar a *Cuscuta odorata* (llamada en algunos lugares «cabello de ángel»). Esta parásita se destaca a menudo sobre los arbustos (particularmente compuestas del género B*accharis*), por su color amarillo y sus abundantes flores blancas.

Como queda dicho, las yerbas no son abundantes en los matorrales; pero no faltan. Algunas de ellas son: *Phytolacca australis*, planta muy robusta, que a veces constituye por si sola tupidos matorrales. *Pennisetum purpureum* y *Paspalum humboldtianum* son dos gramíneas de considerables dimensiones. *Cortaderia radiuscula* (Zig-zig) luce sus altas inflorescencias blanquecino-parduscas, como miembro constante de los matorrales. *Viola arguta* se esfuerza aquí para desarrollar sus ramas y alcanzarlas hasta la superficie del follaje. Frecuente es *Urtica ballotaefolia* (Urtic.). Huéspedes más modestos son *Epidendrum brachyphyllum* (Orq.) *Oxalis peduncularis*, *Peperomia blanda var. sericea, Polygala paniculata, Loasa triphylla, Salvia scutellaroides, Geranium elongatum, Galinsoga caracasana* (Comp.) y, en ocasiones, *Bryophyllum pinnatum*, vulgarmente llamado «hoja del aire».

Spartium junceum (retama) deja ver también en algunos lugares sus desnudas ramas verdes, rematadas perpetuamente en flores amarillas.

No es raro ver aquí y allá árboles que sobresalen del intrincado follaje de los matorrales: *Oreopanax rosei* (Aral.), *Padus capuli, Euphorbia* sp. (lechero), *Eucalyptus globulus, Acacia macracantha, Albizzia lophantha, Erythrina* sp., *Inga* sp., etc.

Los matorrales rematan hacia las vías con un marco de yerbas que, en su mayor parte, están formadas por gramíneas, p. ej., la dominante *Poa annua*. Las *Cuphea* (Litrac.), tan notables en la provincia de Loja, particularmente en prados, lugares húmedos, dehesas, lomas y breñas, llaman la atención también a las orillas de los caminos, tanto por su densidad como por el atractivo de sus florecitas color violeta o rosado.

La flora herbácea de estos lugares es, como dije arriba, muy variada y complicadamente mixta. Citaré sólo algunas de las plantas más comunes: *Vicia acerosa* (Leg.); *Persicaria mitis, P. hydropiperoides* (Poligo.); *Alchemilla pectinata* (Ros.); *Nicandra physaloides, Saracha vestita* (Sol.); *Polygala paniculata* (Poliga.); *Salvia scutellaroides* (Lab.); *Borreria suaveolens* (Rub.); *Sida rombifolia* (Malv.); *Stellaria cuspidata, Eupatorium niveum, Bidens andicola* var. *decomposita, Heliopsis canescens, Ageratum latifolium, Chrysanthemun parthenium* (Comp.).

Y ahora algunas palabras sobre los matorrales de altura. Se distinguen de los anteriores, más que por la altitud (pues a veces ambos tipos coinciden en esta condición), por el carácter primitivo que presentan y por la amplitud superficial que casi siempre adquieren. A diferencia de los matorrales bajos, éstos son ricos en líquenes y musgos. Mientras que los primeros tienen el aspecto de ser constantemente renovados, los segundos presentan el aspecto de antigüedad, de vejez. Al paso que los primeros tienen un verde profundo y fresco, los segundos ofrecen a la vista un verdor grisáceo. Predominan en ellos arbustos leñosos y yerbas duras de fuerte raigambre. En muchos casos recuerdan el aspecto de la ceja andina y hasta participan de sus elementos florísticos. En su situación, alternan frecuentemente con las lomas y ocupan los lugares menos expuestos, aunque no tan bien resguardados como los de los bosques. Las lianas no son aquí tan notables como en los matorrales bajos. Si bien en su mayor parte tienen carácter primitivo, en algunos lugares ocupan seguramente los sitios que pertenecieron a bosques de épocas pasadas.

Los suelos que cubren son pobres, por lo regular escasos o faltos de humus y con subsuelo sedimentario. Cuando son destruídos o quemados, la primera etapa de restitución está constituída por el helecho denominada «llaschipa» (*Pteridium* sp.), que en algunos lugares llega a tomar carácter climático.

No se han hecho aun ensayos al respecto; pero parece que los sitios hoy cubiertos por matorrales de altura, bien podrían ser ocupados un día por árboles propios de tales niveles. En un valle como el de Loja, donde los bosques van desapareciendo rápidamente, sería interesante ensayar la reforestación, a costa de los matorrales que, hoy, no desempeñan ningún papel en la economía.

He aquí algunos de sus elementos florísticos más frecuentes. Arbustos: *Oreopanax rosei* (Aral.); *Lomatia obliqua, Embothrium grandiflorum* (Proteac.); *Berberis loxensis* (Berb.); *Viburnum triphyllum, Lonicera* sp. (violeta del campo) (Caprif.); *Collignonia scandens* (Nictag.); *Lepechinia mutica, Satureja glabrata, Scutellaria volubilis* (Lab.); *Bejaria subsessilis* y especies de *Vaccinium, Gaultheria, Pernettya* y otras ericaceas; *Monochaetum lineatum, Miconia theaezans, M. media* (Melast.); *Escallonia floribunda* (Saxifr.); *Weinmannia macrophylla, W. ovalis* (Cunon.); *Lupinus semperflorens* (Leg.); *Calceolaria stricta* (Escrof.); *Symbolanthus macranthus, Macrocarpaea sodiroana* (Gent.); *Rubus mollifrons* (Ros.); *Siphocampylus humboldtianus* (Camp.); *Senecio iscoensis, Eupatorium excerto-venosum* var. *crenato dentatum, E. elegans, E. niveum, E. chamaedrifolium* (Comp.).

Algunos arbolitos forman a veces parte del matorral de altura; p. ej. *Clusia latipes, Daphnopsis espinosae, Rapanea sodiroana, Miconia lutescens.*

El arbusto *Dodonea viscosa* var. *linearis*, muy frecuente en algunos lugares, cubre a veces grandes extensiones en forma dominante; p. ej., al Oriente de la ciudad de Loja.

Muy llamativa por sus grandes racimos con brácteas blancas es el arbusto *Collignonia scandens* (Nict.).

Bejaria subsessilis se yergue en estos matorrales y alcanza en ocasiones 1 a 2 metros de altura.

Arbustos muy notables son los de las ericáceas y las cunoniáceas.

Una de las pocas trepadoras es *Passiflora cumbalensis; Cuscuta odorata* cubre los arbustos con extraordinaria agresividad en algunos lugares, particularmente los de *Dodonea viscosa.*

Sobresalen por donde quiera las inflorescencias de *Embothrium grandiflorum.*

Debajo y entre estos matorrales son las yerbas más frecuentes que en los bajos. Se observan, por ejemplo, *Lycopodium complanatum, L. clavatum, Equisetum bogotense, Polypodium sessilifolium,*

Elaphoglossum stenophyllum, entre las criptógamas; *Hydrocotyle mexicana, Mecardonia dianthera, Iresine celosia, Calceolaria stricta, Baccharis genistelloides, Paepalanthus ensifolius, Calceolaria* sp., *Begonia dolabrifera, Arundinaria patula, Stipa mucronata*, entre otras yerbas.

Es importante mencionar también, dentro del Valle de Loja, las BREÑAS y los TALUDES rocosos de las vías.

Las breñas se han formado a los lados de las quebradas, con la erosión de los terrenos sedimentarios. Al descubierto, presentan piedras de diversos tamaños (en parte cantos rodados), unidas entre sí por una compacta masa de arcilla. A veces son perpendiculares, y por lo general tienen una inclinación muy fuerte; son inaccesibles cuando alcanzan altura considerable.

Sobre ellas se desarrolla una vegetación abundante de líquenes y musgos, que les dan en partes un aspecto grisáceo. Este aspecto se acentúa con la presencia de bromeliáceas del género *Tillandsia*, tales como *T. straminea*, de hermosas flores color lila y blanco y delicádamente aromáticas. Hay también especies que forman grandes rosetas.

Lo mismo que acabo de decir de las breñas, es aplicable a los taludes de los caminos. No se crea que estos lugares tan pendientes carezcan de vegetación superior o sean siquiera pobres en ella; todo lo contrario, conservan una vegetación verde todo el año y hasta forman matorrales. La enumeración que sigue ilustrará lo que acabo de decir. Entre las plantas predominan, como es natural, aquellas de tejidos duros y fuerte raigambre, y las epífitas (que aquí se apoyan directamente sobre el suelo).

MONOCOTILEDONEAS: *Cortaderia radiuscula, Stipa ichu, Andropogon aequatorensis, Aegopogon cenchroides, Axonopus* sp., *Agrostis humboldtiana* (Gram.); *Tradescantia debilis* (Comm.); *Anthurium* aff. *tonianum* (Arac.); *Pitcairnia pungens, Tillandsia straminea, Puya* sp. (Brom.); *Carex polystachya* (Ciper.); *Epidendrum brachypyllum* (Orq.); *Opuntia* aff. *quitensis* (Cact.); *Agave americana, Furcraea* sp. (cabuya, Amar.).

DICOTILEDONEAS: *Cuphea microphylla* (Lytr.); *Relbunium hypocarpium, Palicourea regulosa* (Rub.); *Desmodium molliculum, Vicia acerosa, Crotolaria incana* (Leg.); *Peperomia galioides* (Piper.); *Polygala* *paniculata, P. paniculata* var. *leucoptera* (Poliga.); *Oxalis peduncularis* (Oxal.); *Browallia demisa, B. viscosa* (Sol.); *Onoseris speciosa, Zexmenia helianthoides, Stevia bertholdii, Gnaphalium elegans* (Comp.).

Los helechos son frecuentes; p. ej., *Elaphoglossum stenophyllum, Polypodium lanceolatum, P. pectinatum, Gymnogramma elongata, Polypodium phyllitides.*

Las breñas y los taludes son el refugio más bajo de algunas plantas de la altura, tales como *Stipa ichu.*

Las plantas más conspicuas de estos lugares son: *Cortaderia radiuscula* (Zig-zig); *Furcraea* sp. (cabuya), *Agave americana* (penco), *Opuntia* sp., *Cereus* sp. y algunas *Tillandsia* de grandes dimensiones.

Tradescantia debilis, las cactáceas y pequeñas *Tillandsia* también son huéspedes infaltables en los MUROS derruídos de las cercas de tapia. Se desarrollan sobre la capa verde que les forman los musgos. Con frecuencia estas murallas se cubren también de vegetación numerosa que, en tal caso, tiene mucha semejanza con la de breñas y taludes.

Frente a estos lugares que, en una región con precipitaciones menos frecuentes, fueran sencillamente desnudos o a lo más estuvieran cubiertos de líquenes y musgos, se hallan los PANTANOS, las FUENTES DE AGUA y los LUGARES HUMEDOS, muy frecuentes en el valle.

Estos terrenos ácidos y constantemente anegados, o por lo menos húmedos, tienen una vegetación herbácea o de arbustos enanos y, en su aspecto, recuerdan los prados y dehesas.

Su flora más común se compone de juncáceas y ciperáceas que, en algunos lugares, llegan a formas gigantes y constituyen lo que el vulgo llama «totoras». *Fimbristylis annua, Carex bonariensis, Eleocharis montana, E. dombeyana, Juncus cyperoides, J. microcephalus, J. brunneus, J. imbricatus,* son, por lo general yerbas pequeñas. *Juncus effusus,* en cambio, alcanza un metro o más de altura.

Pertenecen a esta flora las gramíneas *Paspalum conjugatum* y *P. paniculatum* y la pequeña amarilidácea *Hypoxis decumbens.*

El helecho *Dryopteris rudis* adquiere un gran desarrollo y domina en algunos lugares. También es frecuente un pequeño *Lycopodium,* que forma pequeñas matas erguidas, así como el helecho *Blechnum glandulosum.*

Típica de los pantanos es la diminuta carnívora *Utricularia obtusa* (Lentibul.); sólo se descubre por sus florecitas amarillas que a veces se presentan sobre superficies bastante grandes.

Hydrocotyle ranunculoides, H. mexicana, Alchemilla pectinata y *Ranunculus flagelliformis* son los más comunes huéspedes de estos lugares.

Casi invisible entre las demás yerbas, se arrastra la pequeña y muy aromática *Satureja brownei* (Lab.), vulgarmente denominada «tipo».

Jussiaea peruviana (Enot.) desarrolla tallos de dos o más metros de altura y luce donde quiera sus flores amarillas.

Otras yerbas frecuentes son: *Oenothera rosea* (Enot.); *Trifolium dubium* (Leg.); *Hypericum euphorbioides* (Gut.); *Relbunium hirsutum, Persicaria hydropiperoides, P. mitis* (Poligo.); *Cuphea racemosa* (Lytr.); *Calceolaria stricta* (Escrof.); *Verbesina lloensis, Chevreulia acuminata* (Comp.).

Rubus mollifrons es un arbusto que llega a formar matorrales en lugares pantanosos. En cambio, con excepción de *Alnus* sp. (Aliso) y *Salix humboldtiana* que a veces se atreven a sentar sus reales en los pantanos, casi no se ven árboles en los lugares de que tratamos.

Las acequias se cubren frecuentemente de berro (*Draba nasturtium aquaticum)* y las chacras de una gran vegetación de algas.

Las corrientes de agua que vienen de las alturas se cubren casi siempre de matorral muy espeso, y a la sombra de éste, se desarrollan numerosos helechos, selaginelas, hepáticas y musgos.

Y para terminar esta descripción del valle, dedicaré todavía algunas líneas a la vegetación de renuevo que aparece en los LUGARES DE CULTIVO o ANTES CULTIVADOS.

Esta vegetación está constituída por las llamadas «malas yerbas». A los lugares antes cultivados penetran, como es natural, yerbas o arbustos de los prados y matorrales vecinos; pero por lo regular hay algunas plantas que son típicas y, por decirlo así, infaltables en tales lugares. Por lo regular se trata de plantas anuales, de rápido desarrollo, que soportan los suelos predominantemente ácidos de la hoya, vencen fácilmente a las plantas de cultivo y ocupan sus puestos, si el hombre no las elimina. Mediante rizomas, propágulus de diversa naturaleza o semillas, se mantienen tenazmente en todo sitio, o permanecen como en asecho y llevando una existencia pobre, en los lugares ocupados por prados, orillas de los caminos, dehesas, lomas y matorrales.

Haré una enumeración de las más importantes: entre las gramíneas, *Paspalum depauperatum*, vulgarmente «yuruza», es una de las yerbas más temidas por los agricultores. Se propaga por fragmentos del tallo o por semillas, y tiene una resistencia extraordinaria a los cambios de suelo, humedad y temperatura. *Paspalum penicillatum, Andropogon tener, Trachypogon montufari, Paspalum notatum, Holcus lanatus, Setaria geniculata*, entre otras, son también gramíneas que invaden los terrenos de cultivo.

Algunas conmelináceas, como *Tinantia fugax* y *Tradescantia* sp. se propagan con extraordinario vigor.

Nicandra physaloides (Sol.), planta de tallo herbáceo muy robusto y de hasta dos metros de altura, sobresale en los terrenos cultivados, en los rastrojos y hasta en los jardines, con sus grandes hojas y flores de color lila.

Entre las yerbas más temidas se hallan *Rumex acetocella, Astrephia chaerophylloides, Raphanus sativus, Sonchus oleraceus* y *Sida rombifolia.*

Rumex acetocella, llamada «gula» en Loja «lengua de vaca» en otros lugares del país, se propaga por semillas y raíces. Crece en todas las partes donde ha quedado sólo un fragmento de raíz, y donde los terrenos limpios empiezan nuevamente a cubrirse de vegetación, asoma como una verdadera almácida.

Astrephia chaerophylloides, una valerianácea de tallo delicado y frágil, tiene enorme poder de desarrollo y a veces domina exclusivamente entre los sembrados. Para levantarse, busca el apoyo de plantas como el maíz.

Raphanus sativus, el conocido nabo de flor amarilla o violeta, arroja semillas que se mantienen mucho tiempo en estado de germinar. En los huertos y sementeras domina extraordinariamente en ciertos meses del año.

Sonchus oleraceus es incómodo más que todo, por la fácil propagación que tienen sus semillas y el poder de restitución de las raíces.

Donde las gentes han quemado los terrenos, la primera planta que, por lo general, se presenta a continuación es *Sida rombifolia*, llamada vulgarmente «cosa-cosa», o «pichana» en otros lugares.

Otras yerbas frecuentes en terrenos de cultivo o antes cultivados son: *Medicago hispida, Trifolium dubium* (Leg.); *Monnina calastroides* (Poliga.); *Convolvolus crenatifolius, Ipomoea dumetorum* (en sus dos formas, blanca y violeta, Convolv.); *Linaria canadensis, Lamourouxia* sp., *Calceolaria dichotoma* (Escrof.); *Amaranthus hybridus* (Amarant.); *Daucus montana* (Umbel.); *Diodia dichotoma, Drymaria cordata, Silene armeria* (Cariof.); *Capsella bursa-pastoris* (Cruc.); *Salvia scutellaroides* (Lab.); *Tagetes graveolens, Sigesbeckia Mandoni, Sonchus asper, Jaegeria hirta, Conyza sophiaefolia* (Comp.).

No dejaré de mencionar también el hecho de que las casas, los postes y hasta los alambres de la energía eléctrica se cubren, tanto en la ciudad de Loja como en los campos, de dos plantas que se ven por todas partes. La una es una *Tillandsia* de color gris y pequeñas rosetas y la otra, una crasulácea del género *Echeveria*. Estas plantas, unidas a los líquenes y los musgos, dan pronto a las construcciones un aspecto de vejez.

EL BOSQUE DE ALTURA

En el interior de la Hoya de Loja, el bosque húmedo de altura tiene preponderancia en los ascensos de las cordilleras, y aquí se recluye, por decirlo así, en las quebradas que quedan entre los contrafuertes. Por las reliquias aun existentes, es de suponer que antes el bosque bajó mucho más y tocó el valle mismo, quizá ocupó una considerable superficie de éste. En la situación actual, habría que hacer un estudio detenido de comparación entre las series de restitución más recientes y las ya degradadas y más antiguas, para deducir los sitios que antes estuvieron ocupados por bosques. El observador puede formarse concepto de lo que ha sido y puede llegar a ser el bosque en la Hoya de Loja, si recorre despacio el camino que va de la ciudad a la finca municipal Zamora-Huaico, situada hacia el SE de aquella.

He aquí en pocos rasgos lo que se observa. [5]

Desde la ciudad, se sale por callejones de matorral secundario, como el ya descrito anteriormente. Este matorral, en partes simple soto y en partes ancho, esta formado por arbustos muy ramificados de «chilcas» (*Baccharis riparia*), otras compuestas como *Eupatorium* y *Heliopsis*, la frecuente euforbiácea *Acalypha diversifolia*. De entre estos arbustos se ven sobresalir aquí y allá cactáceas de grandes dimensiones (*Opuntia* aff. *quitensis, Opuntia* sp., *Cereus* sp.). Sobre el conjunto forman muchas veces una cobija las convulvuláceas de grandes campanas moradas (*Ipomoea squamosa*) y diversas *Passiflora*. Fuera del matorral, el terreno está cubierto de césped siempre verde de *Poa annua*, otras gramas y diversas ciperáceas. Sobre los prados dominan los enhiestos árboles de *Eucalyptus globulus*.

Más allá se toca con las márgenes del río Zamora, los arroyos que nutren a éste y las acequias que salen de él. Si se mira a las pendientes de ambos lados, se observa, ya en climax, diminuto césped y matorral de poca elevación. En las orillas mismas, lucen sus flores de rojo bermellón los arbustos de *Salvia hirta*, que aquí toman dimensiones considerables. Lucen también compuestas de flores amarillas y azul-violeta, así como los infaltables «dumaríes» (*Tibouchina laxa*). De en medio de éstas y ganando altura, salen las matas de *Cortaderia radiuscula* (Zig-zig) y algunas gramíneas duras. Sobre la corriente se ven blandas Calceolarias, berros (*Draba nasturtium-aquatium*), juncos, *Cuphea racemosa, Persicaria hydropiperoides*, denominada vulgarmente «solimancillo». Aquí donde las estribaciones montañosas caen violentamente, la vegetación yerma de las alturas se une a la suave, verde y feraz de las corrientes.

La orilla del río está cercada por societas de aliso (*Alnus* sp.); entre estos árboles forman matorral *Baccharis riparia*, diversos *Eupatorium*, aquí y allá algún árbol de *Oreopanax* y, dominando el matorral por todas partes, grandes extensiones de moras (*Rubus mollifrons*). *Salvia hirta* (aún de mayores dimensiones cerca del río),

---

(5)   En la descripción que sigue, cito solamente especies y géneros notables. Prescindo de una enumeración más detallada, en primer lugar por que lo ya florísticamente conocido por mí lo consigno en el inventario que forma la segunda parte de este volúmen, y en segundo, porque mis conocimientos sobre la flora de las faldas de las cordilleras son aun deficientes.

S. scutellaroides y otras labiadas de grandes hojas y flores color rojo vivo; *Eupatorium dendroides, Verbesina lloensis* sobresalen del conjunto con flores de variados colores. En muchos sitios el matorral está constituído casi exclusivamente por Las Chinchas (*Chusquea* sp.).

El matorral del río es, indudablemente, una de las formaciones más interesantes y atractivas, no solo para el botánico, sino también para el simple excursionista.

Sin embargo, hasta aquí el matorral no ofrece mucha novedad, comparado con el matorral bajo, antes descrito. Pero si se deja el matorral del río y se asciende unos pocos metros a uno u otro lado de las pendientes, es posible observar la obra de destrucción del hombre. El proceso destructivo debemos imaginarlo, más o menos así: primero se ha destruído el bosque, telándolo y utilizando en parte la madera y la leña. Más tarde, cuando se han formado matorrales en la serie de restitución, se han cortado los arbustos y las yerbas y se han quemado los despojos. Sobre el suelo cubierto de ceniza, se ha sembrado alguna planta útil, por lo general maíz, y se ha obtenido una cosecha regular. Durante el desarrollo de las sementeras y después de cosechadas éstas, ha tomado posesión del suelo una serie de malas yerbas vigorosas y comunes en el valle, tales como la «gula» (*Rumex acetocella*), la vigorosa *Astrephia caerofilioides*, especies de *Browallia*, de *Cuphea* y gramíneas diferentes. Entre estas domina al principio la «yuruza» (*Paspalum depauperatum*), autóctona, y luego las introducidas *Holcus lanatus* y *Lolium multiflorum*. Tales yerbas, al comienzo vigorosas y dominadoras, a medida que el suelo se agota, van reduciéndose en dimensiones y densidad y ceden el puesto a otras menos exigentes: *Poa annua, Cynodon dactylon, Eragrostis montufari, Aegopogon cenchroides, Sporobolus microphylla,* que conservan sus socies hasta en los lugares más pobres. El suelo antes cubierto de humus, se reduce por efecto del fuego a una capa gredosa que, en lugares de lluvia casi perpetua como Zamora-Huaico, constituye con frecuencia lodazales.

En sitios pantanosos, toma el carácter de clímax una vegetación menuda de pequeñas gramíneas, ciperáceas y juncáceas, como también ranúnculos (*Ranunculus flagelliformis, Ranunculus* sp.), *Alchemilla pectinata, Duchesnea indica, Cuphea racemosa, Rumex acetocella,* etc.

En fuertes pendientes de no mucha elevación, constituyen una preclimax extensas asociaciones de una labiada del género *Lepechinia*, denominada «tarope», a la que acompañan *Embothrium grandiflorum* y algunas compuestas. Desde las alturas, penetran a estos matorrales yerbas duras como *Stipa* y *Eragrostis*, y varias bromeliáceas, particularmente *Puya*.

Lo más lamentable en los procedimientos de destrucción de los bosques es que, no solamente se queman los sitios talados, sino a veces grandes extensiones de bosques sin talar, desde partes bajas hasta el nivel de los páramos. Apenas llega un corto período de sequía, se queman los campos o por mero entretenimiento o con el irracional pretexto de «mejorar» los pastos. Esta práctica repetida desde hace una centuaria o más, ha convertido en suelos pobres e inútiles grandes extensiones que antes estaban ocupadas por bosques.

Donde los suelos no han sido sometidos al fuego, la vegetación empieza a restituirse con las yerbas de la subserie antes citada (*Astrephia caerofiloides*, etc.); luego, ya sea de brotes procedentes de troncos cortados, ya sea de semillas que han caído, empiezan también a restituirse, aunque lentamente los árboles. La segunda fase es un matorral bastante espeso, donde adquieren un predominio sorprendente las melastomatáceas. Tanto en densidad como en variedad, las plantas de esta familia dan el carácter a la etapa: *Miconias* diversas (*M. gonioclada, M. setinervia, M. crassifolia, M. denticulata, M. media, M. theaezens*) generalmente de grandes inflorescencias piramidales y pequeñas flores poco atractivas, alternan con la más llamativa *Monochaetum lineatum* y las hermosísimas *Meriania, Centronia* y *Tibouchina* (p. ej., *Centronia tomentosa, Tibouchina asperipilis*). Las especies de estos géneros tienen flores del tamaño de un pensamiento (*Viola tricolor*) y presentan colores muy vivos en lila, morado, rojizo, bermellón, a veces con brillo de porcelana; los arbustos y arbolitos se cubren de ellas en la mayor parte del año y despiertan en el excursionista la ambición de recogerlas y llevarlas como recuerdos de estos hermosos matorrales; pero el excursionista se ve defraudado en su deseo, pues los pétalos se desprenden con tanta facilidad, que de una rama bien florida no quedan después de pocos minutos de transporte nada más que en los botones.

Forman cortejo a las melastomatáceas, arbustos frondosos de varios géneros de compuestas (*Mikania, Senecio, Verbesina, Viguiera, Chuquiraga*) y ericáceas (*Bejaria, Vaccinium, Ceratostema, Gaultheria*). En algunos lugares, las *Chusquea* forman espesos techos a la vegetación arbustiva. Entre las lianas, sobresalen las *Bomarea* (Amaril.) y algunas vitáceas y asclepiadáceas. Las moras (*Rubus mollifrons* y otros) extienden sus ramas por todas partes y atormentan al excursionista con sus aguijones; a veces llegan a tener un dominio casi exclusivo. Aquí y allá sobresalen del matorral las grandes inflorescencias de *Collignonia scandens* (Nictag.)

La vegetación baja de este matorral de restitución está constituída principalmente por pocas gramíneas, algunas ciperáceas de hojas tiesas y cortantes, y musgos. Las gesneriáceas sorprenden frecuentemente con sus curiosas flores. En muchos lugares forma pequeñas almohadillas una especie de *Sphagnum.* Los árboles de la vegetación alta del futuro, sacan su ramaje de entre el matorral o se acogen a un lento desarrollo bajo la sombra de éste. Formando parte del matorral y como un precursor del futuro bosque, luce su robusto follaje y sus hermosas y aromáticas flores blancas, *Laplacea speciosa.* Una considerable capa de humus guarda la humedad y el sustento de la vegetación que, en todas partes, demuestra mucho vigor.

Donde la mano del hombre aún no ha hecho ver sus efectos o ha intervenido sólo esporádicamente, allí se presenta el bosque húmedo de altura en su clímax. Visto a distancia, apenas parece un matorral de color verde oscuro, y aún a corta distancia, casi no se puede creer a primera vista que encierre árboles de grandes dimensiones y maderas muy codiciadas. Estos bosques, y los ya destruídos, han aprovisionado durante siglos a la ciudad de Loja de madera de romerillo (*Podocarpus* sp., llamado zi-zin en las provincias del norte), cedro (*Cedrela* sp.), curiquiro y cashco (*Weinmannia* sp.), entre los árboles más conocidos. Muchos son los árboles cuya determinación aún ignoro; a lo más podrían señalarse algunas familias, como monimiáceas, rubiáceas, lauráceas, gutíferas y mirtáceas. P. ej., *Siparuna gesneroides* y *Palicourea* sp., sirven de preferencia a la provisión de leña. Las *Cinchona* han sido objeto de una explotación sin previsiones para el futuro y a tal punto, que ahora no es fácil dar con porciones apreciables de ellas, si es que no se penetra a lugares casi inaccesibles, y aún en éstos, la explotación ha llegado venciendo todo género de dificultades. Loja, la patria de las cascarillas, ya no posee cantidades explotables de este precioso árbol sino en los bosques del sur de la provincia (según referencias), próximos a la Cordillera Oriental. Lo que se había restituído de explotaciones de fines de siglo pasado (observado por mí en Agosto y Septiembre de 1938), ha desaparecido en la explotación intensa que tuvo lugar durante la última guerra. Sólo en la parte del bosque que se aproxima al páramo y a veces en los matorrales de altura, se halla con bastante frecuencia *Cinchona microphylla*, un arbusto o pequeño arbolito.

Formas elevadas son también los hormigueros o guarumos (*Cecropia* sp.), que se denuncian en todas partes por sus copas de color blanquecino y llegan a la parte interandina de la región, como avanzadas de la flora oriental. Semejantes a éstos por la forma de sus hojas, pero de dimensiones menores, son los arbolitos de diferentes araliáceas.

Frecuentes son también los arbolitos de tronco blando de *Carica* sp., una especie de papaya de fruto pequeño.

Los helechos arborecentes alcanzan aquí grandes dimensiones y una abundante propagación.

En el sector de que trato, esto es, la finca de Zamora-Huaico, las palmas están representadas por el pequeño palmito (*Geonoma densa*), cuyos brotes tiernos son apreciados para la preparación de ensaladas.

La vegetación arbórea del bosque húmedo necesita aún trabajo largo y continuado para ser debidamente controlada; lo aquí citado es solamente una pequeña parte de cuanto constituye aquella rica flora. Algunos detalles florísticos más pueden hallarse en el catálogo del Herbario Lojano (véase volumen II).

Continuando la descripción, debo añadir que el bosque húmedo de altura es, en realidad y como se mira a distancia, una especie de matorral de grandes dimensiones. Sólo en las partes más profundas de las quiebras y en ciertos llanos pequeños se abre hasta tomar la apariencia de selva propiamente dicha. En general, el bosque es casi impenetrable por el enorme enmarañado de arbustos y árboles inclinados, por las lianas que enredan en todas partes, por la gran cantidad de material orgánico en descomposición que oculta con frecuencia peligros mayores o menores para las pisadas y, finalmente, por la fuerte inclinación del terreno.

Tres pisos de vegetación pueden distinguirse fácilmente: uno superior, constituído por árboles de corpulencia grande o considerable; uno medio, del que participan arbustos y lianas, y uno inferior constituído por yerbas. El suelo y los troncos de los árboles están cubiertos por alfombras y túnicas de musgos, entre los que crecen bromeliáceas, begoniáceas, gesneriáceas y helechos diversos.

De los árboles he citado algunos anteriormente. Entre los arbustos, hay gran número de ericáceas, rubiáceas, piperáceas, campanuláceas de hermosas flores, melastomatáceas, compuestas, leguminosas y enoteráceas. De la última familia, conviene citar de manera particular el género *Fuchsia* (*Fuchsia silvatica* y *Fuchsia* sp., p. ej.). Algunas melastomatáceas de los géneros *Miconia* y *Centronia* toman el carácter de verdaderos arbolitos de madera dura. Aún la ericácea *Bejaria subsessilis* se convierte en árbol que llega a varios metros de altura, mientras que en los sitios descubiertos y expuestos de mayor elevación, apenas es un arbusto casi rastrero. Caracteres de arbusto semitrepador toma también una planta en sí pequeña y rastrera cuando está en los prados, *Viola arguta*; en la sombra y en el enmarañado del bosque, adquieren los tallos una longitud de 2 a 3 metros, aunque el espesor casi no se altera. Esta planta puede contarse, pues, entre los arbustos del piso medio de vegetación.

Como estrellas o llamitas de fuego en la oscuridad del bosque, se presentan aquí y allá las flores de ciertas campanuláceas amarillas o rojas; así la especie *Centropogon erianthus* y la aún más atractiva *Centropogon granulosus*. Visibles también a distancia son espigas de ciertas gesneriáceas. Al enmarañado ya en si muy espeso del bosque, se suman en ciertos lugares densos chaparros de *Chusquea*. De este género, es frecuente en Zamora-Huaico una especie de tallo muy largo (7 a 8 metros) y hueco, que toma en algunos lugares un predominio casi absoluto.

Entre las plantas trepadoras y semitrepadoras se distinguen, de la misma manera que en el matorral de restitución, algunas asclepiadáceas y sapindáceas, así como las *Bomarea* de hermosos racimos encarnados o amarillentos, y especies de *Smilax* (Liliac).

La vegetación herbácea está representada generalmente por plantas de hojas bien desarrolladas y suaves. Gran predominio tiene esta vegetación en los troncos de los árboles vivos y los restos en descomposición que se hallan cerca del suelo o sobre éste.

Como se dijo ya, los troncos de los árboles están cubiertos de una túnica de musgos y líquenes, de la cual y en parte envueltas por ella, se ven surgir orquídeas, gesneriáceas, begoniáceas (algunas de ellas trepadoras con raíces en los árboles) y las muy suaves y jugosas *Peperomia*, que parecen indiferentes a la habitación que les quepa, ya sea el tronco de un árbol, ya los restos vegetales que yacen en el suelo.

A la vegetación epífita pertenecen también aráceas (a veces trepadoras) de grandes hojas; bromiláceas (vulgarmente «Guaicundos» de robustas y vistosas rosetas; himenofiláceas (helechos) de hojas suaves y finas (*Hymenophyllum fucoides*, *H.* aff. *myriocarpum.* p. ej.) u otros helechos de hojas tiesas y hasta coriáceas, como algunas especies de *Polypodium*.

Si por una parte es notable el predominio de la familia de las melastomatáceas, las compuestas y las rosáceas del género *Rubus*, por otra llama la atención el hecho de que se halle mal representada, tanto en variedad como en densidad, la familia de las leguminosas. Entre los árboles, se hallan a veces las *Inga* (guabos) y alguna que otra especie trepadora de otros géneros.

En el piso inferior, o sea en la vegetación del suelo, tienen predominio los musgos; pero también se ven muchos líquenes. De entre los musgos salen helechos de variadas formas, *Peperomia* de varias especies, commelináceas y orquídeas. Entre las más delicadas formas se hallan begonias, algunas de ellas, trepadoras con raíces. Por su típico color amarillo, llaman la atención las calceolarias, que en algunas especies llegan a la categoría de arbustos y en otras forman matorrales, como plantas semitrepadoras. Un importante papel desempeñan en el conjunto *Pilea tricosanthes* (Urtic.). Poco o casi nada representadas se hallan las gramíneas, si exceptuamos los grandes chaparros de *Chusquea*, que he mencionado ya. Las yerbas, por lo general escasas del bosque, son comúnmente de constitución muy delicada, si es que no llegan por lo menos a la categoría de trepadoras, tales como algunas *Passiflora*. Por excepción de esta regla, se hallan aquí y allá matas de ciperáceas, de hojas bastante tiesas. Las yerbas, adaptadas a sombra y humedad permanentes, se marchitan y deforman fácilmente, apenas se las saca de su medio.

No obstante lo que acabo de decir, a pocos metros de distancia tal vez, donde el terreno forma algún lomo expuesto a la acción del viento, el bosque desaparece bruscamente y en su lugar se halla un prado de mayor o menor extensión, cuyos elementos son yerbas sumamente duras y algunas inmarcesibles. No importa que el terreno reciba tantas precipitaciones como el bosque vecino y que incluso sea pantanoso: las yerbas de las partes descubiertas son duras. Así por ejemplo, en Zamora-Huaico, entre bosques y matorrales, se halla una pequeña lomita bastante pantanosa, en la cual tienen predominio plantas como *Stipa ichu*, *Bulbostylis capillaris*, *Juncus imbricatus*, *Senecio pimpinellifolium*, *Xyris subalata* var. *macrotona* y otros elementos florísticos cuyo medio preferido son los lugares próximos al páramo [6].

A medida que el bosque húmedo avanza a la altura y se aproxima a los lomos de los contrafuertes y de las cordilleras, va cediendo su puesto a otra forma de vegetación, en la que toman parte yerbas y arbustos duros y adquieren un gran predominio gramíneas gigantes, como especies de *Chusquea* (*C. scandens*) y *Arundinaria*. Fuera de los densos matorrales compuestos casi exclusivamente de *Chusquea*, toman importancia algunas leñosas de menor altura que las del bosque: *Bejaria* y otras ericáceas arbustivas, caprifoliáceas de los géneros *Viburnum* y *Lonicera*, muchas compuestas. En el nivel de vegetación más bajo, gran cantidad de yerbas duras.

Aquí está la transición del bosque de altura a la vegetación de los páramos. Corresponde a lo que se ha denominado la «Ceja andina» [7].

---

(6)   En mis estudios sobre la ecología de las plantas andinas (Oekologische Studien über Kordíllerenpflanzen, 1932), había llegado a la conclusión de que el factor viento es decisivo en la determinación de las formas que hallamos en las cordilleras. Estos hechos confirman lo expuesto entonces. **Bejaria subsessilis** y **Viola arguta** son dos ejemplos interesantes; ambas pasan de su condición de rastreras o cespitosas, a la de arbustos o verdaderos árboles (Befaria), siempre que se hallen en lugares expuestos al viento o en lugares protegidos. Claro que en estos tendrá su participación también el factor luz; pero el viento es el que decide, en primer término, incluso de la existencia o no existencia de un bosque.

(7)   Weberbauer, Herzog. Diels; pero aquí no es posible atribuir a esta formación altitudes más o menos bien determinadas, pues el desarrollo de la Ceja corresponde a la mayor o menor exposición del terreno. En la hoya de Loja, la Ceja se halla, (casi siempre), por debajo de los 3000 metros.

En ciertos lugares donde las quiebras de las montañas son demasiado estrechas, el bosque ha quedado reducido a pequeñas manchas encajonadas en el fondo de las quebradas. Así por ejemplo, en la parte superior de la finca universitaria «La Argelia», al sur de la ciudad. Y a pesar de lo reducido de la superficie que ocupan tales bosques, tienen una representación tan variada de los elementos citados en las líneas precedentes, que pueden ser claramente caracterizados como bosques en miniatura.

El tipo de bosque que acabo de describir se extiende, más o menos en condiciones análogas, desde el Nudo de Cajanuma (al sur), por el lado interior de la Cordillera Oriental, hasta la depresión que da paso al río Zamora hacia el Oriente. Después de esta depresión, continúa hasta las alturas de Acacana (al norte) y cubre éstas por ambos lados (norte y sur).

Desde las alturas de Acacana, ha bajado antes el bosque, más o menos, hasta la pequeña población de San Lucas. En el año 1938 que visité por primera vez estos lugares, aún descendía el bosque hasta un nivel mucho más bajo que ahora, y en las partes próximas a la mayor elevación, era muy espeso. En la actualidad, estos bosques son destruídos rápidamente y lo probable es que, si no se toman medidas contra este procedimiento, después de pocos años la región quedará convertida hacia abajo en prados de muy poco valor, y hacia arriba en una formación semejante al páramo, con yerbas duras y pequeños arbustos. Hoy día se saca un poco de madera de esos bosques; luego se los tala y a continuación se quema la vegetación derribada. Sobre el suelo queda, para la putrefacción lenta, una empalizada de troncos que ni siquiera se utilizan como leña. Este es el proceso de derroche imprevisivo que se ha llevado a cabo en grandes extensiones de la parte montañosa del país y que han conducido a la desaparición de los bosques, con la consiguiente perdida de grandes superficies, en muchos conceptos.

Los bosques de Acacana se distinguen por el predominio de un árbol, generalmente de considerable altura y poco diámetro, perteneciente al género *Laplacea*. Helechos arborescentes género *Dicksonia* son aquí tan desarrollados y abundantes, que dan material para construcciones de casa de los campesinos y la formación de cercas.

En las pendientes y alturas que corresponden a la depresión del Zamora (unos 40 km al NE de la ciudad de Loja), se nota ya claramente la influencia de la vegetación del Oriente, en particular por la densa presencia de las palmas de cera (*Ceroxylon* sp.). Por carecer aún de datos precisos sobre las faldas orientales de la Cordillera, me reservo para una próxima publicación los detalles se la afinidad florística de los dos lados de los Andes en esta parte del país, y a través de la depresión de que trato. Añadiré solamente un detalle, ya mencionado más atrás y no común a otras partes del bosque húmedo de altura. Es la extraordinaria propagación del nogal (*Juglans* sp.), desde las orillas del río hasta la cumbre misma de la Cordillera, sobre una diferencia altitudinal que sobrepasa seguramente los 1000 metros. Las muy pendientes laderas de Montecristi y más allá de esta hacienda, hasta hace pocos años estuvieron cubiertas de bosques en los que tuvo predominio el nogal. En la actualidad, estos bosques desaparecen bajo la acción del hombre; restos de enormes troncos hasta de 75 cm de diámetro, se hallan tendidos en el suelo o se reducen a leña. Se ha perdido en esta forma la gran riqueza de una de las maderas de mejor calidad [8].

Al sur del Nudo de Cajanuma y hasta los contrafuertes de Horta-Naque, el tipo de bosque es el mismo. Recluído de preferencia a las quebradas, cubre sin embargo hasta los lomos mismos de los contra-fuertes, apenas se presenta una planicie protegida o una pequeña depresión. La influencia que ejerce aquí el viento se ve claramente, observando los bordes de los lomos; la vegetación arbórea termina bruscamente y es sustituída por la fruticosa y herbácea. El nivel por el cual pasan los vientos está bien marcado, por cuanto las copas de los árboles forman un plano horizontal o inclinado que, en muchos casos, da la impresión de que dichas copas hubiesen sido intencionalmente podadas a una altura determinada.

En esta parte de la Cordillera, de Cajanuma hacia el sur, es

---

(8)   Urgente es que en este, como en el caso de los bosques de Acacana y otros análogos, las autoridades tomen las medidas que corresponden y reglamenten la utilización de la foresta, de esta riqueza difícil de reponer y que se está derrochando inútil e imprevisivamente.

donde se puede ver con particularidad el efecto de los factores ecológicos que, en las alturas, rigen la transformación de una misma especie, de la condición de un árbol a la de pequeña arbusto. Se observa el fenómeno en diversas familias, como ericáceas, cunociáceas, gutíferas. *Clusia latipes*, por ejemplo, es normalmente un árbol de considerable desarrollo y predominante en algunas partes. En los filos de los contrafuertes, se reduce a arbusto que forma matorrales. La anteriormente mencionada *Bejaria subsessilis* es en los bosques de Horta-Naque un árbol erguido que puede tener unos 8 metros de altura; en los filos, un arbusto rastrero.

Probablemente por tratarse de lugares poco accesibles, en estos del sur de Cajanuma se conservan mayores existencias de Quinas, particularmente la apreciada cascarilla Urituzinga.

La descripción que precede se refiere a los bosques y bosquecillos que se hallan entre las estribaciones de la Cordillera Oriental. Los bosques de altura de la Cordillera Occidental son notablemente diferentes; apenas si merecen el nombre de bosques, ya que más bien son grandes matorrales entre los que crecen árboles, o lo que a veces se denomina «bosque achaparrado». En la actualidad, no tienen importancia para la explotación de maderas aserrables, y dudo que en el pasado la hayan tenido. Sin embargo, es de suponer que también estos bosques, como los de la Cordillera Oriental, han sido destruídos paulatinamente por la mano del hombre y que en épocas anteriores hayan tenido un límite mucho más bajo que el actual. Por la parte superior, llegan por las quiebras de la Cordillera, casi hasta la cumbre del Villonaco (unos 3000 metros), que es la mayor elevación de la Cordillera Occidental en la Hoya de Loja.

Entre los árboles característicos, citaremos los siguientes: *Delostoma loxense* (Bign.); *Saurauia tomentosa* (Actinid.); *Axinaea merianieae* (Melast.); *Weinmannia stuebelii* (vulg. caschco) (Cunon.); *Vallea stipularis* (Eleocarp.); *Clusia latipes* (Gutif.); *Oreopanax andreanum* (Aral.); *Rapanea dependens* var. *saxatilis* (vulg. maco-maco) (Mirsin.); *Escallonia tortuosa* (Saxifrag.); *Daphnopsis* sp. (Thim.)

Algunas rubiáceas, compuestas y ericáceas alcanzan también las dimensiones de pequeños árboles. En general todos los árboles son frondosos, pero no sobrepasan la altura de 8 metros.

Con excepción de las alturas de Urituzinga (en el ángulo que forma la Cordillera Occidental con el Nudo de Cajanuma), es raro hallar algún arbolito de *Cinchona*. Según referencias, en las alturas nombradas se hallan todavía en considerable número los arbolitos de la cascarilla Urituzinga y quizá de alguna otra especie, así como también renuevos de los árboles cortados, o plantas pequeñas procedentes de semillas.

Notable en estos bosques es la presencia de una palma (provablemente *Ceroxylon*). Sólo hacia el sur, en el ángulo antes mencionado, se ven algunas de considerable altura; en el cerro Villonaco no hay más que pequeñas plantas, lejanas aún de la frutificación. Ya que en las latitudes de la Hoya de Loja, la Cordillera Occidental se halla a gran distancia de los bosques occidentales y separada de éstos en parte por páramo y en parte por regiones semiáridas, que es presumible que las palmas tengan aquí su procedencia de los bosques de Oriente, a los cuales se halla unida la Cordillera Occidental por puentes de vegetación boscosa, como las alturas de Acacana. Este asunto requiere una investigación más prolija.

También los helechos arborescentes juegan un importante papel en la Cordillera Occidental. Por lo general se alojan en los sitios protegidos (*Dicksonia sollewiana* var. *arachneosa*); pero una especie avanza casi hasta las cumbres, disminuyendo sus dimensiones a medida que gana altura (*Blechnum* aff. *buchtienii*).

Sobre árboles y arbustos vive una gran variedad de semiparásitas de la familia de las lorantáceas, p. ej: *Phoradendron viscifolium, P. roseanum, P. subtrinervum.*

Entre los árboles, forman el matorral arbustos erguidos o trepadores. Erguidos son, p. ej.: *Clethra fimbriata* (Cletrac.); *Centronia tomentosa* (Melast.); *Fuchsia canescens* (Enot.) hasta 3 metros de altura; *Lomatia obliqua* (Proteac.); *Aphelandra peruviana* (Acantác.); *Bejaria subsessilis* (Eric.); *Rubus loxensis* (Rosac.); *Centropogon erianthus* (Camp.); a los que habría que añadir una gran contribución, en variedad y número, de euforbiáceas, ericáceas y compuestas.

Algunas trepadoras son: *Passiflora manicata; Passiflora anfracta* y otras de este género; *Bomarea* (2 especies); *Smilax benthamiana* (Liliác.)

En algunos lugares, las *Chusquea* o chinchas toman el dominio del matorral.

Sobre esta vegetación arbórea o arbustiva viven gran número de orquídeas, aráceas y bromiliáceas. Entre las primeras, son notables las hermosas especies de *Oncidium,* p. ej. el hermoso *O. macranthum* de largas inflorescencias y grandes flores de color amarillo dorado, con manchas color marrón; o también especies de *Odontoglossum,* como *O. armatum.* En las breñas o el suelo del bosque se hallan en gran cantidad orquídeas de tierra, menos llamativas: diversas especies de *Epidendrum, Masdevallia* sp.,*Elleanthus auranticus*, etc.

Las bromelias epífitas son muy numerosas y parecen aumentar en número a medida que el bosque avanza en altura. *Tillandsia* de grandes rosetas (p. ej. *T. cyanea, T. rubra, T. tequendamae*) se amontonan, materialmente, en pequeñas depresiones próximas a la cima del Villonaco; sobre troncos añosos o sobre el suelo cubierto de musgo forman agrupaciones tan cerradas, que parece hubiesen sido sembradas de propósito para un jardín botánico. *Tillandsia Seemannii* es de pequeñas rosetas, pero particularmente atractiva. El amontonamiento de bromeliáceas en las depresiones de lugares altos es frecuente también en la Cordillera Oriental, por ejemplo en los ascensos de Horta-Naque.

La flora de musgos sobre los troncos de los árboles parece ser en el Occidente aún más densa que en los bosques de la Cordillera Oriental.

Por el suelo del bosque y en sitios próximos a las vías, hay una vegetación herbácea notable, en la que se ven, como se dijo ya, orquídeas propias de la tierra o caídas de los árboles; aráceas así mismo epífitas o terrestres; helechos terrestres, trepadores o epífitos, particularmente de los géneros *Polypodium* (p. ej. *P. angustifolium, p. semipinnatifidum, P. crassifolium)* y *Elaphoglossum* (p. ej. *E. cuspidatum, E. lingua).*

En lugares sombríos y húmedos, crece la bonita *Peperomia*

Espinosae, y otras especies de este género (*P. obtusa* y *P. cuspidata ?*) se adhieren ya sea al humus del suelo ya a los nidos de desechos orgánicos que se forman en los árboles.

Gunnera pilosa, aquí como en la Cordillera Oriental, desarrolla sus grandes hojas y sus robustas espigas cerca de las corrientes de agua.

En pendientes más o menos húmedas y protegidas, a una altura considerable no menor de 2900 metros, crece la lentibulariácea de bonitas flores color violeta, *Pinguicula calyptrata.*

El límite superior de la vegetación arbórea es bastante variable, según las condiciones ecológicas locales. Sin embargo, creo que puede determinarse un máximo de 3200 metros de altitud en la Cordillera Oriental y 2900 en la Occidental.

En la Hoya de Loja podría hablarse también de un límite inferior de los bosques, puesto que las partes más bajas del valle se hallan ocupadas por lomas, matorrales, prados y cultivos. Este límite es actual y difícil de determinarse, puesto que la mano del hombre ha alterado la estructura natural de la vegetación, sobre todo en la parte inferior de los bosques. No obstante, ateniéndonos a lugares donde aún el bosque parece bajar a su máximo de posibilidad, el límite de que trato se halla, más o menos, entre los 2500 y 2600 metros. El nivel inferior primitivo fue mucho más bajo. Por consiguiente, en la actualidad la faja altitudinal que corresponde a los bosques de altura comprende de 600 a 700 metros en la Cordillera Oriental y de 300 a 400 en la Occidental. Esta localización puede aplicarse también a los nudos (o sea, a las pequeñas cordilleras que unen a las principales), pues mientras que el paso del Cajanuma, a 2500 de altura, señala la mínima altitud de los bosques, el paso de Acacana (hacia el norte) tiene huellas de antiguos bosques desde más abajo de San Lucas (2650 m) y los conserva hasta la cima, esto es, hasta los 3000 metros, aproximadamente.

La transición del bosque de altura al páramo, la he mencionado ya antes. Ahora solamente quiero añadir algo acerca de su flora más común.

Notables son la Hoya de Loja las consocies más o menos extensas de *Chusquea scandens* (denominada vulgarmente chincha). A diferencia de otras especies del mismo género que muy raras veces puede hallarse con flores, esta florece regularmente todos los años y, al empezar el período seco, se agosta notablemente. De aquí que en los meses de Junio a Agosto, las consocies presentan aspecto de paja seca, que las distingue a larga distancia. Donde *Chusquea scandens* alcanza su dominio, excluye por lo regular a otras plantas, si se exceptúan viejos árboles cubiertos de musgos, líquenes y bromeliáceas. Su mayor desarrollo lo adquiere en sitios protegidos, y allí donde toca los filos, reduce densidad y talla, y pierde su preeminencia o desaparece.

He aquí algunos de los elementos florísticos del nivel de transición:

PTERIDOFITAS: *Lycopodium complanatum, L. jussiaei, L. clavatum; Gymnogramma elongata; Polypodium sessilifolium, P. glaucophyllum; Elaphoglossum lingua; Blechnum Schomburgkii; Elaphoglossum unduavense.*

GRAMINEAS: *Chusquea scandens; Arundinaria patula; Stipa mucronata; S. ichu.* Las dos últimas especies se inician por lo general en este nivel y adquieren su predominio en el páramo.

ORQUÍDEAS: *Epidendrum brachyphyllum, E. fimbriatum; Odontoglossum armatum.* Todas estas son orquídeas terrestres o huéspedes de las rocas.

OTRAS YERBAS: *Begonia dolarifera; Calceolaria stricta; Stevia bertholdii; Liabum rosulatum; Hieracium roseum* (Comp.); *Peperomia galioides; Viola arguta; V. humboldtii; Paepalanthus ensifolius.*

ARBUSTOS Y SUBARBUSTOS: *Calceolaria* sp. (de gran desarrollo), *C. stricta; Pilea myriantha* (Urtic.); *Embothrium grandiflorum; Lomatia obliqua* (Proteác.); *Viburnum triphyllum* (Caprif.); *Bejaria subsessilis* (Eric.); *Macrocarpaea sodiroana* (Genc.); *Eupatorium niveum, Gynoxys buxifolia* (Comp.), así como gran variedad de ericáceas y melastomatáceas. Entre estas últimas, citaré *Miconia setinervia, M. crassifolia, M. gonioclada, M. theaezans, M. media, Monochaetum lineatum.*

Algunos arbolitos, aunque en dimensiones reducidas, se aventuran a este nivel: *Daphnopsis Espinosae* (Timel.), *Drimys winteri* (Mag.), *Cinchona microphylla, Clusia latipes, Miconia lutescens,*

Tovomita chachapoyasensis, Myrica macrocarpa.

Curioso es que en la parte de la Cordillera Occidental que corresponde a la Hoya de Loja, tanto en el nivel de que tratamos como en otros superiores e inferiores, falten las eriocauláceas (por lo menos, hasta ahora no me ha sido posible observarlas). En cambio, al frente, en la Cordillera Oriental, tienen preponderancia en la vegetación herbácea. También hacia el norte, en los páramos de Saraguro y las derivaciones occidentales del Nudo de Guagra-Uma, son frecuentes pequeñas especies de *Eriocaulon*, como *E. microcephalum*, que forman verdaderas almohadillas. La variedad es, desde luego, también aquí menor que en la Cordillera Oriental. Queda ya dicho anteriormente que las eriocauláceas son típicas de la provincia de Loja, en territorio ecuatoriano. Hacia el Oriente del valle, *Paepalanthus ensifolius* se halla presente ya desde las lomas vecinas a la ciudad de Loja. Hacia el sur, en las partes altas del contrafuerte de Horta-Naque, las especies aumentan en número. La propagación de esta familia parece ir, pues del sur a lo largo de la Cordillera Oriental de los Andes.

EL PARAMO

En estas latitudes del Ecuador, la altura no es el único índice del páramo. Teodoro Wolf señala como altitud inicial del páramo los 3400 metros. Diels [9] acepta esta misma altura. En mis estudios sobre la ecología de las plantas andinas [l.c.] adopté la opinión de Wolf; pero después de haber observado la Hoya de Loja y sus alturas, no puedo aseverar lo mismo, por lo menos en lo que se refiere a los páramos de estas latitudes. Si el límite inferior del páramo fueran los 3400 metros aproximadamente, habría que admitir que la Cordillera Occidental de Loja no participa de él. Y esto no es exacto: la Cordillera Occidental, como puede observarse fácilmente en el Villonaco, participa de los caracteres del páramo, aceptando la justa limitación fisiognómica que hace Diels. Lo mismo puede observar más al norte, en los páramos relativamente

---

(9)   *Contribuciones al conocimiento de la vegetación y de la flora del Ecuador, pag. 56.*

bajos situados al Occidente de Saraguro.

El cerro Villonaco «no pasará mucho de los 3000 metros» (Wolf). Sin embargo, 200 o más metros por debajo de la cúspide presenta ya las características del páramo, en todos los sitios expuestos; al paso que a la misma elevación, en sitios protegidos (quebradas), el bosque achaparrado está paralelamente en su climax.

Además de la altura, pues, hay que considerar como factor determinante de la formación de que tratamos, la mayor o menor exposición del sitio.

Es difícil determinar aquí un límite inferior del páramo, debido al mosaico de formaciones que alternan a niveles equivalentes. O habría que asignar a este límite una altura que se halle entre los 2800 y 2900 metros, lo que significa una considerable diferencia con la altitud generalmente aceptada. Esta altitud, a la vez, es superada en todas partes por los bosques de altura, los matorrales y la ceja. El páramo se presenta frecuentemente en forma de manchas aisladas. Solamente hacia el sureste de Loja (por encima de Namanda, Cajanuma y Horta-Naque) se ven grandes superficies de los lomos de la Cordillera, cubiertas exclusivamente por el páramo.

Como carácter distintivo de esta formación, acepta Diels la presencia de gramíneas. Estas gramíneas tienen, naturalmente, su biotipo particular: son de hojas largas, tiesas y a veces arrolladas, provistas con frecuencia de abundantes elementos lignificativos; forman grupos o cúmulos más o menos grandes y sus partes de vegetación activa están, por lo general, en menor proporción que las partes muertas. El vulgo da a estas yerbas el nombre de «paja de páramo»; pero entre ellas se hallan especies y géneros diferentes de las familias de las gramíneas, las ciperáceas, las xiridáceas y, en ocasiones, hasta las liliáceas.

Los frútices que viven entre estas yerbas, se caracterizan por nanismo, marcada dominancia de la microfilia, extraordinaria tenacidad de los órganos vegetativos debido a extensa lignificación o cutinización de la epidermis. Su desarrollo es sumamente lento y reducido en las partes epígeas, y robusto y extenso en las subterráneas. Forman a menudo almohadillas o, por lo menos, tupido césped.

En las plantas del páramo, no se constata desarrollo frecuente de vellosidad. En cambio, llaman la atención la tenacidad de los órganos vegetativos (como se dijo ya) y la común brillantez de éstos.

El suelo del páramo es humífero o turboso, o ambas cosas simultáneamente. En la Cordillera Oriental, hacia el sur del Nudo de Cajanuma, todas las planicies de mayor o menor extensión que hay en la altura, forman pantanos (semejantes a los «Hochmoore» de los alemanes) y a veces lagunitas de mayor o menor extensión. En estos lugares, las yerbas cespitosas y las almohadillas, forman verdaderas esponjas perpetuamente empapadas en agua. El suelo está cubierto en considerables extensiones por *Sphagnum capillaceum*, en un espesor que, según los sitios, varía de 10 a 30 cm. Las orillas de las lagunitas rematan directamente en la espesa almohadilla de este musgo que, con la formación sucesiva de turba, va ganando terreno al agua y reduciendo la superficie libre de ésta. Así las lagunitas se convierten paulatinamente en meros pantanos.

El anegamiento del suelo debe ser permanente en estos lugares, pues nuestra visita al contrafuerte de Horta-Naque (que es donde esto se observa), tuvo lugar en el mes de Noviembre, o sea, en el mes considerado como uno de los más secos del año. Aún en los sitios inclinados, el césped y las almohadillas contienen mucha agua.

Esta circunstancia explicaría, en mi concepto, la formación de lagunas de mayor consideración en las cuencas de base rocosa. La esponja de las alturas es un proveedor permanente de estas lagunas. La más grande visitada por nosotros, tendrá unos 200 x 100 metros de extensión, en sus partes más anchas. Según referencias, las hay que pasan de un kilómetro de longitud.

En el sitio de nuestro segundo día de excursión, a los 3100 metros de altitud, hay una altiplanicie cubierta en considerable extensión de turba, formada por el *Sphagnum.*

Contrastando con este páramo perpetuamente mojado, la parte visitada por mí hacia el norte del Nudo de Cajanuma, está sometida a la influencia del período seco de Occidente y sufre un notable agostamiento durante el mismo mes de Noviembre. Precisamente en este mes, algunos propietarios incendian el páramo en su parte más baja, para conseguir el crecimiento de pastos frescos.

Además de las gramíneas antes mencionadas, denuncian la presencia del páramo arbustitos erguidos de los géneros *Valeriana*, *Hypericum*, *Chuquiraga* y *Loricaria*. Es de advertir, sin embargo, que en los páramos de Loja, el género *Chuquiraga* no es tan notable como en los del centro y septentrión del Ecuador. En cambio, *Valeriana* es densa en cantidad y variedad en especies. *Loricaria* (por lo menos tres especies) forma a veces verdaderas asociaciones.

Pocos son los elementos de esta flora, cuya determinación me es conocida; pero citaré algunos que, indudablemente, están entre los más característicos. Los datos que siguen se refieren a la Cordillera Oriental.

YERBAS ALTAS Y DURAS («Paja de páramo»): *Calamagrostis macrophylla*, *C. recta*, *C.* sp., *Neurolepis tesselata*, *N.* sp. (Gram.); *Carex* aff. *bonplandii* (Ciper.); *Epidendrum frigidum* var. *stenophyton* (Orq.).

Las especies de *Neurolepis*, de hojas fuertemente silíceas, reemplazan en su predominio a las *Calamagrostis*, a partir de los 3500 metros. *Carex bonplandii* se parece mucho a las *Calamagrostis*; pertenece al mismo biotipo que éstas.

YERBAS BAJAS, PERO TAMBIÉN DURAS SON: *Andropogon tener* (Gram.); *Rynchospora caracasana* (Ciper.); *Xyris subulata*, *X. subulata* var. *macrotona* (Xirid.).

En grandes extensiones de los páramos de Horta-Naque, *Rynchospora caracasana* constituye la base del herbetum.

A los abundantes arbustitos de *Hypericum strictum*, *H.* sp., *Valeriana bonplandiana*, *V. plantaginia*, *V. mutisiana*, *V. hieronymii* y otras especies; *Loricaria* (por lo menos tres especies); *Arcytophyllum* sp. (Rub.), se suman otros como *Miconia buxifolia* (Melast.), *Lisianthius ovalis* (Genc.), diversas ericáceas y muchas compuestas.

A elevaciones de 3700 metros aproximadamente, cubre considerables superficies, a manera de matorral bajo, una especie de *Solanum*.

Cerca de las lagunitas, adquieren gran desarrollo dos ciperáceas: *Carex jamesonii* y *Rhynchospora* sp., así como *Juncus microcephalus* (Junc.).

Notable en estos páramos del sur es el gran número y la variedad de bromeliáceas del género *Puya*. Las hay desde grandes dimensiones cuyas rosetas se aproximan al tamaño del agave o cuyos tallos se elevan a dos metros, hasta pequeñas que apenas sobresalen del césped. Las de mayores dimensiones parecen ser alimento preferido de los osos, pues a partir de los 3500 metros, se halla con frecuencia las huellas de este animal junto a las matas deshojadas y desgarradas. *Puya eryngioides*, de pequeña roseta y largo tallo floral, era la única en floración durante nuestra visita.

También una especie de *Chusquea* de hojas finas, reducida a pequeñas dimensiones, forma parte de las plantas más altas del páramo.

Con largos tallos florales, sobresale más o menos a los 3500 metros, una *Gentiana* no determinada.

Bomarea brachycephala (Amaril.) se reduce a dimensiones de páramo; queda confundida entre las yerbas y sólo aquí y allá deja ver sus racimos de flores casi negras, con cáliz rojo.

Llama la atención un número relativamente grande de pteridofitas, particularmente del género *Lycopodium*. He aquí algunas: *Gymnogramma elongata*; *Elaphoglossum yatesii*; *Blechnum schomburgkii* (Polip.); *Trichomanes lambertianum* (Himenof.); *Lycopodium complanatum*, *L. contiguum*, *L. jussiaei*, *L. clavatum*, y por lo menos unas cuatro especies más de *Lycopodium*, aún no determinadas. Algunas de estas especies forman asociaciones de cierta extensión, particularmente en alturas que sobrepasan los 3500 metros.

Gymnogramma elongata es muy frecuente entre las yerbas, y *Trichomanes lambertianum* se distingue por su densa vellosidad.

Paepalanthus ensifolius y otra especie del mismo género, forman con frecuencia tallos hasta de 40 cm de altura, coronados por la respectiva roseta (del biotipo *Caulirossuletum* de Cuatrecasas). A este biotipo pertenecen también algunas *Puya*.

La base del páramo está poblada, generalmente, por plantas cuyos órganos vegetativos sólo asoman al exterior lo indispensable para las funciones de asimilación y propagación seminal. Una especie de *Oxalis*, p. ej., apenas saca de la tierra las flores y el limbo de las hojas, a pesar de que tanto las primeras como las segundas están provistas de largos estilos, que se extienden subterráneamente hasta el pivote de la plantita. Debajo de la vegetación arrosetada, cespitosa o almohadillada, se halla un intrincado tejido de ramas, rizomas y raíces, que se extienden por en medio de la densa esponja humus o turba.

Son varias familias las que participan en esta forma, desde helechos y gramíneas, hasta compuestas arrosetadas. *Blechnum* sp., *Paepalanthus karstenii*, *Myrteola oxycoccoides* (Mirt.), *Lysipomia sphagnophylla* (Camp.), *Azorella multifida*, *Pinguicula calyptrata* (Lent.), *Geranium acaule*, *Gentiana* sp., *Werneria* sp. son ejemplos de plantas que alternan con *Sphagnum* en la formación del césped y almohadillas.

Azorella multifida no tiene aquí tanta importancia como en otros páramos del Ecuador. En cambio, en alturas que pasan de los 3600 metros, es notable la importancia que toman algunas especies de *Lysipomia* (Camp.), cuyas consocietas cubren a veces varios metros cuadrados, particularmente sobre las rocas.

Paepalanthus karstenii domina con sus diminutas rosetas en algunos lugares, o se asocia con las *Lysipomia*. *Geranium acaule* forma césped y a veces densas almohadillas. *Myrteola oxycoccoides* es también cespitosa y cubre superficies de consideración. A ella se asocia *Oxalis* sp. en algunos lugares.

Apium scabrum (Umb.), por excepción una yerba suave de la altura, toma parte en los céspedes que pasan de 3500 metros de altitud.

Algunas ericáceas descienden también a la condición de cespitosas.

En la Cordillera Occidental, a las gramas de los géneros *Calamagrostis* y *Stipa* (*S. mucronata, S. ichu*), acompañan también las *Valeriana*, los *Hypericum* y *Arcytophyllum*; pero a las latitudes de la Hoya de Loja, faltan *Loricaria* y *Chuquiraga*. Digo de esta hoya, porque más al norte, a partir del Nudo de Guagra-Uma, pueden observarse nuevamente ambos géneros.

Faltan también a esta latitud otros géneros, como *Sphagnum*, *Paepalanthus*, *Lysipomia*, *Werneria*. En cambio, se halla presente

Azorella multifida, a la que acompañan en el suelo *Lupinus sommersonianus* y *Geranium chimborazense*.

Las almohadillas propiamente dichas, no se ven al Occidente; en cambio, las plantas cespitosas son frecuentes.

V
LA VEGETACIÓN DE LA REGIÓN
DE CATAMAYO

La descripción orográfica e hidrografía de esta región se halla consignada más atrás. Los datos climatéricos constan en el capitulo III.

Las laderas que descienden hacia el Valle de Catamayo, están compuestas en gran parte de rocas calcáreas. En el período lluvioso, las fuertes lluvias esporádicas arrastran el material erosionado de las faldas y lo amontonan en el fondo del valle. Esto explica que el nivel bajo tenga un suelo de reacción fuertemente básica.

Correspondiendo a su clima, el Valle de Catamayo y sus contornos pasan un período (Junio a Diciembre) en el cual el aspecto de la vegetación es semidesértico. Las yerbas se agostan en su mayoría; muchos arbustos pierden sus hojas y lo mismo hacen un buen número de árboles. Los árboles y arbustos que conservan follaje (en su mayoría leguminosas), ofrecen a pesar de todo un color grisáceo. En general, el paisaje tiene aspecto gris aceitunado, si se exceptúan los lugares que conservan humedad permanente, como son las quiebras más profundas y las pequeñas hondanadas. El agua que corre por estas quiebras durante el período lluvioso, desaparecen en el seco; pero el subsuelo conserva humedad suficiente para mantener una vegetación verde con buen número de yerbas. Las líneas transversales por donde pasan canales de riego, se notan a distancia por la faja verde que, vista de cerca, contiene variadas herbáceas.

El fondo del valle, mantenido bajo riego, tiene siempre vegetación verde, formada en su mayoría por plantaciones de caña de azúcar, bananos, café, yuca (*Manihot utilissima*), camote (*Ipomoea batatas*), mango (*Mangifera* sp.), guabos (*Inga* diversas especies), cítricos (*Citrus aurantium, C. limonium*) y, sobre todo, papaya (*Carica papaya*). Esta última es la que distingue la producción frutal del valle, pues la papaya de La Toma está considerada como una de las variedades más exquisitas. Las naranjas son de buena calidad mediana, adecuadas más bien para la extracción de jugo.

En medio de estas plantaciones permanentes, crecen abundantes gramíneas y otras yerbas, en contraste con las laderas donde, como se ha dicho, las yerbas son muy escasas. He aquí algunas de las más frecuentes en lugares regados: *Setaria verticilata, Eriochloa punctata* (Gram.); *Eleocharis* aff. *montevidensis, Cyperus ochraeceus, C. elegans* (Ciper.); *Euphorbia* sp.; *Asclepias curassavica* (Asclep.); *Dyschoriste quitensis* (Acant.); *Benthamantha glandulifera, Phaseolus lathyroides, Aeschynomone americana, Stylosanthes* aff. *nervosa* (Leg.); *Lagascea mollis, Aster axillis, Picrosia longifolia, Flaveria bidentis, Zinnia peruviana* (Comp.).

Las plantaciones están limitadas generalmente por setos, en las cuales se distingue por todas partes la euforbiácea denominada «Piñón», a la que está asociado con frecuencia *Cestrum auriculatum* («Sauco»), así como la compuesta *Baccharis riparia* y la plumbagínea *Plumbago scandens*. También son constituyentes del matorral y los setos, *Vernonia canescens, V. patens* (laritaco), *Cassia hirsuta*.

Sobre los arbustos de los setos, forman espesos techos algunas enredaderas, como *Funastrum dombeyanum* y *Mesechites trifida* (Asclep.), *Phaseolus* sp. (Leg)., *Cissus cicyoides* (Vitác.), *Passiflora punctata, P. rubra* (Passiflor.).

Especies de *Plumbago, Stachytarpheta, Sida* y otras malváceas, *Dyschoriste quitensis* y gramas diversas pueblan las orillas de los caminos.

En lugares permanentemente anegados, en particular cerca del río Guayabal, se distingue por su vigor una robusta urticácea y

Equisetum giganteum.

Aunque característica de los lugar secos, *Ipomoea carnea* se propaga considerablemente cerca de las vías y en los potreros o dehesas del nivel bajo.

Extensas superficies del amplio valle están cubiertas de dehesas, en las que domina la «paja chilena» *(Panicum maximum)*; pero además se hallan *Trichachne insularis* y *Echinochloa colunum.*

Las dehesas mantienen árboles no cultivados, que sirven de refugio a los animales contra los rigores del sol. Entre estos árboles, son particularmente frecuente los de *Acacia macracantha* (Faique), *Prosopis juliflora* (Algarrobo), *Capparis scabrida* (Sapote), *Schinus molle* (Molle) y *Sapindus saponaria.*

Cordia lutea (Overal) y *Cassia* sp. (un árbol muy frondoso de unos 6 a 8 metros de altura) se ven con frecuencia, ya entre los setos, ya aislados entre plantaciones.

La flora más variada se halla a orillas de los ríos. He aquí algunos ejemplos:

YERBAS: *Eriochloa punctata* (Gram.); *Poinsettia heterophylla* (Euforb.); *Bramia monniera, Scoparia dulcis* (Escrof.); *Hyptis sidaefolia* (Lab.); *Stachytarpheta straminea* (Verb.); *Sida sp.* (Malv.); *Waltheria americana* (Esterc.).

ARBUSTOS: *Piper aduncum* (Piper.); *Cassia hirsuta, Cajanus cajan, Indigofera sufructicosa* (Leg.); *Tournefortia microcalyx* (Borag.); *Cestrum* sp. (Solan.); *Eupatorium laevigatus, Baccharis riparia, Vernonia patens* (Comp.).

TREPADORAS: *Phaseolus* sp.(Leg.); *Mesechites trifida* (Asclep.); *Cissus cicyoides* (Vit.); *Passiflora foetida* var. *gossypifolia* (Pasiflor.)

ÁRBOLES: Además de los citados anteriormente, que son frecuentes a orillas de los ríos, se distinguen: *Salix humboldtiana* (el Sauce); *Chorisia insignis* (Bombac.), árbol que caracteriza el paisaje cerca del río Arenal (denominación de una parte del Catamayo); *Melia azedarach* (Meliác.), arbolito de hermosas inflorescencias color violeta, cultivado a menudo en los jardines: *Erythrina sp.*, pequeño árbol; *Thevetia peruviana* (Apoc.), la conocida «Jacapa», de hermosas flores amarillas, etc.

Las laderas de los contornos, de terreno flojo y calcáreo, a veces pedregoso, empiezan con una suave pendiente, continuación del fondo del valle, pero por carecer de riego esta parte, la fisonomía florística cambia completamente. Es este un nivel en el que se nota un intenso angostamiento de árboles y hasta arbustos. Se caracteriza por las siguientes plantas: *Cercidium praecox* (Leg.), árbol disperso en toda la superficie, que se agosta totalmente y florece en los meses de Mayo a Julio; *Capparis scabrida* (Caparid.), árbol denominado vulgarmente «Sapote», resinoso y que, junto con el anterior, constituyen la mayor parte de la vegetación arbustiva dispersa que se ve en este nivel.

Frecuentes son también los coposos árboles de *Acacia macracantha*, el Faique. Menos frecuentes son los de *Prosopis juliflora*, el Algarrobo. En algunos lugares, se ven los anchos árboles del «Palo-santo», muy resinoso y aromático, agostado completamente en los meses secos.

Entre los arbustos predomina en forma de extensas societas *Ipomoea carnea* (Convolv.). Este arbusto de ramas abiertas, se agosta en el período seco (Julio a Diciembre) y adquiere follaje joven desde el mes de Enero. Su floración se extiende casi a todo el año, pero es más notable en los meses de Mayo a Julio, esto es, a fines del período de vegetación. En estos últimos meses, sus flores acampanadas, grandes y encarnadas, se ven por todas partes, a veces en arbustos desnudos de hojas. Una forma hallada hasta ahora sólo en estos lugares y en un solo ejemplar, es *I. carnea* f. *albiflora*, de flores blancas.

Otro arbusto muy común y que se asocia a *Ipomoea carnea*, es *Croton* sp. (Euforb.), que en partes da al paisaje su tono característico, es decir, un color pardo sucio.

Jatropha nudicaulis (Euforb.) adquiere en lugares un predominio notable, junto a *Ipomoea carnea* y *Croton* sp. Agostada en el período seco, deja ver por todas partes sus tallos de color casi negro, y a fines del período vegetativo (Mayo a Julio), presenta bonitos racimos de flores color encarnado.

Sobre los árboles, ostentan su color gris planteado numerosas *Tillandsia*, p. ej. *T. multiflora* y *T. usneoides*.

En el período seco, casi no es posible ver yerbas en este nivel. Muy fresca, con su color verde azulado claro y sus flores vivamente amarillas, no falta en ningún período *Argemone mexicana* (Papav.), aunque en forma dispersa. En difícil lucha por la existencia, se ven algunas yerbas duras de la familia de las malváceas, así como jugosas *Euphorbia* y *Peperomia*.

Cuando vienen las lluvias (Diciembre a Enero), la vegetación herbácea se presenta más copiosa, incluso se desarrollan gramíneas, y el color de los campos se torna verde fresco.

Más arriba del nivel anterior, o sea a partir de los 1500 metros de altitud, más o menos, las laderas se hacen escarpadas y adquieren una vegetación predominante arbustiva, que constituye el matorral, a veces ralo y a veces tupido pero contínuo. Hacia las faldas orientales (que suben al Villonaco), el matorral es más denso, mientras que al Occidente se abre mucho y deja ver la tierra rojiza o gris que forman el suelo.

Los arbustos de *Ipomoea carnea* avanzan bastante en altura, tal vez hasta los 1600 metros; pero más que ésta, avanza *Croton* sp., citado antes y que en lugares de mayor altitud se mezcla densamente a los matorrales.

Muy notables en este nivel son las cactáceas de diversos géneros y especies: *Opuntia* (Tuna), *Cereus* (Candelabros), *Mammillaria*, desde formas pequeñas y rastreras hasta gigantes de varios metros de elevación, ya pendientes de rocas y taludes ya formando grupos de mayor o menor consideración ya formando parte de las cercas y setos o mezclándose con los arbustos de los matorrales.

En las faldas que ascienden al Villonaco (lado oriental), sobresalen grandes asociaciones de *Swartzia* aff. *matthewsii* (Leg.), a la que se suman en los matorrales otras leguminosas, como *Cassia aurantia*, *Cassia* sp., *Mimosa quitensis* y otras del mismo género; compuestas, labiadas, etc. Se destacan por sus flores amarillas, lilas o rojizas, verbenáceas de los géneros *Lantana*, *Stachytarpheta*, *Duranta* y *Verbena*, p. ej. *Lantana scabiosaeflora*, de hermosas flores amarillas; *Stachytarpheta steyermarkii*, con vistosas flores de color lila o violeta; *Duranta dombeyana*, *Verbena* sp. etc. Por doquiera se ven las copas cubiertas de flores amarillas de *Cordia lantanoides* (Borag.).

Una de las cosas que más llaman la atención desde el nivel del valle (unos 1400 metros) hasta las 2000 metros aproximadamente, es la densidad con que se presentan las leguminosas de diversos géneros y muchas especies.

A continuación doy la nómina de especies características de las laderas. YERBAS: *Eragrostis pastoensis, Cortaderia rudiuscula* (Gram.); *Tillandsia multiflora, T. usneoides, Pitcairnia heterophylla, Puya* sp. (Brom.); *Furcraea* sp. (Amaril.); *Aloe* sp. (nombre vulg. Sávila. Liliác); *Peperomia peltigera* (Piper.); *Alternanthera* sp. (Amarant.); *Parietaria debilis* (Urtic.); *Cantua quercifolia* (Polem.); *Passiflora foetida, P. rubra, P. sanguinolenta* (Pasiflor.); *Stachytarpheta steyermarkii* (Verb.); *Heliotropium urbanianum, H. lobbii* (Borag.); *Plumbago scandens* (Plumb.); *Nicotiana glutinosa* (Solan.); *Buchnera pilosa* (Escrof.); *Salvia squalens, S. macrophylla* (Lab.); *Oenothera multicaulis* (Enot.); *Arracacia* aff. *incisa* (Umbel.); *Lobelia colina* (Camp.); *Zinnia* sp., *Liabum* sp. (Comp.).

Aquí también hay yerbas que se hacen más visibles durante el período de lluvias. En el período seco, quedan por lo general recluídas en las quiebras de las rocas, debajo de los árboles y matorrales o en las orillas umbrías de los caminos. Llama la atención el poco número de gramíneas. Las especies de *Salvia* son, en cambio, muy comunes. *Cantua quercifolia* forma a veces extensas asociaciones, particularmente cerca de la población de San Pedro.

Los matorrales están constituídos, entre otros, por los siguientes arbustos: *Croton* sp. (Euforb.); *Stemodia suffructicosa* (Escrof.); *Cassia aurantia, Cassia* sp., *Calliandra* aff. *extensa, Swartzia* aff. *matthewsii, Mimosa quitensis, Lupinus* sp. (Leg.); *Tecoma sorbifolia* (Big.); *Boehmeria caudata* (Urtic.); *Aloysia scorodonioides, Cordia lantanoides, Cordia* sp. (Borag.); *Dodonaea viscosa* (Sapind.) (dominante en partes); *Salvia curticalyx* (Lab.), *S. malacophylla* (Lab.); *Solanum* sp. (Sol.); *Duranta dombeyana, Lantana scabiosaeflora, L. svensonii* (Verb.); *Eupatorium* sp., *Jungia paniculata, Mikania cordifolia, Vernonia canescens, V. patens* (Comp.).

Trepadoras que con alguna frecuencia se hallan sobre los arbustos son *Cissus cicyoides* (Vit.) y varias *Passiflora* (*P. rubra, P. punctata, P. sanguinolenta*).

Los árboles predominantes, cuando los hay, son aquí también los de *Acacia macracantha*, que por lo regular forman unas copas muy anchas, a manera de techos, y se cubre de líquenes y bromeliáceas. Algunas veces se ve algún árbol de *Sapindus saponaria* (Jorupe).

A unos 400 metros más arriba y hacia el Occidente del poblado

La Toma (Valle de Catamayo), se halla la planicie de San Pedro de la Bendita, cuya vegetación se mantiene en gran parte con riego y se asemeja mucho a la del nivel inferior del valle. Se halla así mismo cultivada en gran parte con caña de azúcar, bananos, café, yuca, camotes o batatas y diversos frutales. Rodeada la planicie por todos lados de laderas semiáridas, constituye una especie de oasis en el fatigante ascenso entre La Toma y la altura de Las Chinchas.

A pesar de lo desoladas que parecen las faldas que descienden al valle, ofrecen no obstante un singular atractivo al viajero en los meses de floración, particularmente entre Abril y Julio. Por todas partes vistosas flores de *Tecoma, Cassia, Salvia* (azules, bermellón, rojas), *Stachytarpheta, Lantana* (amarillas y lila), *Cantua*, diversas solanáceas, muchas compuestas, etc.

Sorprende la tenacidad y la profundidad con que las raíces de los arbustos y aún de las yerbas se anclan en el suelo. En ocasiones, de los taludes derrumbados quedan colgados algunos arbustos sólo con una raíz leñosa y, sin embargo, continúan su vegetación y florecen al parecer normalmente. El suelo y las grietas de las rocas calcáreos están atravesados en todas direcciones por raíces leñosas, duras y muy ramificadas. Frecuentes son también las plantas que guardan mucha agua en sus tejidos y las que forman tubérculos. Entre las primeras están naturalmente los cactos, pero además *Furcraea, Puya* y las piperácees de estos lugares. Entre las segundas, son notables especies de *Oxalis*.

El aspecto gris originado por la caducidad o la caída de las hojas, se aumenta con el gran número de las *Tillandsia* que o cubren las ramas o cuelgan de ellas, y con las túnicas de líquenes que se extienden sobre troncos y ramas y a veces hasta sobre las hojas.

La persistencia de la vida vegetal a pesar de la sequía, se asegura aquí, pues, por la caída de las hojas, el gran desarrollo de las raíces, la formación de los tubérculos o tejidos acuíferos y la gran resistencia de los órganos persistentes.

Tres aspectos de la vegetación se suceden durante el año: verdor claro, fresco y joven de Diciembre a Marzo, pocas flores; verdor más maduro mezclado con abundante floración, de Abril a Julio, y follaje pobre o nulo con pocas flores, paisaje gris aceitunado, de Agosto a

Noviembre.

De este cambio se exceptúan, como se deduce de lo anteriormente dicho, el valle en su nivel más bajo y, en partes, la planicie de San Pedro. En estos lugares hay verdor perpétuo.

Acacia macracantha (Faique) ejerce un predominio extraordinario a lo largo del río Catamayo, ya sea que se ascienda hacia el SE hasta el Valle de Piscobamba y mucho más allá, ya sea que se descienda hacia el SO hasta el Valle de Casanga.

Casi no menos frecuente es el arbolito de chirimoya (*Annona cherimolia*). En algunos lugares, se forman verdaderos bosques de esta planta, particularmente en el fondo de las quebradas que avanzan hacia las fuentes del río Catamayo.

A medida que se avanza en altura, la vegetación de las laderas adquiere el aspecto característico de los Andes ecuatorianos: verdor oscuro y permanente. Las cactáceas desaparecen; las leguminosas disminuyen en variedad y densidad. El *Croton* característico de las partes más bajas, disminuye también en densidad y poco a poco va quedando reducido a ejemplares aislados, en medio de otros arbustos, o es sustituído por otra especie del mismo género, pero de mayores dimensiones. Se hacen frecuentes los árboles de una especie de *Lomatia* (Proteác.), particularmente del lado oriental, así como los del género *Rapanea* (Mirsin.). Se ven a menudo árboles de *Delostoma* sp. (Bign.) y adquieren mayor desarrollo los de *Tecoma* (Bign.) y *Cassia* (Leg.). También se hace frecuente el género *Eugenia* (Mirt.), denominando arrayán. El arbusto *Barnadesia arborea* y las araliáceas son comunes. Lo mismo especies de *Berberis, Vernonia, Baccharis* y *Solanum*.

En la altura, el matorral se hace más frondoso, y la vegetación herbácea aumenta en variedad y densidad. En los prados, además de variadas gramas, tienen mucha participación *Stenandrium dulce* (Acant.) y especies de *Nierembergia* (Solan.), *Oxalis, Plantago* y algunas liliáceas.

Desde las pendientes semiáridas hasta las alturas, se ven las rosetas provistas de vistosas cabezuelas color lila, de especies del género *Liabum* (Comp.).

Sobre los árboles, hay a menudo trepadoras, entre ellas *Passiflora* diversas e *Ipomoea*, así como grandes rosetas de bromeliáceas y matas de orquídeas (particularmente *Oncidium*), así como considerables capas o festones de musgos.

En pocas palabras, tanto hacia el lado oriental que sube al Villonaco como al occidental que conduce a Las Chinchas, la vegetación va tomando el carácter de matorrales de altura y lomas en los lugares más expuestos, y de bosquezuelos en el fondo de las quiebras.

Las laderas que descienden hacia el Valle de Catamayo son ahora poco menos que improductivas. Apenas proporcionan leña y carbón en pequeña escala, principalmente de los abundantes faiques, y alguna alimentación para animales tan poco exigentes como las cabras. Planicies más o menos amplias o quiebras que disponen de riego demuestran, desde luego, una notable feracidad como se ve en algunas haciendas. El ganado vacuno se cría en algunos lugares, pero en condiciones de alimentación muy desfavorables. El problema capital de estas tierras radica en la irrigación. Cuando y donde ésta sea posible, compensará todo esfuerzo. Estos lugares de estaciones bien definitivas (seca y lluviosa), de suelos con una reacción favorable están llamados a producir abundancia de frutales, incluso vid, si es que tienen buenas condiciones de riego.

VI

LA VEGETACIÓN DE LOS VALLES DE MALACATOS Y VILCABAMBA

Una corta descripción orográfica e hidrográfica de estos valles se halla consignada en el capitulo I.

Con respecto al clima de los mismos, no tenemos datos concretos. Como queda dicho, el clima de Malacatos, lo mismo que el de Vilcabamba, indudablemente participan por su temperatura del que corresponde al Valle de Catamayo: una temperatura tropical qué, más o menos, puede corresponder a la que domina de Guayaquil hacia el Occidente; es decir, una temperatura más agradable que la del trópico húmedo.

Por lo que se refiere a la lluvia, seguramente los valles de que tratamos acusan una cantidad mucho mayor que la que corresponde al Valle de Catamayo. Las faldas montañosas que los limitan por el Oriente mantienen un verdor perpetuo, en relación con la humedad permanente que procede o de los últimos vapores que vienen del Occidente o de los que, pasando la Cordillera, llegan del Oriente. En los meses secos de Occidente, se nota también una relativa sequía hasta alturas que aproximadamente llegan a los 2000 metros; desde este nivel para arriba, la humedad es mayor y llega hasta las condiciones descritas al hablar del contrafuerte de Horta-Naque.

Las alturas que se hallan entre los dos valles y hacia el Occidente de éstos, revelan mayor sequedad; se aproximan en lugares a las condiciones de las laderas del Valle de Catamayo; pero en general, el agostamiento de la vegetación no es muy intenso.

Los cultivos tropicales son abundantes en el fondo de ambos valles. Se siembra con buen resultado caña de azúcar en regular escala y se fabrica de ella el azúcar moreno denominado «panela», que satisface aún a la exportación a la vecina provincia del Azuay. El banano se cultiva también con éxito. Se producen bien la yuca (*Manihot utilissima*) y el café.

Naranja, limón, guabo (*Inga edulis* y otras especies), guayabo (*Psidium* sp.), sapote (*Matisia cordata*, Bombac.), mango (*Mangifera* sp.), aguacate (*Persea* sp.) se producen en cantidad suficiente para proveer una parte del mercado de Loja y algo también al de Cuenca. El árbol del pan (*Artocarpus incisa*) es frecuente. La luma (*Lucuma* sp.) y el tomate de árbol (*Cyphomandra* sp.) parecen dar aquí mejores frutos que en el Valle de Loja. Frutos de gran tamaño produce la granada (*Punica granatum*), y el níspero (*Sapota ochras*) carga abundantemente. Bastante propagados están los arbolitos de ciruelo u ovo (*Spondias* sp., Anacard.). La pomarrosa (*Eugenia jambos*) se halla en casi todos los huertos de café, a veces como sombra de éste. La papaya es otra fruta común en estos valles. Entre los frutales deben contarse también las granadillas y las badeas (dos especies de *Passiflora*).

En los huertos se producen coles, lechugas, una especie subtropical de zanahoria (*Daucus* sp.), zapallo (*Cucurbita* sp.), algunas variedades de ají (*Capsicum* sp.), los camotes o batatas (*Ipomoea batatas*), etc.

Entre las plantas cultivadas, merecen también mención el llamado «suche» (*Plumeria* sp., Apoc.), arbolito de flores aromáticas, y la guayusa (*Ilex* sp., Aquifol.) que, como otras plantas de su género, da un té agradable al cual le atribuyen propiedades medicinales.

Las cercas de las propiedades están formadas frecuentemente por árboles que se siembran con fragmentos del tronco. Entre ellos se cuentan las dos euforbiáceas denominadas vulgarmente «Pinllo» y «Piñón». Además, especies de *Erythrina* (Porotillos). También la cabuya (*Furcraea* sp.) forma parte de las cercas.

En condiciones de temperatura análogas, es de esperarse

analogía también entre la vegetación del Valle de Catamayo y los dos de que ahora se trata. Y en efecto es así, como se deduce de los ejemplos citados, en cuanto se refiere a las plantas cultivadas. También las plantas silvestres manifiestan visible similitud, como lo demostraré a continuación, bien que hay diferencias que las haré notar más adelante.

Acacia macracantha (Faique) es un árbol dominante en toda la región; cubre con bosquezuelos más o menos espesos las alturas y las laderas de mediana elevación y no cultivadas, y es frecuente a lo largo de las vías y en los límites de las propiedades.

Annona cherimolia (Chirimoya) forma así mismo bosquecillos en el fondo de algunas quebradas, por ejemplo, en la parte baja de las quiebras que conducen hacia el contrafuerte de Horta-Naque (sitio llamado Landangui), y se ve por todas partes, ya cerca de los caminos, ya entre las plantaciones de los huertos.

Considerables superficies de lugares próximos al caserío de Tacsiche y de las faldas que descienden a San Pedro de Vilcabamba están cubiertas del arbusto *Swartzia* aff. *matthewsii* (Leg.), en forma análoga a lo que se ve más arriba de La Toma, en el ascenso al Villonaco.

Croton sp. (Moschquera), la misma especie anotada en el Valle de Catamayo, es aquí muy común, particularmente en lugares secos.

Dodonaea viscosa (Sapind.) forma asociaciones de considerable superficie, más a menudo de Vilcabamba hacia el sur.

Las cactáceas de los géneros *Opuntia* y *Cereus* (tunas y candelabros) son también comunes, particularmente en pendientes. La sávila (*Aloe* sp.) se ve a menudo en laderas rocosas.

Existe, pues, semejanza notable en los árboles y arbustos dominantes, entre Catamayo y los valles de Malacatos y Vilcabamba. Pero además son comunes otros árboles, como especies de *Erythrina, Cordia lutea, Salix humboldtiana, Sapindus saponaria, Chorisia insignis* (Bombac.).

En general, casi no se puede hablar de especies que pertenezcan al Valle de Catamayo que no se hallen aquí también presentes. Sin embargo, se puede anotar la ausencia de *Ipomoea carnea* y *Jatropha nudicaulis*, que son arbustos característicos del nivel más bajo de dicho valle. Lo mismo puede decirse de los árboles como *Capparis scabrida* y *Cercidium praecox*, que pueblan este mismo nivel.

En cambio se ven con frecuencia otros árboles que en Catamayo o no se hallan o solamente se ven raras veces, por ejemplo, el Ceibo (*Bombax* sp.*)*; árboles de la familia de las lauráceas, como el Paltón y el Canelo, y una especie de *Ficus* (Matapalo).

Los cultivos avanzan aquí mucho más arriba que en las laderas del Valle de Catamayo. Por todas partes se ven plantaciones de maíz, desde el fondo de los valles hasta las pendientes del Oriente y Occidente; pero lo más interesante es que sobre los descensos (particularmente orientales) se siembra trigo, cebada y patatas casi inmediatamente más arriba del límite en que terminan los cultivos tropicales. Esta es otra de las notables diferencias entre las dos regiones en comparación.

Las partes más bajas contienen setos y matorrales muy semejantes a los descritos en el Valle de Catamayo.

Las pendientes también, en tanto no están ocupadas por sementeras, contienen matorrales cerrados o lomas.

Los potreros son frecuentes y a veces de considerable extensión. Los pastos más notables son: *Panicum maximum* (Paja chilena); *Melinis minutiflorus* (Janeiro); *Trichachne insularis*; *Echinochloa colonum*; *Axonopus scoparius* (Gramalote); *Holcus lanatus* y otras gramíneas que son también comunes a la Hoya de Loja. Las diversas especies de pastos se propagan más o menos, como es natural, en relación con la altitud. Mientras que en las partes bajas dominan la «Paja chilena», el «Gramalote» y el «Janeiro», en las altas tienen importancia los pastos que corresponden a la Región Interandina.

Cito a continuación algunas plantas más comunes y frorísticamente importantes en los valles de que trato. Además de las ya mencionadas, son frecuentes:

YERBAS: *Coix lacrima-jobi* (Lágrima de San Pedro), *Lasiacis* sp. (Gram.); *Puya* sp. (Euphorb.); *Bryophyllum pinnatum* (Hoja del aire, Crasul.); *Argemone mexicana* (Papav.); *Plumbago scandens* (Plumbag.); *Oxalis loxensis* (Oxalid.); *Dalea microphylla, Aeschynomene americana* (Leg.); *Heliotropium rupifilum* var. *anadenum.* (Borag.); *Erythraea quitensis* (Gent.); *Salvia occidentalis* y otras del mismo género (Lab.);

Stachytarpheta cayanensis, S. steyermarkii (Verb.); *Stenandrium mandioccanum* (Acant.); *Brickellia diffusa, Eupatorium roseorum, E. sternbergianum, Trixis divaricata, Lagascea mollis, Sigesbeckia orientalis* (Comp.).

A orillas de los ríos se forman techos de árboles, entre los cuales el más común es el aliso (*Alnus* sp.); pero también son comunes los guabos (*Inga*). Debajo de este techo, así como en lugares pantanosos, hay una gran cantidad de yerbas pequeñas (como ciperáceas) y robustas (como *Equisetum gigateum* y variadas malváceas y compuestas).

Arbustos o sufrútices que forman con frecuencia matorrales son, además de *Swartzia* aff. *matthewsii, Dodonea viscosa* y *Croton* sp. ya mencionados, los siguientes: *Serjania grandis* (Sapind.); *Piper bogotense* (Piper.); *Cassia* sp., *Indigofera suffruticosa* (Leg. Añil.); *Tournefortia psilostachya* (Borag.); *Duranta dombeyana, Lantana rugulosa* (Verb.); *Xylosma velutina* (Flacourt.); *Solanum* sp. (Solan.); *Vernonia scorpioides* (Comp.), *V. patens* (Comp.).

Trepadoras en cercas, setos y matorrales son diversas especies de *Passiflora* (p.ej. *P. rubra*), *Amphilophium* sp. (Bign.), *Prestonia mollissima* (Apocyn.), *Centrosema pubescens* (Leg.). A veces se ven bejucos de «Condurango» *Gonolobus sp.* (Asclep.)

La vegetación epífita es también abundante y se compone esencialmente de bromeliáceas (*Tillandsia*) entre las que sobresale en algunos lugares con extraordinaria abundancia la «barba de palo» o «Salvaje» (*Tillandsia usneoides*). Importantes son, además, los líquenes, particularmente en laderas inclinadas y relativamente secas.

Los valles de Malacatos y Vilcabamba no se agostan sino en parte, como se ha dicho antes. Sin embargo, la vegetación natural se diferencia notablemente, ya se visite estos lugares entre los meses de Enero a Junio ya se lo haga de Julio a Diciembre. En el primer período, hay gran abundancia de follaje verde joven; en todas las laderas, el follaje abundante y fresco cubre entonces la tierra gris del suelo, o las cementeras se ven por todas partes a manera de cuadros de diverso matiz, según la planta que se cultiva. En el segundo período el aspecto del paisaje es generalmente grisáceo, si se exceptúan las partes que llevan cultivos permanentes.

La floración mayor coincide aquí también con la finalización del período de lluvias, o sea, entre Mayo y Julio.

Si de la parte baja del Valle de Malacatos se asciende por la carretera hacia la Hoya de Loja, siguiendo el cañón del río Malacatos (meridional), después de dejar atrás los cultivos tropicales que ascienden hasta los 1800 metros, más o menos, se pasa a una región de lomas y dehesas semejantes a las de Loja. Aquí se ha efectuado una deforestación casi total de todo el terreno; de manera que ahora, fuera de las lomas y dehesas, no se puede ver sino matorrales y pocos árboles aislados de aliso (*Alnus* sp.), barbasco (*Daphnopsis espinosae*), duco (*Clusia* sp.) y algunas mirtáceas.

En el ángulo que forman el Nudo de Cajanuma con la Cordillera Occidental, hay todavía vegetación arbórea en forma de bosquecitos, en los que aún se hallan quinas y una especie de palma.

Aquí, como en el Valle de Loja, llama la atención el predominio que ejerce la mora (*Rubus mollifrons*).

Hacia el Oriente de los dos valles de Malacatos y Vilcabamba, se halla la Cordillera Oriental de los Andes con sus contrafuertes cubiertos, en todas las quiebras, de abundante bosque de altura, de matorrales y lomas, y más arriba, de los páramos perpetuamente húmedos que, con pequeñas interrupciones, se extienden hasta el Nudo de Sabanilla. Esta parte de la Cordillera es la que aún mantiene buenas reservas en maderas laborables y árboles industriales.

RESUMEN

A la latitud de la Hoya de Loja, la Cordillera Oriental no constituye un obstáculo insalvable para las influencias climatéricas de Oriente. Al propio tiempo, se hace notar claramente las influencias de Occidente.

En consecuencia, las lluvias son muy irregulares en el Valle de Loja; casi no se puede hablar de esta estación seca y lluviosa. La temperatura, en cambio, es muy constante. Las fluctuaciones diarias de la humedad atmosféricas parecen ser grandes. [10].

La vegetación de la Hoya es siempre verde. En ella se mezclan elementos tropicales y elementos de las alturas andinas. Las formaciones más extensas y características son: dehesas, lomas, matorrales, bosque de altura y páramo.

En algunas peculiaridades (límite inferior, constitución florística, humedad del suelo), el páramo de Loja difiere notablemente de los páramos más conocidos en el centro y septentrión del Ecuador.

Los bosques se hallan destruídos en su mayor parte.

* *

*

El Valle de Catamayo tiene temperatura tropical, con oscilaciones diarias mayores que en el Valle de Loja. La cantidad de lluvias es reducida. Las estaciones seca y lluviosa son bien marcadas.

---

(10) Este hecho tiene ahora su comprobación con las mediciones psicrométricas que se realizan desde hace algunos meses en la Estación de la Universidad.

Al ritmo de las precipitaciones, la vegetación cambia del agostamiento total o parcial y el color gris aceitunado, al verdor fresco de renuevo. La mayor floración de las plantas se observa entre Mayo y Julio.

Los suelos son predominantemente alcalinos. Los cultivos tropicales dan resultado satisfactorio en el fondo del valle y la planicie de San Pedro de la Bendita.

*　　*
*

Los valles de Malacatos y Vilcabamba tienen un clima semejante al del Valle de Catamayo, pero aquellos revelan una humedad mayor.

La vegetación sigue parcialmente el ritmo de las estaciones seca y lluviosa. En el período seco, el agostamiento se observa sólo en elementos aislados de la vegetación; por lo general, los dos valles conservan verdor permanente en el fondo y cambian en las pendientes del grisáceo en el período seco al verde fresco en la estación de lluvias.

La flora es muy semejante a la de la región de Catamayo. A medianas alturas, los cultivos de clima templado suceden sin interrupción especial a los de clima tropical.

*　　*
*

Entre los problemas más urgentes de Loja, se hallan el control de los bosques y la reforestación por una parte, y la provisión de riego a todas las extensiones posibles de la región de Catamayo, por otra.

ESTUDIOS BOTÁNICOS EN EL SUR DEL ECUADOR

HERBARIUM

UNIVERSITATIS LOXENSIS

(PRIMER INVENTARIO)

Tomo II

REINALDO ESPINOSA

PREAMBULO

En el presente volumen iniciamos la publicación de nuestro joven Herbario. El primer inventario corresponde a 107 familias, casi en su totalidad fanerógamas, que comprenden unos 440 géneros. Aunque lo estudiado representa hasta ahora sólo una pequeña contribución deja presumir ya la gran variedad de la flora del sur del Ecuador. Efectivamente, aquí se tocan dos floras, como puede comprobarse sin observación demasiado minuciosa: la flora que viene de Colombia y avanza por las provincias del norte y el centro del Ecuador, y la que viene del sur desde Bolivia y el Perú. Hay especies y hasta géneros que parecen no pasar, respectivamente, ni al sur ni al norte, pero que están representados en esta latitud. Ciertas familias, como las Eriocauláceas y determinados géneros, como *Embothrium* (Proteac.) y *Bejaria* (Ericac.) acaso tienen aquí un centro de distribución. Estos son asuntos que requieren una comprobación detenida y, sobre todo, la consulta de copiosa bibliografía de la que aún carecemos. Tal vez con el tiempo llevemos a cabo esta obra; si no será tarea de nuestros discípulos.

Hay familias de extraordinario predominio, tanto en cantidad como en variedad; tales las Gramíneas, las Melastomatáceas, las Compuestas y las Ericáceas. De las tres primeras podemos ofrecer ya una prueba, gracias a los trabajos de los doctores J. R. Swallen, H.A. Gleason, J. A. Steyermark y J. Cuatrecasas; con respecto a la última, casi no hemos empezado el estudio.

El próximo volumen comprenderá estudios realizados en el

cantón Zaruma, de la provincia de El Oro, y la continuación del Herbario.

Cumplo con el grato deber de expresar mis más cordiales agradecimientos a los especialistas que contribuyen con determinaciones y descripciones nuevas en estos «Estudios Botánicos». Son los siguientes:

Allen, C.: Lauráceas

Alexander, E. J.: Crasuláceas, Catáceas, Compuestas

Andrews: Sphagnáceas

Baley, L. H.: Rosáceas, Nyctagináceas y además: Palmáceas, Ranunculáceas, Crucíferas, Melíaceas, Compuestas

Ball, C. R.: Salicáceas

Barkley, F. A.: Anacardiáceas

Benson: Ranunculáceas

Boivin: Lycopodiáceas

Constance: Umbelíferas

Croizat: Urticáceas

Cuatrecasas, J.: Compuestas

Donell, C. A. O.: Convolvuláceas

Epling, C.: Labiadas

Ewan; J.: Loganiáceas, Gencianáceas

Gleason, H. A.: Melastomatáceas

Goodspeed, T. H.: Género *Nicotiana*

Hermann, F. J.: Leguminosas, y además: Juncáceas, Ciperáceas

Hawkes, A.: Orquidáceas, Aráceas, Moráceas, Euforbiáceas

Johnston, I. T.: Boragináceas

Killip, E. P.: Passifloráceas y además: Amarillidáceas, Urticáceas, Gencianáceas

Kebuski, C. E.: Theáceas

Krukoff, B. A.: Leguminosas

Leonarf, E. C.: Acantáceas

Maguire, B.: Cariofiláceas

Moldenke, H, N.: Verbenáceas, Eriocauláceas, y además: Liliáceas, Amarilidáceas, Xyridáceas, Commelináceas, Araliáceas, Asclepiadáceas, Anacardiáceas, Baseláceas, Berberidáceas, Bixáceas, Bombacáceas, Caprifoliáceas, Caricáceas,

Convolvuláceas, Cletráceas, Desfontaineáceas, Euforbiáceas, Fitotácaceas, Geraniáceas, Gutiferáe, Gencianáceae, Leguminosas, Lentibulariáceas, Loasáceas, Lorantáceas, Halorragáeas, Mirsináceas, Meliáceas, Miricáceas, Monimiáceas, Oleáceas, Oxalidáceas, Papaveráceas, Plantagináceas, Plumbagináceas, Poligaláceas, Poligonáceas, Proteáceas, Rosáceas, Sapindáceas, Solanáceas, Sterculiáceas, Tropeoláeas, Valerianáceas, Umbelíferas, Violáceas *Monachino, J. V.*: Thymeliáceas, y además: Cunoniáceas, Saxifragáceas, Poligonáceas, Polemoniáceas, Sterculiáceas, Urticáceas, Eleocarpáceas, Leguminosas, Convolvuláceas

Morton, C.:V.: Gesneriáceas, y además: Solanáceas

Munz, P. V.: Enoteráceas

Neill, H. O.: Ciperáceas

Pennell, F. W.: Escrofulariáceas

Ricker: Leguminosas, Bignoniáceas

Rollins, R. C.: Crucíferas

Sandwith, N. Y.: Bignoniáceas

Schubert: Leguminosas

Schweinfurth, C.: Orquidiáceas

Smith, Lyman B. y Alberto C.: Begoniáceas, Bromeliáceas

Standley, P.C.: Ranunculáceas, Amarantáceas, y además; Cariofiláceas, Rubiáceas

Steyermark, J. A.: Compuestas, Campanuláceas, y además: Aráceas, Aclepiadáceas, Actinidáceas, Cletráceas, Flacourtiáceas, Mirsináceas, Oxalidáceas, Poligonáceas, Rubiáceas, Saxifragáceas, Theáceas, Umbelíferas, Urticáceas, Valerianáceas

Svenson, H. K.: Ciperáceas

Swallen, J. R.: Gramíneas, y además: Rosáceas

Traub, H. P.: Amarilidáceas

Vaugh, R. Mc.: Mirtáceas, y además: Cunoniáceas, Magnoliáceas, Campanunláceas

Wheatherby, C. V.: Licopodiáceas, Selagineláceas, Equisetáceas, Polipodiáceas, Himenofiláceas, Cyatáceas

Wheeler: Solanáceas

Wherry, E.: Polemoniáceas

Wiggins, I. L.: Malváceas
Woodson, R. E.: Asclepiadáeas
Yuncker, T. G.: Piperáceas, y además: Convolvuláceas

REINALDO ESPINOSA

BIBLIOGRAFIA

Braun-Blanquet, J.: Pflanzensoziologie, Verl. v. Julius Springer, Berlín, 1928.

Cuatrecasas, José: Observaciones geobotánicas en Colombia, Madrid, 1934.

Diels, Ludwig: Contribuciones al conocimiento de la vegetación y de la flora del Ecuador. Anales de la Universidad Central de Quito, 1938.- Trad. del alemán por R. Espinosa.

Espinosa, Reinaldo: Oekologische Studien über Kordillerenpfanzen, Leipzig, 1932.

Gleason, H. C.: New or notworthy melastomes, chiefly Ecuadorian. PHYTOLOGIA, V. 2 Nr. 8, Junio 1947.- Notes on South American melastomes. PHYTOLOGIA, V. 3, Nr. 10, Abril 1948.- *Miconia espinosana* sp. nov. PHYTOLOGIA, V. 3, Nr. 1, septiembre 1948.

Herzog, Theodor: Die Pflanzenwelt der bolivianischen Anden. DIE VEGETATION DER ERDE, XV, Leipzig, 1923.

Moldenke, Harold N.: A new species of *Daphnopsis* from Ecuador. PHYTOLOGIA V 2, Nr. 7, Abril 1947.

Monachino, J. V.: Notes on new and notworthy plants I y II. PHYTOLOGIA, V. 2, Nr. 7, Abril 1947.; Nr. 8, Junio 1947.

Pittier, H.; Lasser, T.; Schnee, L.; Febres Zoraida L. de; Badillo, V.M.: Catálogo de la flora venezonala, I y II, Caracas, 1947.

Reiche, Karl: Geografía Botánica de Chile (traducción del alemán por Gaulterio Looser), V. I y II. Imp. Universitaria, Santiago, 1938.

Sodiro, Luis: Apuntes sobre la vegetación ecuatoriana, Quito, 1874.-

Sertula Florae Ecuadorensis, series 3ª. y 4ª., Gramíneas Ecuatorianas. Publicación del padre Luis Mille, Guayaquil, 1929, 1930.

Spruce, R.: Report on the expedition to procure seeds and plants of the *Cinchona succirubra* or Red Bark tree. Londres, 1861.

Villar, Emilio Huguet del: Geobotánica. Colección Labor, 1929.

Weberbauer, A.: Die Pflanzenwelt der peruanischen Anden.- DIE VEGETATION DER ERDE, XII, Leipzig, 1911.

Wolf, Teodoro: Geografía y Geología del Ecuador. Tip. F. A. Brockhaus, Leipzig, 1892.

Herbarium Universitatis Loxensis

PRIMER INVENTARIO [11]

BRIOFITAS

SPHAGNACEAE

SPHAGNUM CAPILLACEUM (Weiss) Schrank.- **E** 866.- Horta-Naque, S de Loja, unos 3100—3700 m.s.m. -6-11. 46.- Color blanco y rojizo. Asociaciones cerradas a orillas de pequeñas lagunas.

PTERIDOFITAS

HYMENOPHYLLACEAE

HYMENOPHYLLUM FUCOIDES Sw.- **E** 728.- Villonaco, 2900 m.s.m. -5-10. 46.- Pequeño helecho rastrero de hojas delicadas y finas. Pecíolo y nervaduras color negro. Crece entre musgos.- **E** 964.- Horta-Naque, S de Loja, 3500 m.s.m. -8-11. 46.- Helecho epífito, colgante. Finas hojas bipinnadas. En bosquezuelos.- Venezuela.

H. KARSTENIANUM Klotzsch.- **E** 1573.- Zamora-Huaico, SE Loja, 2300—2400 m.s.m. -3-7. 47.- Helecho trepador de hojas pinnadas, finas, aterciopeladas. Tallito muy fino, pubescente, color pardo.

H. aff. MYRIOCARPUM Hook.- **E** 963.- Horta-Naque, S de Loja, 3500 m.s.m. -

---

(11) *Los números que llevan una E. antepuesta corresponden a las colecciones de R. Espinosa. El número pospuesto al nombre de un lugar, indica al altitud de éste. Los nombres finales de países y provincias indican otro habitat de la especie, en tanto se ha podido consultar.*

8-11. 46.- Helecho epífito, colgante como musgo. En bosquezuelos.- Venezuela.

TRICHOMANES LAMBERTIANUM Hook.- **E** 1009.- Horta-Naque 3700—3800 m.s.m. -9-11. 46.- Helecho de hoja lanosas, color pardo. Hojas pinnadas, 30 cm largas. En el suelo.

POLYPODIACEAE

ASPLENIUM SESSILIFOLIUM Desv.- **E** 642.- Zamora-Huaico, SE de Loja, 2250—2300 m.s.m. -17-7. 46.- Helecho epífito, sobre troncos descompuestos, en el bosque. Hojas pinnadas. Soros elípticos.

BLECHNUM aff. **BUCHTIENII**.- **E** 726.- Villonaco 2900 m.s.m. -5-10. 46.- Helecho que forma rosetas o se hace mediantemente arborescente. Foliolos vueltos hacia el envés. Frecuente a los 2900 m.

B. GLANDULOSUM Link.- **E** 454.- Loja, 2200 m.s.m. -31-5. 46.- Helecho de lugares húmedos. Hojas pinnadas. Hojuelas enteras. Soros en líneas medianas.- Venezuela., Perú.

B. SCHOMBURGKII (Klotzsch) C. Chr.- **E** 344.- Cajanuma, 2400 m.s.m. -7-5. 46.- Helecho terrestre. Hojas pinnadas, coriáceas y brillantes. Parte inferior del páramo.- Venezuela.

BLECHNUM SP.- **E** 921.- Horta-Naque, S de Loja, 3100 m.s.m. -7-11. 46.- Helecho, a veces con corto tallo leñoso, o en rosetas. Frecuente entre el hebetum y también en bosques. Hojas 70 cm.

CHEILANTHES aff. **POEPPIGIANA**.- **E** 1232.- Chiguango (unos 70 Km O de Loja), unos 1600 m.s.m. -8-2. 47.- Helecho de los bordes pendientes del camino. Hojas compuestas de angostas lacíneas.- «This is the South American plant which has passed, mistakenly, for *C. intramarginalis*» (Weatherby).

DRYOPTERIS DENTICULATA (Sw.) Kuntze.- **E** 634.- Zamora-Huaico (Loja), 2250—2300 m.s.m. -17-7. 46.- Helecho de la sombra del bosque. Hojas tripinnadas, grandes. Soros circulares. Hermosos aspectos. Venezuela.

D. RUDIS (Kuntze) C. Chr.- **E** 455.- Loja. -31-5. 46.- Helecho de grandes hojas pinnadas (aproximadamente 1 m x 40 cm). Hojuelas profundamente recortadas. Soros en las márgenes de los lóbulos.- Venezuela.

DRYOPTERIS SP.- **E** 453.- Loja, 2200 m.s.m. -31-5. 46.- Helecho de lugares húmedos. Grandes hojas pinnadas. Hojuelas profundamente recortadas. «probably should be *D. Rudis* (Kunze) C. Chr». (Weatherby).

ELAPHOGLOSSUM CUSPIDATUM (Willd.) Moore.- **E** 743.- Villonaco, 2900 m.s.m. - 5-10. 46.- Helecho que crece sobre el humus. Hojas enteras, lanceoladas, pecíolo 40 a 50 cm Envés lanoso, haz brillante.- Venezuela.

E. LINGUA (Raddi) Brack.- **E** 354.- Cajanuma, S de Loja, 2400 m.s.m. - 7-5. 48.- Helecho trepador del bosque achaparrado. Hojas enteras, coriáceas, ovales agudas, de largo pecíolo.- Venezuela.

E. LONGIFOLIUM var. **TUNGURAGUENSE** Hier.- **E** 912.- Horta-Naque, S de Loja, 3100 m.s.m. - 7-11. 46.- Helecho de grandes hojas coriáceas.- Soros difusos. Suelo del bosque.- *E. Longifolium.* Venezuela.

E. STENOPHYLLUM (Sodiro) Diels.- **E** 81.- Las Juntas, N de Loja. - 6-4. 46.- Helecho frecuente sobre humus de rocas, en lugares pendientes.- **E** 304.- Argelia, S de Loja, 2230 m.s.m. -4-5. 46.- Helecho de hojas enteras. Crece en lugares pendientes.- **E** 366.- Argelia, S de Loja, 2300 m.s.m. - 11-5. 46.- Helecho de hojas lanceoladas (30 x 3 cm). Crece en lugares pendientes a la sombra de matorrales.- N. v. *Calaguala.*

E. TECTUM (Willd.) Moore.- **E** 1342.- Jipiro, 5 Km NE de Loja, 2100 m.s.m. -6- 3. 47.- Helecho terrestre de praderas. Hojas enteras, lanceoladas. Esporangios color café; cubren todo el envés de la hoja.- Venezuela, Perú.

E. UNDUAVENSE Rosenst.- **E** 168.- Namanda, S de Loja, 2400—2500 m.s.m. - 18-4. 46.- Helecho pequeño, hojas enteras; todo el envés cubierto de esporangios. Crece sobre rocas y lugares pendientes.

E. YATESII Sodiro.- **E** 1012.- Horta-Naque, S de Loja, 3700 m.s.m. - 9-11. 46.- Helecho de hojas enteras, coriáceas, brillantes en el haz, lanosas en el envés. Hojas 15 x 3 1/2 cm.

ELAPHOGLOSSUM SP.- **E** 343.-Cajanuma, S de Loja, 2400 m.s.m. - 7-5. 46.- Helecho epífito. Hojas simples, vellosas, lanceoladas.

ELAPHOGLOSSUM SP.- **E** 469.- Oriente de Loja, 2250 m.s.m. - 1-5. 46.- Helecho de hojas coriáceas. Los soros cubren todo el envés de la hoja.

ELAPHOGLOSSUM SP.- **E** 744.- Villonaco, 2900 m.s.m. -5-10. 46.- Helecho terrestre. Hojas enteras, elípticas alargadas. Envés y pecíolo lanosos. Haz brillante.

GYMNOGRAMMA ELONGATA Hook. & Grev.- **E** 193.- Namanda, S de Loja, 2400—2500 m.s.m. - 18-4. 46.- Pequeño helecho de hojas bipinnadas, lanosas. Crece sobre rocas y paredones.- **E** 881.- Horta-Naque, S de Loja, 3100 m.s.m.- Entre el herbetum de altura.- **E** 1443.- Cerros de Acacana (unos 30 Km N de Loja), 2400—2500 m.s.m. -11-3. **77.-** Helecho epífito del bosque húmedo de altura. Hojas angostas, compuestas, con foliolos lobulados.

JAMESONIA BRUNNEA Macon.- **E** 956.- Horta-Naque, S de Loja, 3100—3500 m.s.m. -8-11. 46.- Helecho epífito del bosque. Foliolos cordiformes, sentados. Envés escamoso.

NOTHOCLAENA FRASERI (Mett.) Baker.- **E** 831.- Encima de La Toma, 2000 m.s.m. -19-10. 46.- Helecho que forma rosetas. Hojas pinnadas, foliolos recortados, pecíolo negro. Lugares secos.- Perú.

POLYPODIUM ANGUSTIFOLIUM Sw.- **E** 658.- Zamora-Huaico, SE de Loja, 2250—2300 m.s.m. -17-7. 46.- Helechos de hojas enteras, estrechas y largas. Soros circulares. Crece sobre árboles, en el bosque.- **E** 751.- Villonaco, 2900 m.s.m. -5-10. 46.- Helecho de hojas enteras, epífito. Hojas laceoladas, estrechas, agudas de corto pecíolo. Soros circulares, en la parte superior del envés.- **E** 1463.- Hac. Montecristi (unos 40 Km NE de Loja, cañón del río Zamora en el curso al Oriente). - 8-6. 47.- Helecho que crece sobre rocas; hojas enteras largas (25 a 30 cm) y angostas (1 a 1 1/2 cm).- Soros más o menos circulares, dispuestos irregularmente a ambos lados de la nervadura central, en los 3/4 superiores de la hoja.- Venezuela, Perú.

P. CRASSIFOLIUM var. **LONGIPES** Rosenst.- **E** 712.- Villonaco, 2900 m.s.m.- 5-10. 46.- Helecho de largas hojas (50—70 cm) enteras. Soros circulares a lo largo de las fajas del limbo que quedan entre nervios laterales.- **E** 357.- Cajanuma, S de Loja, 2400 m.s.m. -7-5. 46.- Helecho de hojas muy grandes (50 x 8 cm, sin pecíolo). Sobre árboles o sobre humus del suelo. Bosque achaparrado.- Perú.

P. FUSCOPUNCTATUM Hook.- **E** 1175.- Torata (camino a Sta. Rosa) unos 60—80 m.s.m. -26-12. 46.- Helecho epífito. Hojas lanceoladas, delgadas. Soros en grupos circulares, dispuestos en dos filas paralelas a la nervadura central.- «This specimen is an exact match for Hooker's original plate. The rather different plant which is passing as *P. fuscopunctatum* is really *P. chinobowense* Jenm.» Weatherby.

P. GLAUCOPHYLLUM Kunze.- **E** 346.- Cajanuma, S de Loja, 2400 m.s.m. -7-5. 46.- Helecho trepador, en árboles del bosque, achaparrado. Hojas lanceoladas. Soros circulares en 4 filas.- Venezuela.

P. LANCEOLATUM L.- **E** 85.- Las Juntas, N de Loja. -6-4. 46.- Helecho que crece sobre el humus de las rocas.- **E** 1456.- Hac. Montecristi (unos 40 Km NE de Loja, cañón del río Zamora en el curso al Oriente). - 8-6. 47.- Helecho que crece sobre árboles o sobre rocas. Hojas enteras 10 a 15 cm. Soros circulares, en dos filas laterales en la mitad superior de la hoja.- Venezuela.

P. PECTINATUM L.- **E** 88.- Las Juntas, N de Loja. -6-4. 46.- Helecho que crece sobre rocas y en pendientes. Forma parte de los matorrales.- Venezuela.

P. PHYLLIDITES L.- **E** 451.-Loja, 2200 m.s.m. -31-5. 46.- Helecho de grandes hojas enteras (75 x 10 cm). Matas nidiformes. Crece entre breñas y matorrales.- Venezuela.

P. SEMIPINNATIFIDUM (Fee) Mett?.- **E** 727.- Villonaco, 2900 m.s.m. -5-10. 46.- Helecho trepador. Hoja profundamente recortadas, de largo pecíolo duro. Tallo color pardo.

P. SESSILIFOLIUM Desv.- **E** 317.- Cajanuma, S de Loja, 2400 m.s.m. -7-5. 46.- Helecho terrestre. Hojas pinnadas. Parte inferior del páramo.- Venezuela, Guayanas.

POLYPODIUM SP.- **E** 1021.- Horta-Naque, S de Loja, 3600 m.s.m. -9-11. 46.- Helecho epífito, colgante. Hojas pinnadas, finas hojuelas.

EQUISETACEAE

EQUISETUM BOGOTENSE H.B.K.- **E** 213.- Argelia, S de Loja, 2300 m.s.m. -25-4. 46.- Observada en todos los terrenos, desde Argelia (orilla del río Malacatos), hasta Namanda (unos 2500 m.s.m.). Plantita muy propagada en toda la Hoya de Loja.- N. v. *Cola de caballo*.- Venezuela.

E. GIGANTEUM L.- **E** 1249.- Río Guayabal, Valle de Catamayo, 1400 m.s.m. -8-2. 47.- Planta robusta, de 1 a 2 m de altura. Tallo hueco. Muy silícea. Crece en lugares húmedos o en pantanos, con menos frecuencia en setos con abundante humus. Observado en todos los lugares análogos de las provincias de El Oro y Loja. N. v. *Cola de caballo*.- Venezuela.

LYCOPODIACEAE

LYCOPODIUM CLAVATUM L.- **E** 196.- Namanda, S de Loja, 2400—2500 m.s.m. -18-4. 46.- Hojitas finas y agudas, estrechamente dispuestas alrededor del tallo, formando un cilindro. Las frutecencias semejan una mazorca.- **E** 740.- Villonaco, 2900 m.s.m. - 5-10. 46.- Rastrero. Ramificaciones dicotómicas. Sin espigas. Hojas filiformes, agudas, imbricadas; dan a la rama aspecto cilíndrico.- Perú.

L. COMPLANATUM L.- **E** 178.- Namanda, S de Loja, 2400—2500 m.s.m. -18-4. 46.- Forma alfombras sobre piedras y lugares inclinados. Hojitas escamosas, dispues-tas en tres filas.- **E** 340.- Cajanuma, S de Loja, 2400 m.s.m. -7-5. 46.- Ramitas dorsiventrales. Hojas dispuestas en tres filas. Rastrero.- **E** 741.- Villonaco 2900 m.s.m. -5-10. 46.- Rastrero, con espigas. Ramificación dicótomica. Hojitas dispuestas en 4 series longitudinales. Ramas dorsiventrales, planas.- **E** 895.- Horta-Naque, S de Loja, 3100 m.s.m. -6-11. 46.- Reptante, robusto; ramas cilíndricas. Forma espigas.- Una especie muy propaganda en las alturas de ambas cordilleras.- Venezuela, Perú.

L. CONTIGUUM Kaulf.- **E** 894.- Horta-Naque, S de Loja, 3100 m.s.m. -6-11. 46.-
Forma espigas. Hojas imbricadas, en 4 filas. Ramas dorsiventrales. Reptadora.
Vegetación del herbetum, muy abundante.- Venezuela.

L. JUSSIEUI Desv.- **E** 194.- Namanda, S de Loja, 2400—2500 m.s.m. .-18-4. 46.-
Hojitas pinnadas. Frutescencias en largas espigas terminales.- Perú.

L. REFLEXUM Lam.- **E** 711.- Villonaco, 2900 m.s.m. -5-10. 46.- Tallo rastrero.
Ramas erguidas y encorvadas, dicotómicas. Hojas lineares vueltas hacia el envés.-
Venezuela, Perú.

L. CERNUUM L.- **E** 1797.- Zaruma, alturas de Viscaya, 1530 m.s.m. -18-8. 47.-
Plantita rastrera de color amarillento. Hojitas finas y agudas, arqueadas.- Venezuela.

LYCOPODIUM SP.- **E**.422.- Argelia, S de Loja, 2300 m.s.m. -21-5. 46.- Plantita
erguida de los pantanos.

LYCOPODIUM SP.- **E** 694.- Villonaco, 2900 m.s.m. -5-10. 46.- Ramas erguidas,
delgadas (3 a 4 mm). Hojas filiformes, tiesas. Sin espiga.

LYCOPODIUM SP.- **E** 707.-Villonaco, 2900 m.s.m. -5-10. 46.- Tallo rastrero.
Ramas erguidas y bifurcadas, espigas dicotómicas. Hojas escamosas. Ramas planas,
2—3 mm ancho.

LYCOPODIUM SP.- **E** 893.- Horta-Naque, 3100 m.s.m. -6-11. 46.- Reptadora.
Forma espigas. Vegetación baja del herbetum. También en bosquezuelo.

LYCOPODIUM SP.- **E** 952.- Horta-Naque, 3500 m.s.m. -8-11. 46.- Planta erecta,
rama 1 1/2 cm gruesas. Hojas verde claro azulado. Forma asocietas en algunos lugares.

LYCOPODIUM SP.- **E** 955.- Horta-Naque, 3500—3800 m.s.m. -8-11. 46.- Tallo
en parte rastrero, con ramas erguidas. Elemento importante del herbetum. Color
plateado.

LYCOPODIUM SP.- **E** 958.- Horta-Naque, 3590—3800 m.s.m. -8-11. 46.- Tallo
en parte rastrero, en parte erguido hasta 40 cm altura, muy ramificado. Frecuente entre
yerbas y matorrales.

SELAGINELLACEAE

SELAGINELLA GENICULATA (Presl) A. Br.- **E** 1192.- Torata (camino a Sta, Rosa)
60—80 m.s.m. -27-12. 46.- Forma parte de la vegetación baja de la selva. Ramas

decusadas, en forma de amplias plumas. Ramas delicadas y hermosas.

S. LEPTOBLEPHARIS A. Br.- **E**1787.- Zaruma (Guando), 1530 m.s.m. -18-8. 47.- Plantita de grandes ramas y hojitas brillantes, que crece en la vegetación baja del bosque.

S. MNIOIDES (Liebm.) A. Br.- **E** 1784.- Zaruma (Guando), 1530 m.s.m. -18-8. 47.- Plantita de finas ramas, que crece en la vegetación baja de los restos del bosque. Tallito con frecuencia rojizo.- Venezuela.

S. POEPPIGIANA (Hook. & Grev.) Spring.- **E** 1788.- Zaruma (Guando), 1530 m.s.m. -18-8. 47.- Tallito rojizo. Plantita suave que crece en la vegetación baja del bosque.

S. RADIATA (Aubl.) Baker.- **E** 1743.- Cerro Gordo (Zaruma), 1170 m.s.m. -13-8. 47.- Pequeña planta rastrera que crece adherida a los paredones.- Venezuela.

S. HARTWEGIANA Spring.- **E** 1492.- Hac. Montecristi (unos 40 Km NE de Loja, curso de río Zamora hacia el Oriente). -9-6. 47.- Plantita suave que crece a la sombra, particularmente en las partes altas, donde adquiere mayor desarrollo. Hojas color verde claro.

ESPERMATOFITAS

A. Monocotiledóneas

GRAMINEAE

AEGOPOGON CENCHROIDES H. & B.- **E** 84.- Las Juntas. N de Loja. -6-4. 46.-
Grama frecuente en pendientes y sobre rocas.- Venezuela, Perú.

AGROSTIS HUMBOLDTIANA Steud.- **E** 305.- Argelia, S de Loja, 2230 m.s.m. -
5-5. 46.- Glumas verdes, con tintes color violeta. Yerba fina que crece en espesos
grupos, en lugares pendientes.- **E** 551.- Argelia, 2230—2300 m.s.m. -14-6. 46.- Yerba
fina. Espigas muy delgadas, ramificadas. Tallito floral y glumas color pardo morado
oscuro.

A. TOLUCENSIS H. B. K.- **E** 555.- Argelia, S de Loja, 2300 m.s.m. -14-6. 46.-
Glumas verdosas, con tinte morado oscuro. Espigas compuestas, densas.

AGROSTIS SP.- **E** 278.- Alturas orientales de Loja, 2250 m.s.m.   -2-5. 46.-
Glumas moradas. Espinguillas al extremo de estilos finísimos, largos, de color morado.
En potreros.

ANDROPOGON AEQUATORENSIS A. S. Hitchc.- **E** 79.- Las Juntas, N de Loja. -
6-4. 46.- Yerba que crece con frecuencia en laderas pendientes y sobre rocas.

A. CONDENSATUS H. B. K.- **E** 1350.- Jipiro (5 Km NE de Loja), 2200 m.s.m. -
6-3. 47.- Yerba erguida y dura que crece en las partes más latas de las colinas. Tallo
y hojas con tinte pardo morado.- Venezuela.

A. GLAUCESCENS H. B. K.- **E** 548.- Argelia, S de Loja, 2230—2300 m.s.m. -14-
6. 46.- Yerba alta, tallo hueco. Espigas vellosas. Glumas pardo moradas. Crece en
laderas. **E** 559.- Argelia, Loja, 2300 m.s.m. -14-6. 46.- Yerba bastante alta (1 m y más).

Glumas amarillo verdosas, espigas pilosas. Tallo y hojas con tintes violetas.

A. SACCHAROIDES Sw.- **E** 236.- S. Pedro, Loja, 2300 m.s.m. -26-4. 46.- Espigas con largos pelos blancos y aristas. Yerba erguida, muy alta (1 1/2m), tallo fino. Potreros.- **E** 271.- Loja, 2250 m.s.m. -2-5. 46.- Espiguillas casi verticales, estrechamente dispuestas. Glumas pardo-morado oscuras; aristas pardas. Espigas blanquecinas por predominancia de las vellosidades.- Venezuela, Perú.

A. TENER (Nees.) Kunth.- **E** 334.- Cajanuma, S de Loja, 2400 m.s.m. -7-5. 46.- Yerbita pequeña y dura del páramo inferior. Tallito floral color violeta. Glumas verdes con cantos y rayas morados.- Venezuela, Perú.

ANTHOXANTHUM ODORATUM L.- **E** 172.-Namanda, S de Loja, 2400—2500 m.s.m. -18-4. 46.- Especie dominante en los potreros de altura. Espigas verdes.- **E** 1096.- Namanda, 2400—2500 m.s.m. -24-11. 46.- Pequeña yerbita dominante en los potreros de la altura. Glumas color verde.

ARUNDINARIA PATULA Pilger.- **E** 309.-Cajanuma, S de Loja, 2400 m.s.m. -7-5. 46.- Tallo hueco, varios metros largo. Florece en panojas. Brácteas verdes. En matorrales, por debajo del páramo.

AXONOPUS AFFINIS Chase.- **E** 238.- S. Pedro, Loja, 2200 m.s.m. -26-4. 46.- Espigas con dos o tres espiguillas finas, verdes. Glumas verdes con manchas pardas.

A. ELONGATUS (Presl) A. S. Hitchc.- **E** 308.- Cajanuma, S de Loja, 2400 m.s.m. - 7-5. 46.- Yerba de la parte inferior del páramo. Glumas verdes con manchas pardas.

A. SCOPARIUS (Flüge) A. S. Hitchc.- **E** 1245.- Chiguango (unos 70 Km O de Loja), 1600 m.s.m. -6-2. 47.- Yerba alta (1 y medio metros), que crece a los bordes del camino, en lagunas pendientes. Florece en grandes panojas. Glumas color morado pardusco.- **E** 1725.- Cerro Gordo (Zaruma), entre 1150 y 1250 m.s.m. -23-8. 47.- Yerba grande usada como forraje. Florece en largas espigas. Espiguillas color pardo morado.- N. v. Gramalote.- Venezuela.

AXONOPUS SP.- **E** 303.- Argelia, S de Loja, 2230 m.s.m. -4-5. 46.- Espiguillas largas y finas, casi perpendiculares al eje. Glumas y anteras pardo moradas. Crece en lugares pendientes.

AXONOPUS SP.- **E** 310.- Cajanuma, S de Loja, 2400 m.s.m. -7-5. 46.- Yerba de la parte baja del páramo. largas espiguillas. Glumas color morado oscuro.

BOUTELOUA DISTICHA (H.B.K.) Steud.- **E** 1758.- Cerca Juntas río Pindo y Calera (S de Zaruma) entre 660 y 700 m.s.m. -14-8. 47.- Yerba que crece en lugares húmedos y pendientes próximas a las orillas de los ríos. Espiguillas verde blanquecinas;

anteras pardo rojizas, muy visibles.- Venezuela.

BRIZA MANDONIANA (Griseb.) Henr.- **E** 368.- Argelia, S de Loja, 2300 m.s.m. - 11-5. 46.- Glumas verdes, al extremo pardo moradas, oscuras con espiguillas pequeñas, en largo y fino estilo.

BROMUS CATHARTICUS Vahl.- **E** 279.- Alturas orientales de Loja, 2250 m.s.m. -2-5. 46.- Glumas verdes. Florece en panojas. Potreros.- Venezuela.

CALAMAGROSTIS MACROPHYLLA (Pilger) Pilger.- **E** 323.- Cajanuma, S de Loja, 2400 m.s.m. -7-5. 46.- Glumas verdes con manchas moradas. Yerba fina y dura de los páramos.- **E** 333.- Cajanuma, S de Loja, 2400 m.s.m. -7-5. 46.- Yerba dura del páramo inferior. 1 m. de altura hasta la espiga. Glumas verdes con cantos morados.- **E** 335.- Cajanuma, 2400 m.s.m. -7-5. 46.- Yerba dura del páramo inferior. Tallo de 1 m o más hasta la espiga. Glumas verdes con fajas blancas y moradas al canto.

C. RECTA (H.B.K.) Trin.- **E** 1013.- Horta-Naque, S de Loja, 3700—3800 m.s.m. -9-11. 46.- Hojas arrolladas. Largas espigas. Glumas moradas.

CALAMAGROSTIS SP. NOV. ?.- **E** 930.- Horta-Naque, S de Loja, -7-11. 46.- Dominante en el herbetum.- N. v. *Paja de páramo.*

CALAMAGROSTIS SP. NOV. ?.- **E** 1093.- Namanda, S de Loja, 2900 m.s.m. -24-11. 46.- Yerba dura de los páramos, dominante en el herbetum. Glumas color morado.

CHLORIS PYCNOTHRIX Trin.- **E** 1230.- Chiguango, unos 70 Km O de Loja, 1600 m.s.m. -8-2. 47.- Pequeña yerba del camino. Forma césped. Glumas color verde blanquecino, aristadas.

CHUSQUEA SCANDENS Kunth.- **E** 959.- Horta-Naque, 3000—3400 m.s.m. -8-11. 46.- Elemento dominante en el fructicetum (filos y laderas altas de la cordillera). Espigas pardas.- **E** 1095.- Namanda, 2900—3000 m.s.m. -24-11. 46.- Crece en la parte superior de los bosques achaparrados.

CHUSQUEA SP.- **E** 640.- Zamora-Huaico, SE de Loja, 2250—2500 m.s.m. -17-7. 46.- Tallos huecos, de 10 o más metros largo y hasta 3 cm diámetro. Sin flores a la fecha.- N.v. *Carrizo.*

CHUSQUEA SP.- **E** 1037.- Horta-Naque, S de Loja, 3500—3700 m.s.m. -10-11. 46.- Crece a partir de los 3500 m.s.m. Hojas finas, arrolladas. En la altura sustituye a la especie 1030.- N.v. *Chincha.*

CHUSQUEA SP.- **E** 1030.- Horta-Naque, 3000—3500 m.s.m. -9-11. 46.- La planta dominante en las faldas de la cordillera, desde las quebradas hasta cerca del lomo.- N.v. *Chincha.*

CHUSQUEA SP.- **E** 1543.- Zamora-Huaico, SE de Loja, 2250 m.s.m. -3-7. 47.-
Forma grandes matorrales; tallos de 5 a 6 metros largo y hasta 2 cm gruesos. Espiguillas
color verde claro, con manchas pardo moradas al exterior. En el bosque húmedo o en
matorrales de restitución.

COIX LACRIMA-JOBI L.- **E** 1737.- Cerro Gordo (Zaruma), 1250 m.s.m. -13-8.
47.- Yerba que forma grandes matas. Pistilo de la flor masculina en forma de pluma,
color pardo rojizo. Hojas y espiguillas cubiertas con una especie de cera. Los frutos se
usan para collares.- N.v. *Lágrima de San Pedro.* Muy común en el sur del Ecuador.-
Venezuela.

CORTADERIA ARISTATA Pilger.- **E** 1090.- Namanda, S de Loja, 1700—1800
m.s.m. -24-11. 46.- Yerba que formPilgera grandes cúmulos. Hojas largas y angostas,
tiesas. Tallo floral 1,40 m. o más. Glumas color blanquecino.- Perú.

C. RADIUSCULA Stapf.- **E** 1357.- El Valle, 2 Km NE de Loja, 2100 m.s.m. -6-3.
47.- Yerba de grandes rosetas y hojas cortantes y duras. Inflorescencia sobre tallos de
1 1/2 a 2 metros. Panículas color pardo blanquecino. Común en toda la Región
Interandina del Ecuador, casi siempre sobre terrenos pendientes.- N.v. *Zig zig.*

CYNODON DACTYLON (L.) Pers.- **E** 406.- Loja, cerro Pucará, 2300 m.s.m. -18-
5. 46.- Espiguillas color morado oscuro. Crece en prados.- **E** 1659.- Río Amarillo, frente
a Portovelo, unos 710 m.s.m.   -11-8. 47.-   Yerbita cespitosa que cubre grandes
superficies cerca de las orillas del río y en otros lugares húmedos. Espiguillas color
pardo morado.- Venezuela.

DACTYLIS GLOMERATA L.- **E** 124.- Loja, 2200 m.s.m. -15-4. 46.- Glumas color
pardo violáceo. Yerba de potreros, pasto muy apreciado.- **E** 280.- Alturas orientales de
Loja, 2250 m.s.m. -2-5. 46.- Glumas verdes con cantos morados. Espiguillas gruesas,
semejantes a cabezuelas. En potreros y matorrales.

DIGITARIA SANGUINALIS (L.) Scop.- **E** 56.- Loja. -6-4. 46.- Yerba frecuente en
pardos y potreros. Pasto natural.- **E** 262.- Alturas orientales de Loja, 2250 m.s.m. -
2-5. 46.- Espiguillas muy largas. Estigmas violetas-parduscos. En potreros.- **E** 1234.-
Chiguango, unos 70 Km O de Loja, 1600 m.s.m. -8-2. 47.- Pequeña yerba del camino.
Forma césped. Espiga color verde claro.- Venezuela.

ECHINOCHLOA COLONUM (L.) Link.- **E** 1116.- Malacatos, S de Loja, 1800 m.s.m.
-9-12. 46.- Espigas compuestas de varias espiguillas. Glumas color verde. Se usa como
pasto.- Venezuela.

ELEUSINE INDICA (L.) Gaert.- **E** 1752.- Cerca juntas ríos Pindo y Calera (S de

Zaruma) entre 660 y 700 m.s.m. -14-8. 47.- Yerba que crece en lugares húmedos y entre sembrados. Glumas verdes con cantos membranosos.- **E** 1754.- Sitio anterior. Yerba que crece en terrenos cultivados. Espiguillas verdes blanquecinas.- Venezuela.

ERAGROSTIS CILIARIS (L.) Link.- **E** 1755.- Cerca juntas ríos Pindo y Caleras (S de Zaruma) entre 660 y 700 m.s.m. -14-8. 47.- Yerba que crece en terrenos sembrados o húmedos. Espiguillas verde blanquecinas con tinte rojizo.

E. HYPNOIDES (Lam.) B.S.P.- **E** 1777.- Río Amarillo, cerca Portovelo, entre 700 y 710 m.s.m. -14-8. 47.- Grama pequeña que cubre considerable superficie a orillas de los ríos. Color verde muy claro.

E. MONTUFARI (H.B.K.) Steud.- **E** 263.- Alturas orientales de Loja 2250 m.s.m. -2-5. 46.- Glumas pardo grisáceas. Espiguillas numerosas, largas, casi verticales. Potreros.- **E** 274.- Alturas orientales de Loja. -2-5. 46.- Glumas color pardo grisáceo, hasta violeta. Yerba de potreros.- Perú.

E. MEXICANA (Lag.) Link.- **E** 226.- S. Pedro, Loja, 2220 m.s.m. -26-4. 46.- Glumas membranosas con nervaduras verdes. Panojas terminadas en espiguillas.

E. NIGRICANS (H.B.K.) Steud.- **E** 51.- Loja.- Yerba común en los potreros. Forraje natural.

E. PASTOENSIS (H.B.K.) Trin.- **E** 1308.- Entre San Pedro de la Bendita y Las Chinchas, unos 55 Km O de Loja, 1600 m.s.m. -1-3. 47.- Pequeña yerba que crece a orillas de los caminos. Terrenos secos y suelos calcáreo. Espigas color pardo.

E. PILOSA (L.) P. Beauv.- **E** 1231.- Chiguango, unos 70 Km O de Loja, 1600 m.s.m. - 8-2. 47.- Pequeña yerbita de camino; forma césped. Florece en panículas de pedúnculos muy finos. Glumas color verde pardusco.

E. WARMINGII Hack.- **E** 1235.- Chiguango, unos 70 Km O de Loja, 1600 m.s.m. -8-2. 47.- Pequeña yerbita del camino. Forma césped. Glumas color morado con verde claro.

ERIOCHLOA PUNCTATA (L.) Desv.- **E** 516.- La Toma, 1400 m.s.m. -5-6. 46.- Vainas de las hojas y glumas color pardo morado. Yerba de lugares regados.

HOLCUS LANATUS L.- **E** 19.- Argelia, S de Loja, 2080 m.s.m. -28-3. 46.- Muy frecuente en terrenos de cultivo.- **E** 61.- Loja. -2-4. 46.- Yerba frecuente en pardos y potreros.- **E** 64.- Pucará, N de Loja, 2300 m.s.m. -6-4. 46.- Glumas verdes con tinte violeta oscuro al exterior. Yerba frecuente en caminos.- **E** 145.- Loja, 2200 m.s.m. -16-4. 46.- Espiguillas color violeta. El pasto más propagado.- **E** 290.- Argelia, S de Loja, 2230 m.s.m. -4-5. 46.- Glumas blanquecinas, con ligeros tintes lilas. Espiguillas muy finas.- **E 296.**- Argelia.- Glumas color verde claro con tintes lilas. Yerba incluída entre los pastos.- Venezuela.

ICHNANTHUS PALLENS (Sw.) Munro.- **E 1700.**- Zaruma, unos 1150 m.s.m. -12-8. 47.- Yerba de largos y delgados tallos; crece entre matorrales. Espiguillas color verde.- Venezuela.

LOLIUM MULTIFLORUM Lam.- **E 125.**- Loja 2200 m.s.m. -15-4. 46.- Pasto frecuente en campos y potreros.- **E 390.**- Argelia, S de Loja, 2300 m.s.m. -10-5. 46.- Yerba frecuente en potreros y prados.- N.v. *Raygrás.*

LAMPROTHYRSUS PERUVIANUS A.S. Hitchc.- **E 338.**- Argelia, S de Loja, 2300 m.s.m. -10-3. 46.- Yerba alta, dura. Flores lanosas; glumas con largas aristas negras.

LASIACIS SORGHOIDEA (Desv.) H.& C.- **E 1726.**- Cerro Gordo (Zaruma) 1150—1250 m.s.m. -12-8. 47.- Gramínea alta, de tallo hueco y duro. Forma parte de los matorrales. A la fecha solamente con frutos.- Venezuela.- N.v.- *Canuto.*

MELINIS MINUTIFLORA P. Beauv.- **E 393.**- Loja, 2200 m.s.m. -18-5. 46.- Glumas y aristas de color morado. Pasto alto.- **E 1745.**- Cerro Gordo (Zaruma) entre 1150 y 1250 m.s.m. -13-8. 47.- Yerba la más común en todo el cerro. Tallo y hojas pelosos. Espiguillas color pardo morado. Se usa como pasto.- N.v. *Janeiro.*- Venezuela.

NEUROLEPIS TESSALATA Pilger.- **E 954.**- Horta-Naque, S de Loja, 3500—3800 m.s.m. -8-11. 46.- La Yerba dominante en el páramo, desde 3500 m.s.m.- Hojas 25 x 2 1/2 cm, silíceas. Espigas 60 cm. Glumas verde claras, aristas pardas.

NEUROLEPIS SP. NOV.- **E 989.**- Horta-Naque, S de Loja, 3600—3800 m.s.m. -9-11. 46.- Yerba erguida de hojas tiesas, cortantes, 13 mm anchas. Espigas largas; glumas color pardo-violeta oscuro. Frecuente en la altura.- «evidently a new species», Swallen.

PANICUM AQUATICUM Poir.- **E 104.**- Loja, 2200 m.s.m. -11-4. 46.- Glumas pardo violáceas. Crece en prados y potreros.

P. FRONDESCENS Meyer.- **E 1182.**- Torata (camino a Sta. Rosa), unos 60 a 80 m.s.m. -26-12. 46.- Yerba que crece a orillas del camino, en la selva. Glumas verdes.- Venezuela.

P. LAXUM Sw.- **E 1222.**- Chiguango.- Yerba que crece a orillas del camino. Glumas color verde claro.- **E 1236.**- Chiguango (unos 70 Km O de Loja), 1600 m.s.m. -Yerba del camino. Glumas color verde claro o pardo.- **E 1244.**- Chiguango 1600 m.s.m. -8-2. 47.- Pequeña yerba del camino. Espigas compuestas, sobre finos tallitos. Espigas color verde claro.- Venezuela.

P. MAXIMUM Jacq.- **E** 593.- Landangui, 1600 m.s.m. -21-6. 46.- Glumas verdes con tinte pardo morado. Grandes espigas compuestas. Yerba robusta, hasta 2 m altura. Pasto cultivado.- N.v. *Paja chilena.*- Venezuela.

P. PILOSUM Sw.- **E** 1740.- Cerro Gordo (Zaruma), 1150—1250 m.s.m. -13-8. 47.- Yerba que crece entre matorrales. Espiguillas color verde claro; glumas exteriores con manchas pardas.- Venezuela.

P. PULCHELLUM Raddi.- **E** 1711.- Zaruma, 1150 m.s.m. -12-8. 47.- Yerba frecuente en lugares más o menos húmedos. Glumas exteriores color pardo morado; las demás verdes claras.- Venezuela.

P. SCIUROTIS Trin.- **E** 1733.- Cerro Gordo (Zaruma), unos 1150—1250 m.s.m. -13-8. 47.- Yerba que forma parte de los matorrales. A la fecha sólo con frutos.

P. STIGMOSUM Trin.- **E** 320.- Cajanuma, S de Loja, 2400 m.s.m. -7-5. 46.- Glumas verdes con manchas violetas. Yerba de la parte inferior del páramo.

P.TRICHOIDES Sw.- **E** 1753.- Cerca juntas ríos Pindo y Calera (S de Zaruma) entre 660 y 700 m.s.m. -14-8. 47.- Grama que crecen entre sembrados. Panojas largas con finas ramificaciones. Glumas color verde claro.- Venezuela.

P. VISCIDELLUM Scribn.- **E** 1531.- Argelia (4 Km S de Loja), 2300 m.s.m.- 18-6. 47.- Tallo fino (hasta 2 metros longitud). Vainas color pardo. Estigma color morado muy oscuro, casi negro. Crece en matorrales de formación primitiva.- Venezuela.

PASPALUM CONJUGATUM Berg.- **E** 154.- Loja, 2200 m.s.m. -16-4. 46.- Espiguillas verdes, delgadas, dispuestas en par terminal. Crece en lugares húmedos.- Venezuela.

P. CONVEXUM H. & B.- **E** 1243.- Chiguango (unos 70 Km O de Loja), 1600 m.s.m. -8-2. 47.- Pequeña yerba del camino. Hojas vellosas. Espigas color verde claro.- Venezuela.

P. DEPAUPERATUM Presl.- **E** 60.- Loja. - 4-4. 46.- Florecitas color violáceo. Los pistilos del mismo color. Pasto natural muy propagado y temida mala yerba.- **E** 247.- S. Pedro, Loja, 2200 m.s.m. -26-4. 46.- Espiguillas color pardo violáceo, dispuestas en espiga terminal. Tallo pardo violáceo. Pasto de potreros.- N.v. *Yuruza.*

P. HUMBOLDTIANUM Fl.- **E** 63.- Pucará, N de Loja, 2300 m.s.m. -6-4. 46.- Glumas y anteras de color pardo violáceo. Yerba frecuente en caminos.- **E** 114.- Loja, 2200 m.s.m. -11-4. 46.- Glumas y anteras de color pardo. Crece en prados. **E** 253.- S. Pedro, Loja, 2200 m.s.m. -26-4. 46.- Espigas provistas de pelos blancos. Glumas verdes, de color pardo a los cantos. Yerba alta de setos y matorrales.- Venezuela.

P. LIVIDUM Trin.- **E** 153.- Loja, 2200 m.s.m. -16-4. 46.- Espiguillas color pardo, cinco o más en el mismo ápice.- **E** 159.- Loja, 2200 m.s.m. -16-4. 46.- Glumas y pistilos color morado pardusco, oscuro. Crece en prados y lugares húmedos.- Venezuela.

P. NOTATUM Fl.- **E** 55.- Loja, 2200 m.s.m. -4-4. 46.- Yerba frecuente en prados y potreros o a orillas de caminos. Pasto natural.- **E** 152.- Loja, 2200 m.s.m. -16-4. 46.- Espiguillas verdes, dispuestas en par terminal.- **E** 245.- S. Pedro, Loja, 2200 m.s.m. -26-4. 46.- Espiguillas verdes, dispuestas en par terminal.- Venezuela.

P. PANICULATUM.- **E** 144.- Loja, 2200 m.s.m. -16-4. 46.- Espiguillas color morado oscuro. Yerba de prados y terrenos pantanosos.- Venezuela.

P. PENICILLATUM Hook.- **E** 243.- S. Pedro, Loja, 2200 m.s.m. - 26-4. 46.- Espiguillas color verde claro, crece en lugares húmedos, en potreros.- **E** 375.- Argelia, S de Loja, 2300 m.s.m. -11-5. 46.- Glumas verdes con extremos morados. Yerbas de terrenos cultivados.- Venezuela.

P. REGNELLII Mez.- **E** 676.- y Arsenio Espinosa.- Cariamanga, 1900 m.s.m. - 28-7. 46.- Yerba de unos 2 m altura. Tronco de las espiguillas y glumas color pardo. Matorrales de lugares húmedos.

PASPALUM SP. NOV.- **E** 113.- Loja, 2200 m.s.m. -11-4. 46.- Glumas color pardo violáceo. Crece en prados.

PASPALUM SP.- **E** 237.- S. Pedro, Loja, 2200 m.s.m. -26-4. 46.- Espigas con dos o tres espiguillas de color oscuro, pardo. En prados y potreros.

PENNISETUM LATIFOLIUM Spreng.- **E** 286.- Argelia, S de Loja, 2300 m.s.m. - 2-5. 46.- Glumas verdes en la base y violeta oscuras en los extremos. Arista violeta oscuro. Tallo robusto, hueco.- N.v. *Sachagramalote*.- **E** 389.- Argelia, 2300 m.s.m. - 10-5. 46.- Glumas verdes. Espigas con pelos de color morado muy oscuro.

P. PURPUREUM Schum.- **E** 464.- Loja, 2200 m.s.m. -31-5. 46.- Yerba robusta y alta. Espigas gruesas, simples, muy aristadas, color verde claro.- Venezuela.

P. SETOSUM (Sw.) Rich.- **E** 1239.- Chiguango (unos 70 Km O de Loja), 1600 m.s.m. -8-2. 47.- Yerba de 1 m altura. Crece en el camino. Espigas largas, color pardo violáceo. Glumas aristadas.- **E** 1684.- Río Amarillo, frente a Portovelo, unos 710 m.s.m. -11-8. 47.- Yerba alta y robusta. Espigas color pardo claro. Forma cúmulos.- Venezuela.

POA ANNUA L.- **E** 248.- S. Pedro, Loja, 2200 m.s.m. -26-4. 46.- Espiguillas, verdes, dispuestas en panojas. Yerbita fina, de 30 a 40 cm altura.- **E** 358.- Argelia, S de Loja, 2300 m.s.m. -11-5. 46.- Glumas verdes de cantos violetas. Yerba pequeña de los prados.- Venezuela.

POLYPOGON ELONGATUS H.B.K.- **E** 306.- Argelia, S de Loja, 2230 m.s.m. -4-5. 46.- Glumas verdes con tintes violetas. Yerba robusta de grandes espigas.- **E** 1384.- Saraguro (unos 50 Km N Loja), 2300 m.s.m. -10-3. 47.- Yerba de lugares húmedos próximos a Saraguro (lado S de la población). Espigas color morado verdoso.- **E** 1392.- Saraguro. -10-3. 47.- Yerba de lugares húmedos próximos a Saraguro. Espigas bastante gruesas, color verde con tinte morado.- Venezuela.

SETARIA GENICULATA (Lam.) P. Beauv.- **E** 26.- Argelia, S de Loja, 2230 m.s.m. -28-3. 46.- Yerba de prados y terrenos cultivados que se destaca por las aristas pardo violáceas de las espigas.- **E** 2288.- S. Pedro, Loja, 2200 m.s.m. -2-6. 46. Glumas y aristas pardo violáceas. Tallo y hojas con el mismo color diluído.- **E** 276.- Alturas orientales de Loja, 2250 m.s.m. -2-5. 46.- Glumas verdes con manchas. Aristas moradas. Espigas simples.- **E** 1233.- Chiguango (unos 70 Km SO de Loja), 1600 m.s.m. -8-2. 47.- Yerba bastante alta, en el camino. Glumas verdes con color morado en la parte superior. Arista color morado pardusco.- Venezuela.

S. VERTICILLATA Scribn.- **E** 496.- La Toma, 1400 m.s.m. -5-6. 46.- Yerba de lugares regados. Glumas verdes, con manchas moradas. Aristas muy tiesas y punzantes.- Venezuela.

SPOROBOLUS POIRETII (Roem. & Schult.) A.S. Hitchc.- **E** 281.- Alturas orientales de Loja, 2250 m.s.m. -2-5. 46.- Glumas verde grisáceas. Espigas largas y muy finas.- Venezuela.

S. PURPURASCENS (Sw.) Hamilt.- **E** 275.- Alturas orientales de Loja, 2250 m.s.m. -2-5. 46.- Glumas y tallito floral morado. Yerba de potreros.

STIPA ICHU (R. & P.) Kunth.- **E** 68.- Pucala, N de Loja, 2300 m.s.m. -6-4. 46.- Forma matas apretadas en terrenos inclinados rocosos o arenosos.- **E** 450.- Loja, 2200 m.s.m. -31-5. 46.- Altas espigas. Crece en los paredones secos de los caminos.- Venezuela, Perú.

S. MUCRONATA H.B.K.- **E** 277.- Alturas orientales de Loja, 2250 m.s.m. - 2-5. 46.- Glumas moradas con rayas verdes; aristas blanquecinas. Florece en panojas.- **E** 387.- Argelia, S de Loja, 2300 m.s.m. -10-5. 46.- Glumas membranosas de color morado a los extremos.- Venezuela.

TRACHYPOGON MONTUFARI (H.B.K.) Nees.- **E** 554.- Argelia, S de Loja, 2300 m.s.m. -14-6. 46.- Yerba de tallo y espigas color pardo morado oscuro. Crece en alturas y laderas.

TRICHACHNE INSULARIS (L.) Nees.- **E** 1130.- Vilcabamba, 1800 m.s.m. -19-12. 46.- Yerba alta de grandes espigas compuestas. Glumas provistas de largos vellos. Pasto.

CYPERACEAE

BULBOSTYLIS CAPILLARIS (L.) Kunth.- **E** 627.- Argelia, S de Loja, 2300 m.s.m. -5-7. 46.- Yerbita muy fina, que forma pequeños cúmulos en las alturas.- Venezuela, Perú.

CAREX BONARIENSIS Desf.- **E** 164.- Loja, 2200 m.s.m. -16-4. 46.- Espiguillas pardas. Yerbita de lugares húmedos.

C. aff. **BONPLANDII** Kunth.- **E** 927.- Horta-Naque, 3100 m.s.m. -7-11. 46.- Hojas muy finas, arrolladas, lignificadas. Domina en el herbetum. N.v. *Paja de páramo.- C. bonplandii,* Venezuela, Perú.

C. BRONGNIARTII Kunth.- **E** 407.- Loja, cerro Pucará, 2300 m.s.m. -18-5. 46.- Glumas verdes. Yerbita baja.- **E** 482.- Oriente de Loja, 2250 m.s.m. -1-6. 46.- Yerbita de lugares húmedos. Espigas verdes.

C. JAMESONII Boott.- **E** 879.- Horta-Naque, 3100 m.s.m.- 6-11. 46.- Yerba robusta de lugares sombríos, cerca de una laguna. Espigas color pardo muy oscuro.

C. POLYSTACHYA Sw.- **E** 80.- Las Juntas, N de Loja. -6-4. 46.- Crece sobre rocas y en laderas pendientes.

CYPERUS ELEGANS L.- **E** 508.- La Toma, 1400 m.s.m. -5-6. 46.- Yerba de lugares húmedos. Glumas verdes con manchas negras. Espiguillas en grupos.

C. NIGER R. & P.- **E** 1541.- Zamora-Huaico (3 Km SE de Loja), 2250 m.s.m. -3-7. 47.- Yerbita de lugares pantanosos, cerca de la casa de hacienda. Espiguillas verdes, con una mancha pardo oscura.

C. OCHRACEUS Vahl.- **E** 506.- La Toma, 1400 m.s.m. -5-6. 46.- Crece en lugares húmedos.

CYPERUS SP.- **E** 242.- S. Pedro (Loja), 2200 m.s.m. -26-4. 46.- Espiguillas color pardo verdoso, en grupos de 4. Altura de la espiga, unos 50 cm.

DICHROMENA CILIATA Vahl.- **E** 1237.- Chiguango (unos 70 Km O de Loja) unos 1600 m.s.m. -8-2. 47.- Yerba del camino, unos 20 a 30 cm altura. Brácteas color blanco en el haz.- Perú.

ELEOCHARIS DOMBEYANA Kunth.- **E** 1416.- Saraguro (unos 50 Km N de Loja), 2300 m.s.m. -10-3. 47.- Yerbita de pantanos del S de Saraguro. Espigas color morado pardusco. **E** 1417.- Saraguro, 2300 m.s.m. -10-3. 47.- Diminuta yerba de los pantanos del S de Saraguro. Espiguitas morado parduscas.

E. GENICULATA (L.) Roem. & Schult.- **E** 1701.- Zaruma, unos 1150 m.s.m. -22-8. 47.- Yerba de pantanos. Tallos color verde intenso, brillantes. Hojas de la base color rojizo. Espiguillas blanquecinas.- N.v. *Totora.*

E. RETROFLEXA (Poir.) Urb.- **E** 1703.- Zaruma, unos 1150 m.s.m. -12-8. 47.- Pequeña yerbita de pantanos; forma céspedes de corta extensión. Tallitos filiformes; espiguillas color blanquecino.

FIMBRISTYLIS ANNUA (All.) R. & P.- **E** 161.- Loja, 2200 m.s.m. -16-4. 46.- Espiguillas color pardo. Pequeña yerbita de lugares húmedos.- **E** 241.- San Pedro (Loja), 2200 m.s.m. -26-4. 46.- Espiguillas color pardo, membranosas. Yerba de unos 30 cm dominante en potreros.- **E** 1238.- Chiguango (unos 70 Km O de Loja), unos 1600 m.s.m. -8-2. 47.- Yerba pequeña del camino. Espigas color pardo.

RHYNCHOSPORA aff. **ARISTATA** Boe.- **E** 1406.- Saraguro (unos 50 Km N Loja), 2500 m.s.m. -10-3. 47.- Yerba frecuente entre matorrales. Tallos finos y largos. Espiguillas color pardo. Páramos del Occidente de Saraguro.

R. CARACASANA Boeckl.- **E** 898.- Hac. Horta-Naque, 3100 m.s.m. - 7-11. 46.- Diminuta cespitosa, hojas arrolladas. Espiga parda. Constituye la base del herbetum.- **E** 1028.- Hac. Horta-Naque, 3100-3700 m.s.m. -9-11. 46.- Yerba fina, hojas arrolladas, dominante en las alturas. Espigas pequeñas, color pardo. Elemento esencial del herbetum.

R. GLAUCA Vahl.- **E** 557.- Argelia (Loja), 2300 m.s.m. -14-6. 46.- Yerba bastante dura de lugares altos.

RHYNCHOSPORA SP.- **E** 878.- Horta-Naque, 3100 m.s.m. -6-11. 46. Yerba robusta. Espigas pardo oscuras. Cerca de una laguna.

RYNCHOSPORA SP.- **E** 1550.- Zamora-Huaico (6 Km SE de Loja), 2300—2400 m.s.m. -5-7. 47.- Yerba robusta y bastante desarrollada; forma grandes matas de hojas estrechas, largas, agudas, tiesas y cortantes. Espiguillas color blanco amarillentas. En vegetación de restitución.

RHYNCHOSPORA SP.- **E** 1723.- Cerro Gordo (Zaruma), 1150—1250 m.s.m. -13-8. 47.- Yerba común que constituye gran parte de los campos, entre alturas de 1000 a 1300 m.s.m. Hojas de filos aserrados y muy cortantes, sumamente desagradable para el caminante. Espiguillas color pardo. N.v. *Güenza.*

SCIRPUS TOTORA Kunth?.- **E** 1418.- Saraguro (unos 50 Km N de Loja), 2300 m.s.m. -10-3. 47.- Grandes juncos de los pantanos del sur de Saraguro. Altura de 1 a 2 metros. Espiguillas color pardo rojizo. N. v. *Totora.*

PALMAE

CEROXYLON VENTRICOSUM. Burret ?.- **E** 1489.- Hac. Montecristi (unos 40 Km NE de Loja, curso del río Zamora hacia el Oriente). -9-6. 47.- Palma que llega hasta 40 y más metros de altura. Hojas de unos 3 m longitud; partidas. A la fecha sólo con frutos; los racimos compuestos contienen varios centenares de coquitos de unos 13-14 mm diámetro. Muy abundante en los bosques de altura.

GEONOMA DENSA Lind. & Wendl.- **E** 661.- Zamora-Huaico, 2250—2300 m.s.m. -17-7. 46.- Palma de tallo fino, hojas pinnadas. Tallo tierno es comestible. N.v. *Palmito.*

ARACEAE

ANTHURIUM aff. **TONIANUM** Sodiro- **E** 93.- Las Juntas, N de Loja. -6-4. 46.- Crece sobre rocas, debajo de los matorrales.

XYRIDACEAE

XYRIS SUBULATA var. **MACROTONA** Nilss.- **E** 867.- Horta-Naque, 3100 m.s.m. -6-11. 46.- Hojas filiformes, tiesas, revolutas. Flores amarillo doradas. Frecuente entre el herbetum.- **E** 946.- Horta-Naque, 3100—3800 m.s.m. -8-11. 46.- Yerbita de hojas filiformes, arrolladas. Forma cúmulos. Flores amarillas. Parte importante del herbetum.- Yerba frecuente en todas las alturas de la Cordillera Oriental.

ERIOCAULACEAE

ERIOCAULON MICROCEPHALUM H.B.K.- **E** 1403.- Saraguro (unos 50 Km N de Loja), 2500 m.s.m. -10-3, 47.- Pequeñas rosetitas que forman almohadillas en lugares húmedos y pantanos del páramo.

PAEPALANTHUS ENSIFOLIUS (H.B.K.) Kunth.- **E** 192.- Namanda, S de Loja, 2400—2500 m.s.m. -18-4. 46.- Forma rosetas sobre los prados de la parte inferior del páramo. Cabezuela sobre largo pedúnculo.- **E** 880.- Horta-Naque, 3100 m.s.m. -6-11. 46.- Rosetas en socies, entre el herbetum de altura, o entre el fructicetum de las faldas.

P. ESPINOSIANUS Moldenke, **SP. NOV.**- La novena especie fue herborizada por el Dr. Julian Steyermark en la provincia Santiago-Zamora (al Oriente de Loja). Véase la descripción.

P. KARSTENII Rhul.- **E** 1026.- Horta-Naque, 3700—3800 m.s.m. - 9-11. 46.- Plantita que forma céspedes. Pequeñas rosetas.

P. LOXENSIS Moldenke, **SP. NOV.**- La nueva especie fué herborizada por el Dr. Julian Steyermark, entre Tambo, Cachiyacu y Nudo de Sabanilla, S de Loja. Véase la descripción.

BROMELIACEAE

ANANAS COMOSUS (L.) Merr.- **E** 1741.- Zaruma (Cerro Gordo), 1150—1250 m.s.m. -13-8. 47.- Especie silvestre de ananas o piñas, hojas angostas (unos 2 a 3 cm) y largas (hasta 1 m y más), rojizas en la base. Flores color violeta hacia el extremo y blanquecina en la base.

PITCAIRNIA HETEROPHYLLA (Lindl.) Beer.- **E** 545.- Catacocha, 2050 m.s.m. - 4-7. 46.- Flores color rojo lacre, anteras amarillas; filamentos blancos. Forma espesos grupos sobre rocas. Florece sin hojas verdes.- Especie frecuente sobre árboles y rocas.

P. PUNGENS H.B.K.- **E** 78.- Las Juntas, N de Loja. - 6-4. 46.- Yerba de rocas y lugares pendientes. Flores rojas, muy vistosas. Frecuente en toda la Hoya de Loja.

PUYA ERYNGIOIDES Andre.- **E** 1029.- Horta-Naque, 3100—3800 m.s.m. -9-2. 46.- Junto con otras de mayor o menor tamaño, son las plantas dominantes en la altura. Brácteas color pardo rojizo oscuro. Flores verdosas, oscuras.- «wonderful find, the first since the type was collected in 1876«. Smith.

P. LANATA (H.B.K.) Schult.- **E** 1615.- Entre San Pedro de La Bendita y Las Chinchas (unos 50 Km O de Loja), 1600—2000 m.s.m. -11-7. 47.- Planta arrosetada de lugares semiáridos, dominante en la región. Hojas hasta de unos 80 cm con aguijones a los bordes. Inflorescencia unos 80 cm. Flores color verde claro; antenas amarillas.

P. PARVIFLORA L. B. Sm., **SP. NOV.**- TIPO.- **E** 2052.- Hac. Ambocas (NE de Zaruma, sitio Tioloma), 2200—2900 m.s.m.-   30-8. 47.- Rosetas de hojas grandes y tiesas, con garfios a los bordes. Inflorescencia grande y ramificada (aproximadamente 1 m largo). Flores color verde mar.- Véase descripción.

TILLANDSIA ARNOLDIANA Harms.- **E** 920.- Horta-Naque, 3100 m.s.m. -7-11. 46.- Roseta de grandes hojas epífita. Inflorescencia 1 m largo. Brácteas y tallo rojos, flores azules.- **E** 1574.- Zamora-Huaico (unos 7 Km SE de Loja), 1300—2400 m.s.m. - 3-7. 47.- Hojas color verde brillante, grises en la base. Tallo de la inflorescencia 1 m de longitud, color rojo, brillante. Bráctea rojas, flores moradas.

T. APPENDICULATA L.B. Sm., **SP. NOV.**- **E** 353.- Cajanuma, S de Loja, 2400 m.s.m.- Inflorescencia con espiguillas estrechamente dispuestas. Brácteas color rojo. Flores violeta rojizas o azules. Hojas agudas, duras, unos 30 cm. Véase la descripción.

T. COMPLANATA Benth.- **E** 922.- Horta-Naque, 3100 m.s.s. -7-11. 46.- Rosetas grandes, epífitas. Hojas en el envés rojo grises. Inflorescencias numerosas que salen de las axilas.

T. BARCLAYANA Baker.- **E** 1840.- Río Calera (Zaruma), unos 820 m.s.m. -21. 47.- Epífita sobre árboles de la orilla del río. Espiga color pardo.

T. CYANEA (A. Dietr.) E. Morr.- **E** 345.- Cajanuma, S de Loja, 2400 m.s.m. -7-5. 46.- Tallo floral y brácteas color rojo subido. Flores violetas. Tallo e inflorescencia unos 70 cm. Grandes rosetas.

T. HAYALEANA E. Morr.- **E** 1914.- Cordillera Güishagüiña, E de Zaruma, 2000 m.s.m. (También en Ambocas). -29-8. 47.- Epífita del bosque de altura. Rosetas de hojas con tinte pardo rojizo. Flores color lila.

T. MULTIFLORA Benth.- **E** 850.- Hac. Arenal (Valle de Catamayo), 1200 m.s.m. -19-10. 46.- Crece sobre árboles de lugares secos. Cáliz verde con bordes blancos. Corola blanca. Hojas algo amarillentas.

T. MULTIFLORA var. **TOMENSIS** L.B. Sm.- **E** 1839.- Río Calera (Zaruma), unos 820 m.s.m. -21-8. 47.- Epífitas sobre árboles que se inclinan sobre el río. Espigas color verde claro.

T. PENLANDII L. B. Sm.- **E** 1897.- Cordillera Güishagüiña, E de Zaruma, 1700 m.s.m. -29-8. 47.- Rosetas epífitas. Inflorescencia larga y fina, color pardo amarillo. Corola blanca. Bosque de altura.

T. ROPALOCARPA Andre.- **E** 890.- Hac. Horta-Naque, 3100 m.s.m. -6-11. 46.- Epífita. Flores color blanco verdoso, envolturas pardas.

T. RUBRA R. & P.- **E** 342.- Cajanuma, S de Loja, 2400 m.s.m. -7-5. 46.- Tallo de la inflorescencia unos 80 cm. Brácteas sucesivamente de la base al extremo verde rojo, violeta o blanco. Hojas 43 x 6 cm.- **E** 1412.- Saraguro (unos 50 Km N de Loja), 2500 m.s.m. -10-3. 47.- Grandes rosetas de hojas tiesas. Inflorescencia muy grande (1 m o más) compuesta de espigas múltiples, decusadas, de color rojo oscuro. Brácteas con bordes negros. Páramos del O de Saraguro.

T. SEEMANNII (Bak) Mez.- **E** 696.- Villonaco (O de Loja), 2900 m.s.m. -5-10. 46.- Brácteas color rojo vivo. Flores blancas. Tallo floral blanquecino. Pequeña roseta epífita.- **E** 1027.- Horta-Naque, 3100—3500 m.s.m. -9-11. 46.- Epífita. Roseta pequeña. Hojas con tintes rojizos. Brácteas rojas.

T. SCALIGERA Maz & Sodiro.- **E** 1176.- Torata (camino a Sta. Rosa), 60—80 m.s.m. -26-12. 46.- Rosetas epífitas o sobre la hojarasca de la selva. Hojas lanceoladas, largas y angostas (30 cm x 13 mm). Brácteas verdes claras. Flores blancas, de muy agradable aroma.

T. SINUOSA L. B. Sm.- **E** 1838.- Río Calera (Zaruma), unos 820 m.s.m. -21-8. 47.- Epífita sobre árboles de la orilla del río.

T. STRAMINEA H.B.K.- **E** 456.- Loja, 2200 m.s.m. - 31-5. 46.- Crece sobre rocas, breñas o árboles secos. Brácteas color lila. Flores blancas. Inflorescencia muy hermosa. Flores blancas con color lila, aromáticas.

T. TEQUENDAMAE Andre.- **E** 355.- Cajanuma (S de Loja), 2400 m.s.m. -7-5. 48.- Inflorescencia robusta, unos 25 cm. Brácteas y flores imbricadas en espigas simples. Brácteas amarillo rojizas. Epífita en bosque achaparrado.

T. TRIPINNATA (Baker) Mez.- **E** 2035.- Hac. Ambocas (NE de Zaruma, entre los sitios de Payama y Tioloma), 3100 m.s.m. -30-8. 47.- Grandes rosetas epífitas. Inflorescencia color tomate. Flores color amarillo más claro.

T. PETRAEA L. B. Sm., **SP. NOV.**- TIPO.- **E** 2002.- Chepel (NE de Zaruma llanos Payama), 2950 m.s.m. -30-8. 47.- Crece sobre rocas. Hojas tiesas. Inflorescencia rosada. Flores color verde claro; anteras grises.

TILLANDSIA SP.- **E** 729.- Villonaco (O de Loja), 2900 m.s.m. -5-10. 46.- Brácteas y flores color rojizo. Forma grandes rosetas sobre los árboles.

TILLANDSIA SP. NOV.- **E** 1205.- Huaico (S La de Toma, Valle de Catamayo), unos 1400 m.s.m. -9-1. 47.- Epífita. Forma rosetas. Brácteas de la inflorescencia color rojo vivo. Flores color morado. Hojas de unos 5 cm largo, tiesas, color verde blanquecino.

COMMELINACEAE

TINANTIA FUGAX Scheidw.- **E** 364.- Argelia, Loja, 2300 m.s.m. -11-5. 46.- Flores color azul ultramarino. Yerba jugosa. Hojas 10 x 6 cm. Crece erguida en terrenos antes cultivados.

TRADESCANTIA DEBILIS H.B.K.- **E** 360.- Argelia, Loja, 2300 m.s.m. - 11-5. 46.- Cáliz pardo violeta oscuro. Corola blanca. Crece en barrancos. Especie muy propagada en la Región Interandina del Ecuador, sobre muros, barrancos, ruinas.

ZEBRINA PENDULA Schnitzl.- **E** 1055.- San Pedro (Vilcabamba, S de Loja), 1800 m.s.m. -11-11. 46.- Yerba frecuentemente cultivada. Hojas con tinte púrpura. Flores moradas.

JUNCACEAE

JUNCUS BRUNNEUS Buch.-   **E** 435.-   Argelia (Loja), 2300 m.s.m.   -31-5. 46.-
Espiguitas color pardo morado, en grupos axilares y terminales. Pequeña. Crece en
pantanos.

JUNCUS CYPEROIDES Laharpe.- **E** 372.- Argelia (Loja), 2300 m.s.m. - 11-5. 46.-
Glumas verdes con manchas pardas. Yerbitas de pantanos.

J. EFFUSUS L.-   **E** 369.-   Argelia (Loja), 2300 m.s.m.   -11-5. 46.- Hasta de
1 m altura. Color verde oscuro. La inflorescencia se desprende lateralmente del
tallo.

J. IMBRICATUS Laharpe.-   **E** 474.- Oriente de Loja, 2250 m.s.m.   -1-6. 46.-
Pequeña yerbita que crece en lugares húmedos.

J. MICROCEPHALUS H.B.K.-   **E** 370.-   Argelia (Loja), 2300 m.s.m.   -11-5. 46.-
Florece en grupos laterales y terminales. Altura unos 40 cm. Crece en pantanos.- **E**
429.- Argelia (Loja), 2300 m.s.m.   -21-5. 46.- Flores en grupos axilares y terminales.
Crece en pantanos.- **E** 899.- Horta-Naque, 3100 m.s.m. -7-11. 46.- Crece en lagunitas.
Tallo y base de las hojas con tinte rojo. Flores pardas.

JUNCUS SP.-   **E** 1633.-   Más abajo de Cajanuma (unos 18 Km S de Loja), 2000
m.s.m. -16-7. 47.- Yerbita de lugares húmedos. Hojas brillantes. Espiguillas color
marrón, dispuestas en cabezuelas terminales y subterminales.

LILIACEAE

TOFIELDIA FALCATA (R. & P.) Pers.- **E** 869.- Horta-Naque, 3100 m.s.m. -6-11.
46.- Botones rojos. Flor blanca. Abundante entre el herbetum.

SMILAX BENTHAMIANA A. DC.-   **E** 771.- Villonaco, 2800 m.s.m. -11-10. 46.-
Trepadora. Hojas coriáceas. Flores en grupos axilares, color verde blanquecino, pardo
rojizo al exterior.

AMARYLLIDACEAE

BOMAREA BRACHYSEPALA Benth.- **E** 873.- Horta-Naque, 3100 m.s.m. -6-11.
46.- Cáliz rojo. Corola gris en el limbo, casi negra.

B. CUENCENSIS Kranzl.- **E** 540.- Loja, 2200 m.s.m. -10-6. 46.- Periantio: círculo
exterior rojo carmín, verde al extremo; círculo interior amarillo en la base, verde arriba

con manchas pardas. Antenas casi negras. Liana.

B. DENSIFLORA Herb.-   **E** 886.-   Horta-Naque, 3100 m.s.m.   -6-11. 46.-
Elementos florales rojo oscuros (sépalos, pétalos, estambres). Pedúnculos más oscuros.

B. ISOPETALA Kranzl.- **E** 1491.- Hac. Montecristi (unos 40 km NE de Loja, curso
del río Zamora hacia el Oriente). - 9-6. 47.- Trepadora envolvente en los matorrales de
restitución. Cáliz rosado; corola, pétalos verdes con manchas moradas en la mitad
superior, amarillos hacia la base; anteras grises, casi negras.

B. PURPUREA (R. & P.) Herb.- **E** 647.- Zamora-Huaico (SE de Loja), 2250—2300
m.s.m. -17-7. 46.- Periantio color rojo carmín. Filamentos amarillos, anteras color
pardo. Hojas verde claras, brillantes.

BOMAREA SP. NOV.- **E** 2079.- Cordillera Dumarí (O de Zaruma), 1700—2300
m.s.m. -3-9. 47.- Trepadora en árboles del bosque húmedo. Periantio color rosa;
amarillo a los cantos y verde claro a los extremos.

HYPOXIS DECUMBENS L.- **E** 143.- Loja, 2200 m.s.m. -16-4. 46.- Yerbita de
pantanos y praderas, bastante propagada. Se distingue por las florecitas amarillas, en
forma de estrella.

STRICKLANDIA EUCROSIOIDES Baker.- **E** 710.- Villonaco, 2900 m.s.m. - 5-10.
46.- Florece sin hojas. Tallo floral unos 40 a 70 cm. Hojas lanceoladas, de ancho pecíolo.
Flor rojo bermellón.

ORCHIDACEAE

ELLEANTHUS AURANTICUS (Lindl.) Reichenb.- **E** 1324.- Cerro Villonaco (unos
15 Km O de Loja), 2600 m.s.m. -1-3. 47.- Orquídea de tierra que crece en las laderas
próximas al bosque húmedo de altura. Flores color amarillo limón.

EPIDENDRUM BRACHYPHYLLUM Lindl.- **E** 75.- Las Juntas. N de Loja. -6-4.
47.- Florecitas color rojo bermellón, más claro en el centro. Frecuente en rocas y
matorrales pendientes.- **E** 184.- Namanda, S de Loja, 2400—2500 m.s.m. -18-4. 46.-
Flores color rosa claro en corimbo terminal sostenido por tallo de hasta 1 m longitud.
Crece sobre rocas.- **E** 1097.- Namanda, 2400 m.s.m. -24-11. 46.- Planta terrestre.
Crece sobre rocas próximas a corrientes de agua. Hojas carnosas. Tallo floral 1 m de
longitud. Al extremo lleva las flores de color rosa claro.

E. FIMBRIATUM H.B.K.- **E** 1088.- Namanda, S de Loja, 2800 m.s.m. -24-11. 46.-
Orquídea terrestre. Flores blancas. Crece entre el herbetum de la altura.

E. FRIGIDUM var. **STENOPHYLLUM** (Schltr.) S. Schweinf.- **E** 1010.- Horta-

Naque, 3700 m.s.m. -9-11. 46.- Yerba erguida. Flores rosa púrpura. Tallo pardo.

MASDEVALLIA ROSEA Lindl.- **E** 181.- Namanda, S de Loja, 2400—2500 m.s.m. - 18-4. 46.- Flores de hermoso color rosado violáceo, aisladas en estilo terminal. Flores unos 7 cm longitud. Raras veces en flor. Sobre rocas.

MASDEVALLIA SP.- **E** 628.- Argelia, Loja, 2300 m.s.m. - 5-6. 46.- Orquídea terrestre que crece sobre breñas de las alturas. Flores rojo violáceas, con líneas longitudinales oscuras.

MAXILLARIA CALANTHA Schltr.- **E** 645.- Zamora-Huaico (SE de Loja), 2250—2300 m.s.m. -17-7. 46.- Pétalos amarillos con manchas pardas. Labio blanco con extremo rojo púrpura. Crece sobre troncos de árboles.- «New to Ecuador». Schweinfurth.

ODONTOGLOSSUM ARMATUM Reichenb. f.- **E** 1099.- Namanda (S de Loja), 2400 m.s.m. - 24-11. 46.- Terrestre. Crece sobre rocas próximas a corrientes de agua. Tallo floral unos 45 cm. Pétalos color amarillo al extremo y chocolate a la base. Columna blanca; labio amarillo claro con una mancha chocolate.

ONCIDIUM MACRANTHUM Lindl.- **E** 1319.- Cerro Villonaco (unos 15 Km O de Loja), 1600 m.s.m. -1-3. 47.- Orquídea epífita de grandes hojas lanceoladas. Florece en grandes racimos sostenidos por un estilo de 2 m o más de longitud. Flores color amarillo dorado, con rojizo difundido al dorso. Columna violeta oscura; labio blanquecino. En bosque húmedo de altura. Frecuente en los bosques húmedos del Ecuador.

PACHYPHYLLUM CRYSTALLIUM Lindl.- **E** 1024.- Horta-Naque, 3500. - 9-11. 46.- Epífita. Flores pequeñas, color amarillo limón, blancas a los bordes.

STANHOPEA SP.- **E** 1347.- Jipiro (5 Km NE de Loja), 2100 m.s.m. -6-3. 47.- Orquídea epífita silvestre en los bosques húmedos del litoral ecuatoriano, y cultivada en muchos lugares de clima abrigado. Periantio de hojas amarillas con manchas morado parduscas.- N.v. *Torito.*

TRICHOCEROS PARVIFLORUS H.B.K.- **E** 33.- Río Zamora, 2080 m.s.m .- 2-4. 46.- Periantio pardo violáceo. Hojas externas verdes amarillentas hacia los extremos. Crece en tierra, sobre humus.

B.- Dicotiledóneas

PIPERACEAE

PEPEROMIA ALATA R. & P.- **E** 1507.- Hac. Montecristi (unos 40 Km NE de Loja, curso del río Zamora hacia el Oriente). - 9-6. 47.- Yerba suave que crece en la sombra del bosque de altura. Tallo con manchas rojizas. Hojas color verde claro, más claras en el envés. Espigas color verde claro.- **E** 1809.- Arcapamba (O de Zaruma), unos 1290 m.s.m. -19-8. 47.- Plantita epífita. Hojas algo carnosas, color verde claro. Espigas blancas, muy aromáticas, común entre cafetales de la región.

P. BLANDA var. **SERICEA** Yunker.- **E** 90.- Las Juntas, N de Loja. -6-4. 46.- Yerba blanda y jugosa que crece sobre rocas, debajo de matorrales.

P. DIVARICATA Yunker.- **E** 742.- Villonaco (O de Loja), 2900 m.s.m. - 5-10. 46.- Rastrera. Hojas casi circulares, brillantes en el haz, con frecuencia rojizas en el envés. Espigas cortas, rojizas, terminales o subterminales.

P. ESPINOSAE Yunker, **SP. NOV.**- TIPO.- **E** 718.- Villonaco (O de Loja), 2800 m.s.m. - 5-10. 46.- Pequeña. Yerba de hojas en forma de disco, algo carnosas. Florecitas blancas en pequeñas espigas terminales. Tallito morado. Crece a la sombra del bosque.- Véase descripción.

P. FRASERI C. DC.- **E** 1158.- Chiguango (entre Loja y Portovelo), 800—900 m.s.m. -26-12. 46.- Yerba de lugares húmedos. Florece en espigas terminales. Florecitas color blanco. Las nervaduras tienen tinte rosado.

P. FRASERI var. **PELTATA** Yunker., **VAR. NOV.**- TIPO.- **E** 859 de la variedad.- Horta-Naque, 3100 m.s.m. - 5-11. 46.- Inflorescencia blanca. Frutitos color pardo. Nervaduras rojas. Hojas algo carnosas. Yerba, rosetas cuando jóvenes, en sombra, cerca del agua.

P. GALIOIDES Kunth.- **E** 77.- Las Juntas, N de Loja. - 6-4. 46.- Yerba que crece sobre el escaso humus de las rocas.- **E** 208.- Namanda, S de Loja, 2400—2500 m.s.m. -18-4. 46.- Espigas dispuestas en grupos terminales. Hojitas carnosas, brillantes, elípticas, claras en el envés. Tallo rojizo.- **E** 291.- Argelia, Loja, 2230 m.s.m. -4-5. 46.- Tallo rosado. Espigas blanquecinas. A veces adquiere la planta considerable altura. En matorrales.- **E** 924.- Horta-Naque, 3100 m.s.m. - 7-11. 46.- Yerbita del bosque, jugosa. Hojas liniales. Espigas blanquecinas.- **E** 1621.- Hac. Concepción (unos 7 Km NO de Loja), 2300 m.s.m. -11-7. 47.- Yerba común en las cercas. Hojas color verde amarillento. Espigas amarillas. la especie de *Peperomia* más común en la Hoya de Loja.

P. OBTUSA Yunker.- **E** 739.- Villonaco (O de Loja), 2900 m.s.m. -5-10. 46.- Epífita. Hojas y tallo jugosos. Ramas largas. Espigas en verticilos axilares o terminales.

P. PELTIGERA C. DC.- **E** 830.- Encima de La Toma, 2000 m.s.m. -19-10. 46.- Tallo suculento, erguido herbáceo. Hojas carnosas, brillantes. Florece en espigas compuestas. Sitios secos.- **E** 1495.- Hac. Montecristi (unos 40 Km NE de Loja, curso del río Zamora hacia el Oriente). - 9-6. 47.- Yerba blanda de la sombra del bosque. Hojas verdes en el haz y rojizas en el envés. Pecíolos y pedúnculos rojos. Florecitas color verde claro.

P. PERSULCATA Yunker, **SP. NOV.**- TIPO.- **E** 962.- Horta-Naque (cordillerita al S del Nudo de Cajanuma), 3500 m.s.m. - 8-11. 46.- Yerba erguida, tallo blando, color pardo, morado. Hojas casi coriáceas. Espigas numerosas al extremo del tallo, color pardo morado.

P. PORRINGIFERA Trel. & Yunker.- **E** 1457.- Hac. Montecristi (unos 40 Km NE de Loja, curso del río Zamora hacia el Oriente). - 8-6. 47.- Yerba suave que crece sobre piedras cubiertas de humus. Hojas carnosas, verde brillantes en el haz, muy claras en el envés. Espigas color verde claro.

P. REFLEXA (L.) A. Dietr.- **E** 1551.- Zamora-Huaico (unos 6 a 7 km SE de Loja), 2300-2400 m.s.m. - 3-7. 47.- Yerbita epífita del bosque húmedo. Hojitas carnosas, color verde claro, más claras en el envés. Espiguitas pequeñas color verde blanquecino.

P. VENEZUELIANA C. DC.- **E** 1908.- Cordillera Güishagüiña (E de Zaruma), 2040 m.s.m. - 29-8. 47.- Epífita. Espigas verde parduscas. Bosque de altura.

PEPEROMIA SP.- **E** 1499.- Hac. Montecristi (unos 40 Km NE de Loja). -9-6. 47.- Yerbita blanda, generalmente epífita, en la sombra del bosque de altura. Hojas cordiformes invertidas, color verde claro, carnosas. Espigas color verde claro.

PEPEROMIA SP.- **E** 755.- Villonaco (O de Loja). -5-10. 46.- Pequeña yerbita epífita, jugosa. Hojas 1 cm largas, ovaladas. Espigas terminales, solitarias.

PIPER ADUNCUM L.- **E** 1842.- Río Calera (Zaruma), unos 820 m.s.m. -21-8. 47.- Arbusto muy frecuente en lugares regados. Hojas color verde claro; espigas blanquecinas.- **E** 841.- Río Arenal (valle Catamayo), 1200 m.s.m. -19-4. 46.- Arbusto. Hojas grandes, ovales agudas, delgadas, ásperas. Espigas blanquecinas, situadas frente a las hojas. Cerca del río.- N.v. *Monte del soldado.*

P. ASPERIUSCULUM Kunth.- **E** 1710.- Zaruma, unos 1150 m.s.m. -12-7. 47.- Arbusto de grandes hojas brillantes, ovales agudas, más claras en el envés. espigas blancas.- N.v. *Cordoncillo.*

P. BARBATUM var. **ANDICOLUM** (Kunth) Trel. & Yunker.- **E** 1729.- Cerro Gordo (Zaruma), unos 1250 m.s.m. -13-8. 47.- Arbusto muy frecuente. Hojas color verde claro. Espigas del mismo color. Alcanza 1 a 2 metros altura.- N.v. *Cordoncillo.*

P. BOGOTENSE C. DC.- **E** 445.- Loja, 2200 m.s.m. - 31-5. 46.- Arbusto de matorrales y lugares húmedos.- **E** 583.- Landangui (S de Loja), 1600 m.s.m. -21-6. 46.- Arbusto de sombra. Hojas cordiformes, grandes y delgadas. Espigas aisladas, terminales.- N. v. *Cordoncillo.*

P. BRACHYSTYLUM Trel.- **E** 1458.- Hac. Montecristi (unos 40 km NE de Loja, curso del río Zamora hacia el Oriente). - 8-6. 47.- Arbusto de anchos nudos y largos entrenudos, unos 2 a 3 m altura. Hojas color verde claro, brillantes en el haz, más claras en el envés. Espigas color verde.- N.v. *Cordoncillo.*

P. ECUADORENSE Sodiro.- **E**632.- Zamora-Huaico (Loja), 2250—2300 m.s.m. - 17-7. 46.- Arbusto o arbolito hasta de 6 m altura. Grandes hojas ásperas. Grandes espigas (30 o más cm). Muy frecuente entre el bosque y los matorrales.

P. HARTWEGIANA (Benth.) C. DC.- **E** 643.- Zamora-Huaico (Loja), 2250—2300 m.s.m. -17-7. 47.- Yerba jugosa y blanda que crece sobre árboles caídos. Tallo, envés de las hojas y espigas color pardo violeta. Bosque.

P. PHYTOLACCAFOLIUM Opiz.- **E** 1843.- Río Calera (Zaruma), unos 820 m.s.m. -21-8. 47.- Arbusto que crece cerca de las corrientes de agua. Hojas color verde oscuro, claras en el envés. Espigas blanquecinas.

P. TUBERCULATUM Jacq.- **E** 1675.- Río Amarillo (frente a Portovelo, Zaruma), unos 710 m.s.m. -11-8. 47.- Arbusto. Hojas brillantes, más claras en el envés. Espigas jóvenes color blanquecino.

P. ZARUMANUM Trel.- **E** 1800.- Zaruma (alturas de Viscaya), 1530 m.s.m. -18- 8. 47.- Arbusto frecuente entre matorrales y en los bosques de altura. Espigas del mismo color que las hojas (verde claras).- **E** 1913.- Cordillera Güishagüiña (E de Zaruma), 2040 m.s.m. -29-8. 47.- Arbusto del bosque de altura, frecuente. Espigas verdes.

SALICACEAE

SALIX HUMBOLDTIANA Kunth.- **E** 163.- Loja 2200, m.s.m. -16-4. 46.- Arbol frecuente en lugares húmedos y orillas de los ríos. Extensamente propagado en el Ecuador.- N.v. *Sauce.*

MYRICACEAE

MYRICA ARGUTA H.B.K.- **E** 1034.- Horta-Naque, 2000—2500 m.s.m. -10-11. 46.- Arbolito. Hojas delgadas, lanceoladas, 7 x 2 cm.

M. MACROCARPA H.B.K.- **E** 348.- Cajanuma (S de Loja), 2400 m.s.m. -7-5. 46.- Arbolito del bosque achaparrado. Hojas lanceoladas, coriáceas. Pequeñas flores axilares.

URTICACEAE

BOEHMERIA CAUDATA Sw.- **E** 817.- Encima de la Toma, 2000 m.s.m. -15-10. 46.- Arbusto de hojas rugosas, claras. Flores verde blanquecinas, en espigas.

B. CELTIDIFOLIA H.B.K.- **E** 1512.- Hac. Montecristi (unos 40 Km NE de Loja, curso del río Zamora hacia el Oriente). - 9-6. 47.- Arbolito del bosque o altura, unos 3 a 4 metros alto. Hojas ásperas, verdes claras. Flores caulinares.

PARIETARIA DEBILIS Forst.- **E** 1282.- San Pedro de la Bendita (unos 50 Km O de Loja), 1500 m.s.m. -9-2. 47.- Yerba que crece en matorrales o cercas de camino. Florece en el tallo; flores color blanquecino.

PHENAX HIRTUS (Sw.) Wedd.- **E** 219.- Argelia (Loja), 2300 m.s.m. -25-4. 46.- Florecitas en estrechos grupos axilares; periantio membranoso, claro pardusco. Arbusto de matorrales.

P. LAEVIGATUS Wedd.- **E** 294.- Argelia (Loja), 2230 m.s.m. -4-5. 46.- Estigma rosado. Periantio carnoso. Arbusto de matorrales.

PILEA MYRIANTHA Killp.- **E** 1098.- Namanda (S de Loja), 2400 m.s.m. -24-11. 46.- Arbusto de matorrales. Hojas lanceoladas, suaves, 13 x 4 cm. Florece en racimitos que salen de las axilas. Flores diminutas, color rosa claro.

P. PUBESCENS Liebm.- **E** 1174.- Torata (camino a Sta. Rosa), unos 60—80 m.s.m. -26-12. 46.- Yerba muy suave que crece a la sombra de la selva. Tallo y envés de las hojas color pardo rojizo; haz verde pardusco. Florece en grupos de espigas axilares.

P. SERPYLLACEA (H.B.K.) Wedd.- **E** 1526.- Hac. Montecristi (unos 40 km NE de Loja, curso del río Zamora hacia el Oriente). -9-6. 47.- Yerbita blanda que crece en terrenos de cultivo. Florecitas color verde claro a la base y rojizas a los extremos, dispuestas en diminutos racimos axilares.

P. TRICHOSANTHES Wedd.- **E** 631.- Hacienda Zamora-Huaico (SE de Loja), 2250—2300 m.s.m. -17-7. 46.- Yerba jugosa y delicada del suelo del bosque. Florecitas diminutas, color vidrio, en las axilas de las hojas. Tallo color pardo.

URERA BACCIFERA (L.) Gaud.- **E** 1863.- Río Calera (Zaruma), 820 m.s.m. -11-8. 47.- Arbusto de lugares próximos a los ríos. A la fecha sin hojas. Pedúnculos pardo morados, oscuros. Fuertemente urticante.- N.v. *Ortiga de caballo.*

URTICA BALLOTAEFOLIA Wedd.- **E** 220.- Argelia. Loja, 2300 m.s.m. -25-4. 46.- Flores masculinas en grupos axilares. Flores femeninas en amentos axilares. Flores masculinas color blanquecino. Yerba urticante de campos y matorrales.- N.v. *Ortiga.*

PROTEACEAE

EMBOTHRIUM GRANDIFLORUM Lam.- **E** 383.- Argelia (Loja), 2400 m.s.m. -10-5. 46.- Flores amarillo blanquecinas. Pedúnculos morados rojizos. Muy frecuente en las faldas de las cordilleras en las provincias de Loja y Azuay.

LOMATIA OBLIQUA (R. & P.) B. Br..- **E** 553.- Argelia (Loja), 2300 m.s.m. -14-6. 46.- Arbusto de 2 a 3 m. de altura. Pistilo color morado oscuro. Periantio verde amarillento. Estambres soldados a la base de las hojas del periantio.- Frecuente en las faldas de las cordilleras, en las provincias de Loja y Azuay.

LORANTHACEAE

ANTIDAPHNE COLOMBIANA Killip.- **E** 331.- Cajanuma (S de Loja), 2400 m.s.m. -7-5. 46.- Crece sobre *Miconia lutescens.* Hojas ovales invertidas, 3 x 2 cm o menos. Florecitas verdes.

PHORADENDRON ROSEANUM Trelease.- **E** 765.- Villonaco (O de Loja), 2800 m.s.m. -11-10. 46.- Tallo, hojas e inflorescencia de color amarillento. Sobre una melastomatácee.

P. SUBTRINERVUM Rusby.- **E** 766.- Villonaco (O de Loja), 2800 m.s.m. -11-10. 46.- Hojas pardo amarillentas, ovales obtusas. Inflorescencia carnosa, amarillenta.

P. VICIFOLIUM (H.B.K.) Trelease.- **E** 777.- Villonaco (O de Loja), 2800—2850 m.s.m. -11-10. 46.- Hojas color pardo claro, pequeñas, ovalado alargadas acuminadas. Florecitas blanquecinas, carnosas.

ARISTOLOCHIACEAE

ARISTOLOCHIA ELEGANS Mast.- **E** 257.- Loja, 2200 m.s.m. -2-5. 46.- Interior de la corola violeta oscuro con manchas amarillo verdosas; tubo verde amarillento. Limbo de la corola de 5 a 6 cm largo por 4 a 5 cm ancho. Hojas cordiformes. En un jardín de la ciudad, probablemente traída del Oriente.

POLYGONACEAE

MUEHLENBECKIA PERUVIANA var. **CUSPIDATA** Standl.- **E** 131.-   Loja, orillas del río Zamora, 2200 m.s.m. -15-4. 46.- Florecitas pequeñas, en espigas. Cáliz verde corola blanca. Trepadora en matorrales.

PERSICARIA HYDROPIPEROIDES (Michx.) Small.- **E** 157.- Loja, 2200 m.s.m. - 16-4. 46.- Florecitas blancas, en espigas. Crece en lugares húmedos.- N.v. *Solimán o Solimancillo.*

P. MITIS Gilib.- **E** 16.- Argelia (Loja), 2230 m.s.m. -28-3. 46.- Flores rosadas. Muy común en lugares húmedos. Se dice que tiene aplicaciones como insecticidas.- N.v. *Solimancillo.*

RUMEX SP.- **E** 813.- Aguahedionda (N de Loja). -17-10. 46.- Yerba que se propaga por semillas y rizomas, por consiguiente difícil de destruirla. Hojas grandes (unos 40 x 15 cm), suaves. Flores en largas espigas. Muy propagada en los valles de la Región Interandina.- N.v. *Gula o Lengua de vaca.*

TRIPLARIS GUAYAQUILENSIS Wedd.- **E** 1826.- Muluncay (Zaruma), unos 1300 m.s.m. -19-8. 47.- Arbol de 15 a 20 metros altura. Hojas brillantes. Al tiempo de la floración, dominan las flores sobre el color verde del follaje. Flores color rojo carmín cuando jóvenes, más tarde amarillentas. Flores de dos formas. Se usa para madera y como ornamental. Común en lugares tropicales y subtropicales.- N.v. *Fernán Sánchez.*

AMARANTHACEAE

ALTERNANTHERA PORRIGENS (Jacq.) Kuntze.- **E** 270.- Alturas orientales de Loja. -2-5. 46.- Florecitas color morado oscuro, brillantes. Yerba de largas ramas, entre matorrales.- N.v. *Moradilla.*

ALTERNANTHERA SP.- **E** 801.- Aguahedionda (N de Loja), 2150 m.s.m. -16-10. 46.- Florecitas color morado oscuro. Subarbusto de setos.

ALTERNANTHERA SP.- **E** 1399.- Saraguro (unos 50Km N de Loja), 2300 m.s.m.

-10-3. 47.- Yerba de matorrales. Flores color morado. Hojas blanquecinas en el envés.

AMARANTHUS HYBRIDUS L.-   **E** 32.-   Argelia (Loja), 2280 m.s.m.   -2-4. 46.-
Tallos, florecitas y nervaduras de las hojas tienen color rojo.

IRESINE COLOSIA L.-   **E** 266.-   Alturas orientales de Loja, 2250 m.s.m.   -2-5. 46.-
Florecitas blanquecinas; espigas abiertas. Tallo rojo violado. Yerba con frecuencia en
matorrales.

NYCTAGINACEAE

BOUGAINVILLEA GLABRA Choisy.-   **E** 38.-   Loja.   -2-4. 46.-   Brácteas color
tomate. Florecitas blancas. Cultivada en Loja; muy propagada en el sur del Ecuador,
en estado silvestre.-   **E** 1870.-   Zaruma.   -21-8. 47.-   Arbusto cultivado en jardines,
frecuente en Zaruma. Brácteas color rojo carmín; flores color rojo más oscuro.

B. SPECTABILIS Willd.-   **E** 39.-   Loja, 2200 m.s.m.   -2-4. 46.-   Brácteas color lila
muy vivo. Cultivada en jardines.

COLIGNONIA SCANDENS Benth.-   **E** 166.-   Namanda, S de Loja, 2400—2500
m.s.m. -18-4. 46.- Planta semitrepadora que forma matorrales sobre árboles y arbustos.
Brácteas blancas, que hacen visibles las grandes inflorescencias a larga distancia. Muy
propaganda en el Valle de Loja, hasta alturas próximas al páramo.

PHYTOLACCACEAE

PHYTOLACCA AUSTRALIS Phil.-   **E** 260.-   Alturas orientales de Loja, 2250 m.s.m.
-2-5. 46.-   Pétalos de bordes rosados, blanquecinos en la mitad. Arbusto o yerba muy
robusta y ramificada de matorrales. Tallo blando. Florece en espigas.

BASELLACEAE

BOUSSINGAULTIA BASELLOIDES H.B.K.-   **E** 137.-   Loja, 2200 m.s.m.   - 15-4. 46.-
Enredadera. Florecitas pequeñas, blancas, en espigas. Forma parte de los matorrales.

CARYOPHYLLACEAE

ALSINE OBLANCEOLATA Rusby.-   **E** 800.-   Aguahedionda (N de Loja), 2150
m.s.m.   -16-10. 46.-   Flores muy finas, yacentes, blandas. Corola blanquecina
membranosa. Hojas opuestas, pequeñas. Flores axilares, aisladas.

DRYMARIA CORDATA (L.) Willd.-   **E** 199.-   Namanda, S de Loja, 2400—2500
m.s.m. -18-4. 46.- Florecitas blancas. Yerba de tallo fino, muy largo, yacente o apoyado

en arbustos. Una de las yerbas más propagandas, desde el fondo del valle hasta alturas próximas al páramo.

PARONYCHIA CHILENSIS DC.- **E** 122.- Loja, 2200 m.s.m. -11-4. 46.- Yerbita que crece sobre terrenos inclinados de arcilla.- **E** 267.- Alturas orientales de Loja, 2240 m.s.m. -2.5. 46.- Florecitas verdes, sentadas, en grupos axilares. Yerba con brácteas escamosas. En potreros y matorrales.- **E** 409.- Loja, cerro Pucará, 2300 m.s.m. -18-5. 46.- Yerba fina y larga de matorrales.- Especies muy propagada, particularmente en lugares pendientes.

SILENE ARMERIA L.- **E** 140.- Loja, 2200 m.s.m. -16-4. 46.- Flores moradas. Inflorescencia en corimbos conspícuos. Frecuente.

STELLARIA CUSPIDATA Willd.- **E** 36.- Loja, 2200 m.s.m. -2-4. 46.- Florecitas blancas. Yerbas muy delicada que crece a orilla de los caminos.

RANUNCULACEAE

DELPHINIUM AJACIS L.- **E** 441.- Loja, 2200 m.s.m. -31-5. 46.- Flores color variable. Este ejemplar azul ultramarino. En jardines. N.v. *Pajarito.*

RANUNCULUS FLAGELLIFORMIS Smith.- **E** 430.- Argelia, Loja, 2300 m.s.m.- Diminutas florecitas axilares con largo pedúnculo. Periantio, blanquecino, casi transparente. En sitios pantanosos.

R. GEOIDES H.B.K.- **E** 1372.- Saraguro (unos 50 Km N de Loja), 2300 m.s.m. -9-3. 47.- Yerbita que forma rosetas en lugares pantanosos próximos a las páramos. Flores color amarillo dorado.- **E** 639.- Zamora-Huaico (SE de Loja), 2250—2300 m.s.m. -17-7. 46.- Pétalos amarillo dorados, brillantes. Estambres del mismo color. Yerba de pantanos, en vegetación secundaria. La especie más propagada en este género.

BERBERIDACEAE

BERBERIS LOXENSIS Benth.- **E** 265.- Alturas orientales de Loja, 2250 m.s.m. -2-5. 46.- Flores color amarillo dorado, en racimos. Hojas coriáceas, verdes oscuras en el haz y claras en el envés, brillantes. Arbusto duro espinoso. Matorrales.- Frecuente en el valle, hasta alturas de 3000 metros.

MAGNOLIACEAE

DRIMYS WINTERI Rost.- **E** 1083.- Namanda, S de Loja, 2700 m.s.m. -2-11. 46.- Arbol del bosque achaparrado de unos 5 a 6 metros altura. Hojas lanceoladas, coriáceas verde oscuras en el haz, blanquecinas y cerosas en el envés. Botones rojizos. Flores color blanco, algo amarillento, fragantes.- Uno de los árboles de mayor expansión en los bosques altos de los Andes.

MONIMIACEAE

SIPARUNA GESNERIOIDES (H.B.K.) A. DC.- **E** 659.- Zamora-Huaico (SE de Loja), 2250—2300 m.s.m. -17-7. 46.- Arbol del bosque. Flores amarillas, en pequeños racimos axiliares. Hojas 20 x 12 cm, brillantes, tiesas.

S. HUILENSIS A. C.Sm.- **E** 1747 bis.- Zaruma, 1100 m.s.m. -16-8. 47.- Arbol por lo general de poca altura, muy ramificado. Florece en racimitos axilares; flores carnosas. Frecuente hasta alturas de 5750 pies.- **E** 2121.-Paccha (O de Zaruma), 1650 m.s.m. - 8-9. 47.- Arbol. Flores color verde. Frecuente en la región.

LAURACEAE

NECTANDRA PISI Mic.- **E** 1822.- Muluncay (O de Zaruma), unos 1300 m.s.m. - 19-8. 47.- Arbol generalmente de tronco erguido, de unos 10 o más metros altura. Se usa como madera y para leña. Flores color blanco, en grandes, racimos axilares. Las flores cubren la copa del árbol.- N.v. *Canelo crespo.*

NECTANDRA SP.- **E** 1823.- Muluncay (O de Zaruma), unos 1300 m.s.m. -19-8. 47.- Arbol muy propagado en toda la región subtropical de Zaruma. Se usa principalmente para leña. Florece en racimos axilares. Flores color blanco, de aspecto de azúcar.- N.v. *Canelo.*

NECTANDRA SP.- **E** 1705.- Zaruma, unos 1150 m.s.m. -12-8. 47.- Arbol de 8 o más metros de altura. El tronco se usa para madera o para leña. Cáliz color pardo claro; color blanca, semejante a copos de azúcar. -N.v. *Canelo.*

Con el nombre de *Canelo* se designan todas las especies de *Nectandra,* frecuentes en los bosques subtropicales.

PERSEA AMERICANA Mill.- **E** 1641.- Orillas del río Malacatos meridional (unos 36 Km S de Loja), unos 1600 m.s.m. -16-7. 47.- Arbol muy ramificado, de unos 15 a 20 metros altura. Hojas subcoriáceas, brillantes, claras en el envés; peciólos rojizos. Florece en panojas axilares. Florecitas color amarillo verdoso; lo mismo las anteras. Usado para leña.- N.v.- *Paltón.*

El nombre *Paltón* se deriva seguramente de *Palta,* con el cual se designan desde el Perú hacia el sur las especies de *Persea* comestibles, o sean los *aguacates.*

PAPAVERACEAE

ARGEMONE MEXICANA L.- **E** 1040.- San Pedro de Vilcabamba, 1800 m.s.m. - 10-11. 46.- Hojas color azulado claro. Flores amarillas, brillantes. Crece en lugares secos.

BOCCONIA FRUTESCENS H. & B.- **E** 1586.- Entre Las Chinchas y Catacocha (unos 70 Km O de Loja), 2300—2400 m.s.m.- Arbol de 5 a 6 metros altura, frecuente en bosquecillos y matorrales de altura. Hojas enteras, festonadas, unos 46 x 13 cm, pardo blanquecinas en el envés. Grandes panojas; anteras color blanco sucio; pistilo pardo oscuro.

CAPPARIDACEAE

CAPPARIS MOLLEI Standl.- **E** 686.- Cariamanga, 1900 m.s.m. -28-7. 46.- Arbol coposo. Hojas ovaladas obtusas. Flor: sépalos púrpura; pétalos púrpura al centro y blanquecinos al margen. Ovario al extremo de largo estilo (ginóforo).- N.v. *Chora*. Herborizada por Arsenio Espinosa.

C. SCABRIDA H.B.K.- **E** 537.- La Toma, 1400 m.s.m. -5-6. 46.- Arbol frecuente en la región. Flores color pardo; estambres amarillo blanquecinos. Estigma pardo. Se utiliza para extraer la «goma de sapote».- N. v. *Sapote*.

CLEOME POTAMOPHYLLA Gilg.- **E** 444.- Loja, 2200 m.s.m. -31-5. 46.- Pétalos color verdoso hacia el exterior, con manchas violáceas. Arbusto de matorrales.

CRUCIFERAE

BRASSICA CAMPESTRIS L.- **E** 282.- Alturas orientales de Loja, 2250 m. -2-5. 46.- Flores amarillo doradas. Crece en terrenos antes cultivados.- N.v. *Sachanabo*.

CAPSELLA BURSA-PASTORIS (L.) Medic.- **E** 359.- Argelia (Loja), 2300 m.s.m. - 11-5. 46.- Florecitas blancas. Yerba de terrenos antes cultivados.- N.v. *Bolsa de pastor*.

DRABA NASTURTIUM-AQUATICUM (L.) Hayek.- **E** 1415.- Saraguro (unos 50 Km N de Loja), 2300 m.s.m. -10-3. 47.- Yerba de lugares húmedos. Florecitas color blanco.- N.v. *Berro*.

HALIMOLOBUS HISPIDULA (DC.) O. E. Schulz.- **E** 1433.- Saraguro (unos 50 Km N de Loja), 2300 m.s.m. -10-3. 47.- Yerba que crece en los pantanos del S de Saraguro. Florecitas blancas.

KONIGA MARITIMA (L.) R. Br.- **E** 210.- Loja, 2200 m.s.m. -11-4. 46.- Florecitas blancas en largas espigas terminales. Se cultiva en jardines.

MATTHIOLA INCANA R. Br.- **E** 440.- Loja, 2200 m.s.m. -31-5. 46.- Flores color variable, modificadas por el cultivo. Este ejemplar color rojo púrpura. En jardines.- N.v. *Alhelí*

RAPHANUS SATIVUS L.- **E** 283.- Alturas orientales de Loja, 2250 m.s.m. -2-5. 46.- Flores color lila. Crece en terrenos antes cultivados.- N.v. *Nabo.*

RORIPPA NASTURTIUM-AQUATICUM (L.) Schinz & Thell.- **E** 59.- Loja, 2200 m.s.m. -4-4. 46.- Florecitas blancas. Yerba de acequias y pantanos, comestibles.- N.v. *Berro.*

CRASSULACEAE

BRYOPHYLLUM PINNATUM (Lam.) S. Kurz.- **E** 1631.- Más arriba de Landangui (unos 28 Km S de Loja), unos 1800 m.s.m. -16-7. 47.- Yerba de lugares secos. Hojas carnosas. Inflorescencia hasta 1 m. altura. Cáliz color rojo claro a la base y blanquecino hacia el extremo; corola color rojo púrpura, más oscuro hacia el extremo; anteras color marrón. A la fecha con abundantes flores. Muy propagado en lugares secos y semiáridos.- N.v. *Hoja del aire.*

BRYOPHYLLUM SP.- **E** 447.- Loja, 2200 m.s.m. -31-5. 46.- Campanitas color morado en la base y verdoso a los extremos.

SAXIFRAGACEAE

ESCALLONIA FLORIBUNDA H.B.K.- **E** 478.- Oriente de Loja, 2250 m.s.m. -1-6. 46.- Arbusto muy enramado. Florece en racimos terminales. Flores blancas; pétalos con frecuencia manchados de rosa.

E. MICRANTHA Mattf.- **E** 598.- Catacocha, 2050 m.s.m. -4-6. 46.- Arbol de 5 a 10 metros altura. Madera dura. A la fecha sólo con frutos; éstos se hallan en grandes racimos compuestos. Abundante en la región. Se utiliza para madera.- N.v. *Chachacomo.*

E. TORTUOSA H.B.K.- **E** 778.- Villonaco (O de Loja), 2800—2950 m.s.m. -11-10. 46.- Arbol de unos 5 o más metros altura, coposo. Hojas pequeñas, ovales obtusas, coriáceas. Sólo flores secas a la fecha, aisladas, terminales en las ramitas.

CUNONIACEAE

WEINMANNIA CRENATA Presl.- **E** 679.- Cariamanga, 1900 m.s.m. -28-7. 46.- Arbol de 40 o más metros. Hojas compuestas, brillantes, claras en el envés. Florece en espigas color amarillento.- Herborizada por Arsenio Espinosa.

W. MACROPHYLLA H.B.K.-   **E** 311.- Cajanuma (S de Loja), 2400 m.s.m. -7-5. 46.- Arbusto o arbolito. Florece en racimos terminales. Florecitas rojas. Estípulas caducas.- **E** 543.- Argelia (Loja), 2230 m.s.m. -14-6. 46.- Pedúnculo y sépalos rojos. Corola rosada. Hojas coriáceas, brillantes, algo rojizas en el envés, cuando jóvenes. Arbusto de alturas y laderas.

W. OVALIS R. & P.- **E** 202.- Namanda (S de Loja), 2400—2500 m.s.m. -18-4. 46.- Estambres blancos; anteras pardas; ovario rojo. Hojitas brillantes. Inflorescencia en espigas terminales.

W. STUEBELII Hier.-   **E** 762.- Villonaco (O de Loja), 2800 m.s.m. -11-10. 46.- Arbol de 5 o más metros altura, muy enramado. Sépalos, estambres y pistilos blancos; pétalos parduscos. Florece en finas espigas. Flor diminuta. Hojas pinnadas. N.v. *Sara*. Se usa como madera.

ROSACEAE

ALCHEMILLA PECTINATA H.B.K.-   **E** 437.- Argelia (Loja), 2300 m.s.m. -31-5. 46.- Pequeña yerbita de lugares húmedos. Muy propagada.

DUCHESNEA INDICA (Andr.) Focke.-   **E** 2.- Argelia (Loja). -27-3. 46.- Pétalos amarillo oscuros. Muy propagada en lugares húmedos y a la sombra. Fruto insípido.- **E** 1470. Hac. Montecristi (unos 40 Km NE de Loja, curso del río Zamora hacia el Oriente). - 8-6. 47.- Yerba muy abundante en la parte alta de la hacienda. Flores amarillas. Frutos insípidos.- N.v. *Fresa silvestre.*

MARGYRICARPUS SP.- **E** 1617.- Hac. Concepción (unos 7 Km NO de Loja), 2300 m.s.m. -11-7. 47.- Yerba dura de los prados. Frutitos de color rosa, brillantes. Forma fuertes raíces y tronco reptador y leñoso.- N.v. *Nigua.*

PADUS CAPULI (Cav.) Moldenke.- **E** 814.- El Valle (unos 4 Km NE de Loja). -17- 10. 46.- Muy ramificado. Corola blanca; anteras pardo claras. Muy propagado en la Región Interandina. Se utiliza la leña y los frutos.

RUBUS MOLLIFRONS Focke.- **E** 207.- Namanda (S de Loja), 2400—2500 m.s.m. -8-4. 46.- Flores blancas. Uno de los componentes más importantes de los matorrales.- N.v. *Mora.* Fruto comestible.- **E** 856.- Horta-Naque. -5-11. 46.- Dominante cerca de la casa de hacienda.

R. ROSEUS Poir.- **E** 966.- Horta-Naque (S de Cajanuma), 3200 m.s.m. -8-11. 46.- Flores carmín oscuro.- **E** 1081.- Namanda (S de Loja), 2400—2700 m.s.m. -24-11. 46.- Arbustos que forma matorrales. Flores color rosado claro. Fruto aproximadamente

2 x 2 1/2 cm. Esta es la especie de *Rubus* más común en los matorrales de altura.

R. aff. **URTICAEFOLIUS** Poir.- **E** 1720.- Cerro Gordo (Zaruma), 1150—1250 m.s.m. -13-8. 47.- Arbusto que forma matorrales. Flores color blanco.- N.v. *Mora.*

RUBUS SP. NOV. ?.- **E** 1494.- Hac. Montecristi (unos 40 Km NE de Loja, curso del río Zamora hacia el Oriente). - 9-6. 47.- Arbusto espinoso que forma grandes matorrales y carga abundantes frutos de buen sabor. Flores de hermoso color rosa claro. Dominante en las partes altas de la hacienda.

SPIRAEA CANTONIENSIS Lour.- **E** 98.- Loja, 2200 m.s.m. -11-4. 46.- Arbustito cultivado en jardines. Flores blancas, muy vistosas.

LEGUMINOSAE

ACACIA FARNESIANA Willd.- **E** 1854.- Río Calera (Zaruma), 820 m.s.m. -21-7. 47.- Arbusto o arbolito de flores muy aromáticas. Crece en lugares temporalmente secos. Estambres color amarillo dorado. N.v. *Aromito.*

A. LORETENSIS Macbr.- **E** 1113.- Argelia (Loja), 2300 m.s.m. -14-12. 46.- Arbusto de matorrales. Estambres de color rosado; este color da su aspecto a la flor.

A. MACRACANTHA H. & B.- **E** 586.- Landangui (S de Loja), 1600 m.s.m. -21-6. 46.- Flores color amarillo dorado, fragantes. Arbol de madera dura, espinoso.- N.v. *Faique.*

A. PANICULATA Willd.- **E** 1355.- Jipiro (5 Km NE de Loja), 2100 m.s.m. -6-3. 47.- Arbol de 4 a 6 metros altura; tronco 20 a 25 cm diámetro en la base. Muy ramificado. Flores color amarillento. Forma asocies de considerable extensión sobre terrenos calizos.

AESCHYNOMENE AMERICANA L.- **E** 514.- La Toma (O de Loja), 1400 m.s.m. - 5-6. 46.- Florecitas color amarillo yema. Yerba rastrera, dura de lugares regados.- **E** 574.- Landangui (S de Loja), 1600 m.s.m. -21-6. 46.- Flores color amarillo tomate. Tallito floral brácteas y frutos cubiertos de pelos cerdosos. Yerba.-Venezuela.

A. BIFLORA (Mill.) Fawc. & Rendle.- **E** 1847.- Río Calera (Zaruma), 820 m.s.m. -21-8. 47.- Arbusto duro, de ramas finas, muy frecuente en el lugar. Casi sin hojas a la fecha. Flores color amarillo tomate.- Venezuela.

A. FALCATA (Poir.) DC.- **E** 1328.- Descenso entre Villonaco y La Toma (O de Loja), 1500 m.s.m. -1-3. 47.- Arbusto de ramas finas que cuelgan de pendientes próximas al camino. Estandarte y alas amarillo tomate; quilla blanca. Lugares secos y suelos calcáreos.- Venezuela.

ALBIZIA LOPHANTHA (Willd.) Benth.- **E** 462.- Loja, 2200 m.s.m. - 31-5. 46.- Arbol de considerable altura. Flores color verde claro.

BAUHINIA ACULEATA L.- **E** 1151.- Río Ambocas (SE de Zaruma), 700—800 m.s.m. -26-12. 46.- Arbusto o arbolito muy ramificado. Hojas bilobadas. Flores color blanco puro.- N.v. *Azuceno*.

BENTHAMANTHA GLANDULIFERA Benth.- **E** 505.- La Toma, 1400 m.s.m. -5-6. 46.- Flores color amarillo limón. Yerba incada.

CAJANUS CAJAN (L.) Millsp.- **E** 838.- Río Arenal (Valle de Catamayo). -19-10. 46.- Pequeño arbusto de las orillas. Hojas color plateado en el envés. Estandarte amarillo con rayas pardo rojizas. Quilla amarilla.

CALLIANDRA aff. **EXTENSA** Benth.- **E** 816.- Encima de la Toma, 2000 m.s.m. - 19-10. 46.- Arbusto muy ramificado, duro, a veces cultivado. Numerosos estambres color rojo púrpura. Hojas finamente pinnadas.

C. PORTORICENSIS Benth.- **E** 1820.- Arcapamba (Zaruma), unos 1350 m.s.m. -19-8. 47.- Arbusto de hojas doblemente pinnadas. A la fecha sólo con frutos.- Venezuela.

C. TAXIFOLIA (H.B.K.) Humb.- **E** 1261.- Entre San Pedro de la Bendita y Las Chinchas (65 Km O de Loja), 1600 m.s.m. - 9-2. 47.- Arbusto duro, erguido o incado, de lugares secos y calcáreos. Actualmente en hojas y flores. Estambres color púrpura.

CASSIA AURANTIA R. & P. ex G. Don.- **E** 625.- Cordillerita San Bartolo (O de Loja), 2300 m.s.m. -4-7. 46.- Flores amarillo doradas. Arbusto muy ramificado de 1 a 2 metros. Caracteriza la vegetación de la región.- **E** 689.- Gonzanamá.- 28-7. 46.- Flores color amarillo dorado. Subarbusto frondoso.- Herborizada por Arsenio Espinosa.

C. ATOMARIA L.- **E** 1071.- Landangui (S de Loja), 1900 m.s.m. -14-11. 46.- Arbolito frondoso. Flores color amarillo dorado, muy abundantes. Frecuente en el bosquecillo que va a Horta.

C. CUSPIDATA Willd.- **E** 1201.- La Toma, 1400 m.s.m. -9-1. 47.- Flores en racimos múltiples, terminales. Cáliz amarillo opaco; corola amarillo dorada; ovario verde. Arbol muy ramificado, de unos 8 a 10 metros.

C. HIRSUTA L. - **E** 526.- La Toma, 1400 m.s.m. -5-6. 46.- Flores amarillas. Arbolito que crece en lugares regados.

C. INCARNATA Pav. ex Benth.- **E** 1294.- San Vicente (O de San Pedro de la Bendita), 1600 m.s.m. -9-2. 47.- Arbolito o arbusto que crece cerca de torrentes en la región seca entre San Pedro y Las Chinchas (unos 55 Km O de Loja). Florecitas en pequeñas espigas color amarillo.

C. MELANOCARPA Griseb.- **E** 1303.- Entre San Pedro de la Bendita y Las Chinchas (unos 55 Km O de Loja), 1600 m.s.m. -1-3. 47.- Arbustito duro y rastrero. Pétalos color rojo tomate; filamentos rojos; anteras grises. Crece sobre suelos secos y calcáreos.

C. MULTIJUGA Rich..- **E** 421.- Argelia (Loja), 2300 m.s.m. -21-5. 46.- Flores color amarillo dorado muy vivo. Cáliz verde amarillento. Arbusto.

C. OCCIDENTALIS L.- **E** 1199.- La Toma, 1400 m.s.m. - 9-1. 47.- Yerba pequeña y dura de terrenos calcáreos de La Toma. Cáliz verde amarillento. Pétalos color amarillo dorado, con venas oscuras.

C. VENUSTULA H.B.K.- **E** 7.- Argelia (Loja), 2300 m.s.m. -27-3. 46.- Flores color amarillo yema.- Hojitas color verde claro. Ramas muy largas, delgadas. Medicinal. Parte importante de los matorrales. N.v. *Orozus.*

CASSIA SP.- **E** 588.- Landangui (S de Loja), 1600 m.s.m. -21-6. 46.- Flores color amarillo dorado muy vivo. Anteras pardas. Pistilo verdoso. Arbusto.

CASSIA SP.- **E** 1770.- Río Amarillo cerca de Portovelo, 700—710 m.s.m.- Arbusto que crece cerca de los ríos. Hojas claras en el envés. Pétalos amarillo dorados; anteras color pardo claras; ovario verde claro.

CENTROSEMA PUBESCENS Benth.- **E** 572.- Landangui (S de Loja), 1600 m.s.m. -21-6. 46.- Enredadera. Flores color violeta, con rayas oscuras y una faja amarilla al exterior.- Venezuela.

C. VIRGINIANUM (L.) Benth.- **E** 1132.- Vilcabamba (S de Loja) 1800 m.s.m. -19-12. 46.- Bejuco envolvente. Flores color lila.- Venezuela.

CERCIDIUM PRAECOX (R. & P.) Harms.- **E** 536.- La Toma (Valle de Catamayo), 1900 m.s.m. -5-6. 46.- Flores amarillo doradas; estambre mediano con tinte rojo al interior. Arbol muy duro de hojas caducas. Caracteriza la región.

CHAMAECRISTA CINEREA (Cham. & Schlecht) Pollard ex A. Heller.- **E** 232.- San Pedro (Loja), 2200 m.s.m. -26-4. 46.- Flores amarillo claras. Estambres pardos al extremo. Generalmente incada. Yerbita dura de hojas pinnadas. Potreros, entre gramas.

CROTALARIA INCANA L.- **E** 264.- Alturas orientales de Loja, 2250 m.s.m. -2-5. 46.- Corola color amarillo muy vivo. Trifoliada. Arbusto duro de tallo pardo.- **E** 795.- Aguahedionda (N de Loja), 2150 m.s.m. -16-10. 46.- Flores amarillo doradas. Tallo pardo morado. Tallo, hojas jóvenes, cáliz color pardo, vellosos. Arbusto de setos.- **E** 1203.- La

Tomam 1400 m.s.m. -9-1. 47.- Arbusto de unos 40 a 50 cm. Florece en largas espigas que salen al frente de la hoja base. Cáliz verde; corola amarillo dorado.- Venezuela.

C. aff. **MAYPURENSIS** H.B.K.- **E** 1311.- Entre SanPedro de la Bendita y Las Chinchas (unos 55 Km O de Loja), 1600 m.s.m. -1-3. 47.- Arbusto pequeño. Hojas color verde claro. Flores color amarillo dorado. Crece en lugares secos y suelos calcáreos.- Venezuela.

C. SAGITTALIS L.- **E** 229.- San Pedro (Loja), 2200 m.s.m. -26-4. 46.- Flores color amarillo claro. Reptadora o erguida. N.v. *Surrún o Surrón.*

COURSETIA GRANDIFLORA Benth.- **E** 1296.- Entre San Pedro de la Bendita y Las Chinchas (unos 55 Km O de Loja), 1600 m.s.m. -9-2. 47.- Arbusto que crece en lugares secos y suelos calcáreos. Flores color morado oscuro, en espigas. Hojas pinnadas.

DALEA MICROPHYLLA H.B.K.- **E** 592.- Landangui (S de Loja), 1600 m.s.m. -21-6. 46.- Inflorescencias con brácteas muy pelosas. Yerba fina y muy dura.

D. TRICHOCALYX Ulbr.- **E** 1604.- Entre La Toma y San Pedro de la Bendita (unos 50 a 60 Km O de Loja), 1400—2000 m.s.m. -11-7. 47.- Arbusto de color verde claro blanquecino. Pedúnculos e inflorecencia densamente peloso. Flores color lila. En lugares semiáridos.

DESMODIUM MOLLICULUM (H.B.K.) DC.- **E** 402.- Loja, cerro Pucará, 2300 m.s.m. -18-5. 46.- Flores amarillas. Yerba que crece en prados y terrenos antes cultivados.- **E** 403.- El mismo lugar.- Flores color azul ultramarino. Quilla color blanco.- **E** 689.- Aguahedionda (N de Loja), 2150 m.s.m. -16-10. 46.- Yerba rastrera, finos tallos. Hojas trifoliadas, manchas verde cara en la nervadura central. Flores amarillas anteras y pistilo verdes.

ERYTHRINA EDULIS Triana.- **E** 1347.- Jipiro (5 Km NE de Loja), 2100 m.s.m. -6-3. 47.- Arbol de 7 a 8 metros altura y unos 50 cm de diámetro a la base, muy ramificado. Flores color amarillo con rayas verdosas en el estandarte y verde en las alas.

ERYTHRINA SP.- **E** 530.- La Toma, 1400 m.s.m. -5-6. 46.- Pequeño árbol. Cáliz rojo verdoso. Corola roja o blanquecina.

ERYTHRINA SP.- **E** 582.- Landangui (S de Loja), 1600 m.s.m. -21-6. 46.- Flores color rojo, cáliz más oscuro, con tinte verdoso. Casi sin hojas al tiempo de la floración. Arbol utilizado para cercas.- N.v. *Porotillo.*

GALACTIA ANGUSTII Harms.- **E** 1327.- Descenso entre Villonaco y La Toma (unos 20 Km O de Loja), 1500 m.s.m. -1-3. 47.- Yerba o arbustito de ramas finas que cuelga de pendientes próximas al camino. Estandarte y alas color lila; quilla blanca.

Lugares secos y terrenos calcáreos.

INDIGOFERA SUFFRUTICOSA Mill.- **E** 844.- Río Arenal (Valle de Catamayo), 1200 m.s.m. -19-10. 46.- Arbusto. Hojas de aspecto plateado en el envés. Flores color verde blanquecino, rojizas al interior. Cerca del río.- **E** 1064.- Landangui (S de Loja), 1900 m.s.m. -14-11. 46.- Arbusto de 1—2 metros altura. Flores en espigas axilares. Flores color rosado.- N.v. *Añil.-* Venezuela.

I. HUMILIS H.B.K.- **E** 1274.- Entre San Pedro de la Bendita y Las Chinchas (unos 55 Km O de Loja), 1600 m.s.m. - 9-2. 47.- Yerba incada de hojas color plateado. Flores color rojo bermellón. Crece en terrenos secos y suelos calcáreos.

I. TEPHROSIOIDES H.B.K.- **E** 790.- Aguahedionda (N de Loja), 2150 m.s.m. -16-10. 46.- Yerba rastrera. Espigas erguidas. Flores color tomate. Quilla con dos manchas blancas, bordeadas de rosa. Tallo fino; hojas pinnadas.

INGA EDULIS Mart.- **E** 587.- Landangui, S de Loja, 1600 m.s.m. -21-6. 46.- Cáliz verde caro. Corola amarillo verdosa. Estambres blancos. Arbol de frutos comestible, frecuente, cultivado o silvestre.- N.v. *Guabo.-* Venezuela.

I. INGOIDES (Rich.) Willd.- **E** 1782.- Río Amarillo, cerca de Portovelo, 700—800 m.s.m. -14-8. 47.- Arbol que crece a orillas de los ríos. Cáliz color verde claro; corola más clara; estambres blancos. Hojas brillantes.- **E** 1859.- Río Calera (Zaruma), 820 m.s.m. -21-8. 47.- Arbol que crece cerca de las orillas del río o en las orillas mismas. Cáliz pardo claro; corola verde claro; estambres blancos.- N.v. *Guabo guasquillo.-* Venezuela.

I. TOMENTOSA Benth.- **E** 1818.- Arcapamba (Zaruma), 1350 m.s.m. -19-8. 47.- Arbol muy coposo, de hojas verde claras. Tallo joven y pedúnculos color pardo.- Cáliz pardo claro; corola pardo claro; estambres blancos. Fruto comestible.- N.v. *Guabo.*

INGA SP.- **E** 470.- Loja, 2250 m.s.m. -1-6. 46.- Arbol muy enramado. Flores blanquecinas. Tallo joven y hojas tiernas color pardo. Fruto comestible. N.v. *Guabo.*

INGA SP.- **E** 667.- Cariamanga, 1900 m.s.m. -28-7. 46.- Flores color verdoso. Estambres blanquecinos. Hojas brillantes. Arbol. N.v. *Guabo.*

LUPINUS HORNEMANNII Agardh.- **E** 1579.- Entre Las Chinchas y Catacocha (unos 70 Km O de Loja), 2300 m.s.m. -11-7. 47.- Arbusto de matorrales de altura. Flores color morado oscuro; hojas, pecíolos y pedúnculos color plateado.

L. SEMPERFLORENS Benth.- **E** 186.- Namanda (S de Loja), 2400—2500 m.s.m. -18-4. 46.- Flores azules, violáceas hasta blancas. Arbusto casi siempre erguido.

L. SUMMERSONIANUS C. P. Sm.- **E** 705.- Villonaco, 2900 m.s.m. -5-10. 46.- Flores color morado oscuro. Estandarte amarillo en la parte media. Tallo rastrero; ramas florales erguidas a poca altura.

LUPINUS SP.- **E** 1393.- Saraguro (unos 50 Km N de Loja), 2300 m.s.m. -10-3. 47.- Plantita cultivada. Flores color rosa claro. Tallo floral color gris morado.

LYSILOMA SP.- **E** 1295.- Entre San Pedro de la Bendita y Las Chinchas, 1600 m.s.m. -9-2. 47.- Arbusto a veces rastrero. Crece en lugares secos y suelos calcáreos. Estambres color rosa lila. Hojas bipinnadas de finos folilos. Aspectos hermosos.

MEDICAGO HISPIDA Gart.- **E** 45.- Loja, 2080 m.s.m. -2-4. 46.- Flores color amarillo limón, frecuente en potreros y terrenos antes cultivados.

MELILOTUS INDICA (L.) All.- **E** 1590.- Entre San Pedro de la Bendita y Las Chinchas (unos 55 Km O de Loja), 2000—2100 m.s.m. -11-7. 47.- Yerba de lugares regados.- Corola amarilla.

MIMOSA PIGRA L.- **E** 1771.- Río Amarillo cerca de Portovelo, entre 700—710 m.s.m. -14-8. 47.- Arbusto muy espinoso que forma matorrales espesos a la orilla de los ríos. Hojas sensitivas. Estambres color rosa.

M. POLYCARPA H.B.K.- **E** 1266.- Entre San Pedro de la Bendita y Las Chinchas (unos 60 Km O de Loja), 1600 m.s.m. - 8-2. 47.- Arbusto duro, casi siempre incado en esta región. Crece en lugares secos y suelos calcáreos. Estambres color rosado claro.

PAROSELA CAERULEA (L.f.) Macbr.- **E** 127.- Loja, orillas del río Zamora, 2200 m.s.m. -15-4. 46.- Flores azul ultramarino, en espigas. Arbusto hasta de 1 metro altura.

PHASEOLUS LATHYROIDES L.- **E** 511.- La Toma, 1400 m.s.m. -5-6. 46.- Flores color violeta oscuro. En la misma espiga se hallan frutos secos, flores y botones. Crece en lugares regados.- Venezuela.

P. POLYANTHUS Greenm.- **E** 1775.- Río Amarillo, cerca de Portovelo, 700—710 m.s.m. -14-8. 47.- Trepadora que forma parte de los matorrales próximos a los ríos. Flores grandes, color amarillo; quilla con color morado diluído.

PHASEOLUS SP.- **E** 534.- La Toma, 1400 m.s.m. -5-6. 46.- Enredadera de orillas del río. Flores blanco-amarillentas, con tinte morado diluído. Puente Boquerón.

PIPTADENIA SP.- **E** 626.- Cordillerita San Bartolo, 2300 m.s.m. -4-7. 46.- Estambres blancos. Flores muy fragantes. Arbol de 5 a 8 metros, muy ramificado.- **E** 626.- Cariamanga, 1900 m.s.m. -28-7. 46.- Flores color blanquecino algo verdoso. Estambres del mismo color. Foliolos elípticos, pequeños. Arbol. Herborizada por Arsenio Espinosa.

PROSOPIS JULIFLORA (Sw.) DC.- **E** 491.- La Toma, 1400 m.s.m. -5-6. 46.- Arbol de los terrenos secos de La Toma. Flores color verde claro; estambres amarillos, anteras más claras. Apreciado como forraje, incluso los frutos.- N.v. *Algarrobo.*- Venezuela, Perú.

PSORALEA PUBESCENS Poir.- **E** 401.- Loja, cerro Pucará, 2300 m.s.m. -18-5. 46.- Flores color azul ultramarino. Arbusto duro.

RHYNCHOSIA OVATA Rusby.- **E** 1060.- Landangui, 1900 m.s.m. -14-11. 46.- Planta trepadora en matorrales. Flores amarillas, cáliz verde claro. Cerca del río.- **E** 1643.- Orillas río Malacatos meridional (unos 36 Km S de Loja), 1600 m.s.m. -16-7. 47.- Trepadora en matorrales. Florece en espigas axilares. Cáliz verde claro; corola amarilla, quilla más clara.

SPARTIUM JUNCEUM L.- **E** 395.- Loja, cerro Pucará, 2300 m.s.m. -18-5. 46.- Flores amarillo doradas. Frecuente en el valle.- N.v. *Retama.*- Venezuela.

STYLOSANTHES aff. **NERVOSA** Macbr.- **E** 517.- La Toma, 1400 m.s.m. -5-6. 46.- Flores amarillas. Hojas y tallos color verde plateado. Yerbita dura, rastrera.

S. SYMPODIALIS Taub.- **E** 590.- Landangui, 1600 m.s.m. -21-6. 46.- Flores color amarillo dorado, verdosas a la base. Flores provistas de brácteas, en racimos de dos o más. Yerba.

SWARTZIA aff. **MATTHEWSII** Benth.- **E** 854.- Encima de La Toma, 2000 m.s.m. -19-10. 46.- Arbusto duro. Cáliz pardo. Corola blanca. Estambres blancos. Extensas societas.

TRIFOLIUM AMABILE H.B.K.- **E** 250.- San Pedro, Loja, 2200 m.s.m. -26-4. 46.- Pétalos violáceos en la base y blancos a los extremos. Yerbita rastrera. Potreros y prados.- **E** 399.- Loja, cerro Pucará, 2300 m.s.m. -18-5. 46.- Estandarte color morado oscuro, blanquecino a los bordes. Yerbita delgada de los prados.

T. DUBIUM Sibth.- **E** 426.- Argelia, Loja, 2300 m.s.m. -21-5. 46.- Florecitas amarillas. Yerbas que crece en potreros.

VICIA ACEROSA Clos.- **E** 394.- Cerro Pucará, Loja, 2300 m.s.m. -18-5. 46.- Estandarte y alas azul ultramarinos. Quilla blanca. Yerbita trepadora o incada.

ZORNIA DIPHYLLA (L.) Pers.- **E** 230.- San Pedro, Loja, 2200 m.s.m. -26-4. 46.- Flores amarillo doradas, claras en la base. Florece en espigas con brácteas imbricadas. En cada espiga sólo abre a la vez una flor.

GERANIACEAE

GERANIUM ACAULE Willd.-   **E** 948.-   Horta-Naque (SE de Loja), 3500—3800 m.s.m. - 9-11. 46.- Yerba dura, cespitosa o en almohadillas. La mayor parte de la planta enterrada en humus. Hojas tiesas, finamente partidas. Flores color rosa.- **E** 1000.- Horta-Naque, 3700—3800 m.s.m.   -9-11. 46.- Yerba de tallo duro, enterrado en almohadilla; al exterior asoma sólo pequeña roseta. Hojas tiesas. Flores rosa claro.

G. CHIMBORAZENSE Kunth.- **E** 703.- Villonaco, 2900 m.s.m. -5-10. 46.- Yerbita rastrera. Flores blancas con ligera tinte rojo. Tallo pardo claro.

G. ELONGATUM Kunth.- **E** 289.- Argelia, Loja, 2230 m.s.m. -4-5. 46.- Florecitas color rosado claro. Yerba de matorrales.

OXALIDACEAE

LOTOXALIS BARRELIERI (L.) Small.- **E** 678.- Cariamanga, 1900 m.s.m. -28-7. 46.- Arbusto leñoso. Flores amarillas. Cáliz verde.

OXALIS LOXENSIS Kunth.- **E** 1046.- San Pedro, Vilcabamba, 1900 m.s.m. -11-11. 46.- Yerba. Flores amarillas. Clima mesotérmico, algo seco.

O. PEDUNCULARIS H.B.K.- **E** 72.- Las Juntas (N de Loja). -6-4. 47.- Cáliz rojo violáceo y corola amarilla. Yerba muy ácida.- N.v. *Chulco.-* **E** 133.- Loja, orillas del Zamora, 2200 m.s.m. -15-4. 46.- Florecitas violeta parduscas. Crece sobre muros y en lugares secos.

TROPAEOLACEAE

TROPAEOLUM PELTOPHORUM Benth.- **E** 449.- Poja, 2200 m.s.m. -31-5. 46.- Flores color rojo oscuro; verdoso. Crece en matorrales.- N.v. *Mastuerzo silvestre.*

MELIACEAE

MELIA AZEDARACH L.- **E** 528.- La Toma, 1400 m.s.m. -5-6. 46.- Arbolito de las orillas del río Catamayo. Pétalos color rosa claro. Tubo de los estambres color morado, casi negro. En el puente Boquerón.- N.v. *Jacinto.*

MALPIGHIACEAE

HETEROPTERYS BEECHEYANA var. **ANDINA** Niedenzu.- **E** 71.- Las Juntas, N de Loja. -6-4. 46.- Florecitas color rojo rosado. Enredadera que cubre a veces completamente el árbol que la hospeda. Frutos alados, muy vistosos.

POLYGALACEAE

MONNINA CELASTROIDES var. **MACROSTACHYA** Urb.- **E** 14.- Argelia (Loja), 2230 m.s.m. -28-3. 46.- Florecitas color azul ultramarino. Extremo de la quilla amarillo verdoso. Yerba de praderas.

POLYGALA PANICULATA L.- **E** 111.- Loja, 2200 m.s.m. -11-4. 46.- Florecitas color violado rojizo. Crece en laderas.- Venezuela.

P. PANICULATA var. **LEUCOPTERA** Blake.- **E** 112.- Loja, 2200 m.s.m. -11-4. 46.- Florecitas blancas. Crece en los mismos sitios que la especie típica.- Venezuela.

SECURIDACA CORIACEA Bonpl.- **E** 1686.- Río Amarillo, frente a Portovelo, unos 710 m.s.m. -11-8. 47.- Arbusto semitrepador, forma matorrales. Florece en racimos terminales. Flores color lila rosado.

EUPHORBIACEAE

ACALYPHA DIVERSIFOLIA Jacq.- **E** 130.- Loja, 2200 m.s.m. -15-4. 46.- Arbusto leñoso, monoico. Flores femeninas color morado pardusco. Amentos masculinos gris amarillentos. A veces adquiere dimensiones de arbolito. En matorrales secundarios.- Venezuela.

EUPHORBIA SPLENDENS Bojer.- **E** 1757 bis.- Zaruma. -16-8. 47.- Arbustito espinoso de tallo poligonal, cultivado en el parque. Hojas color verde claro; crecen sólo al extremo del tallo. Flores terminales, color rojo muy vivo.- Procede de Madagascar.

JATROPHA NUDICAULIS Benth.- **E** 521.- La Toma, 1400 m.s.m. -5-6. 46.- Arbusto de tallo rubusto y hojas caducas de lugares secos. Flores masculinas color rojo bermellón. Característica del lugar.

PHYLLANTHUS HYSSOPIFOLIUS H.B.K.?.- **E** 221.- San Pedro, Loja, 2200 m.s.m. -26-4. 46. Florecitas aisladas, axilares, violeta-parduscas en el dorso, verde amarillentas por delante. Tallito y parte de las hojas violeta-parduscos. Crece entre gramas, en potreros.- Venezuela.

POINSETTIA HETEROPHYLLA (L.) Kl. & Garcke.- **E** 827.- Río Arenal (Catamayo), 1200 m.s.m. -19-10. 46.- Flores color verdoso. Yerba pequeña de los arenales del río.

ANACARDIACEAE

MAURIA HETEROPHYLLA H.B.K.- **E** 459.- Loja, 2200 m.s.m. -31-5. 46.-

Arbolito muy enramado. Florecitas blancas. Anteras amarillas. Fruto olor a mango.

SCHINUS MOLLE L.- **E** 515.- La Toma, 1400 m.s.m. -5-6. 46.- Arbolito cultivado, frecuente en lugares cálidos y secos. Medicinal.- N.v. *Molle.*

SAPINDACEAE

CARDIOSPERMUM CORINDUM L.- **E** 116.- Loja, 2200 m.s.m. -11-4. 46.- Florecitas blancas. Trepadora. Crece en matorrales. Venezuela.

DODONAEA VISCOSA var. **LINEARIS** f. **ANGUSTIFOLIA** (Benth.) Sherf.- **E** 468.- Loja, 2200 m.s.m. -1-6. 46.- Arbusto muy propagado en alturas superiores al Valle de Loja, lado oriental.

SAPINDUS SAPONARIA L.- **E** 37.- Loja, 2200 m.s.m. -2-4. 46.- Arbol que puede alcanzar grandes dimensiones. Los frutos secos se usan para lavar.- N.v. *Jorupe o Jaboncillo.-* Venezuela.

SERJANIA DIFFUSA Radlk.- **E** 515.- Catacocha, 5050 m.s.m. -4-7. 46.- Flores color blanco. Ovarios súpero color verde. Estambres y pistilo color pardo claro. Arbusto trepador con zarcillos, de muchos metros. Forma matorrales.

S. GRANDIS Seem.- **E** 585.- Landangui, 1600 m.s.m. -21-6. 46.- Flores blancas. Hojas y cáliz lanosos. Arbusto.

VITACEAE

CISSUS CICYOIDES L.- **E** 837.- La Toma, 1400 m.s.m.- Arbusto trepador. Hojas cordiformes, suaves. Florece en racimos axilares. Fruto pequeño, una baya, negra cuando madura. En setos.- **E** 1576.- Jardín Botánico. Loja. -3-7. 47.- Liana de gran desarrollo. Hojas cordiformes agudas, brillantes por ambos lados. Florecitas color amarillo verdoso. Procede de las selvas de Torata, cerca de Sta. Rosa (Prov. El Oro).- Venezuela.

ELAEOCARPACEAE

VALLEA STIPULARIS Mutis.- **E** 745.- Villonaco, 2800—2900 m.s.m. -5-14. 46.- Arbolito de pocos metros. Hojas semejantes a la del álamo. Florecitas de hermoso color rosa; dispuestas en pequeños racimos terminales. Muy propagado en las alturas inferiores a los páramos, ya en la forma de arbusto ya en la de arbolito.- Venezuela.

MALVACEAE

ABUTILON SP.- **E** 1315.- Entre San Pedro de la Bendita y Las Chinchas (unos 55

Km O de Loja), 1600m.s.m. -1-3. 47.- Arbusto de lugares, secos y suelos calcáreos. Tallo y hojas afelpados. Flores color amarillo dorado.

MALACHRA ALCEIFOLIA Jacq.- **E** 818.- Río Guayabal (Valle de Catamayo), 1400 m.s.m. -11-10. 46.- Flores amarillas. Arbusto.- Venezuela.-

MALACHRA SP.- **E** 1848.- Río Calera (Zaruma), 820 m.s.m. -21-8. 47.- Arbusto muy frecuente en la proximidades del río. Inflorescencia pelosa.

SIDA CORDIFOLIA L.- **E** 527.- La Toma, 1400 m.s.m. -5-6. 46.- Flores amarillas. Hojas y tallo verde blanquecinos. Crece en lugares secos.- Venezuela.

S. PANICULATA L.- **E** 1127.- Taxiche (S de Loja), 1800 m.s.m. -19-12. 46.- Yerba o arbustito duro, de ramas finas. Pétalos color morado. Anteras amarillas.- Venezuela.

SIDA SP.- **E** 525.- La Toma, 1400 m.s.m. -5-6. 46.- Flores color amarillo yema. Yerba o arbustito de lugares secos.

BOMBACACEAE

CHORISIA INSIGNIS H.B.K.- **E** 523.- Río Arenal (Catamayo), 140. m.s.m. -5-5. 46.- Arbol de gran altura, de hojas caducas, propio de laderas secas. Flores blancas, interiormente color pardo. Pólen amarillo tomate.

STERCULIACEAE

BUETTNERIA FLEXUOSA Killip.- **E** 284.- Argelia, Loja, 2230 m.s.m. -2-5. 46.- Florecitas en racimos axilares. Estambres amarillos con machas de color oscuro. Periantio amarillento con manchas violetas. Matorrales. Yerba o arbusto.

WALTHERIA AMERICANA L.- **E** 848.- Río Arenal (Catamayo), 1400 m.s.m. -19-10. 46.- Yerba o subarbusto. Forma espigas bracteadas. Flores amarillas. Cerca del río.- Venezuela.

W. OVATA Cav.- **E** 1599.- Entre La Toma y San Pedro de la Bendita (unos 50 Km O de Loja), 1600—2000 m.s.m. -11-7. 47.- Arbusto de lugares semiáridos. Planta de aspecto blanquecino. Flores amarillas. Tallo duro.

ACTINIDIACEAE

SAURAUIA TOMENTOSA (H. B. K.) Spreng.- **E** 713.- Villonaco, 2900m.s.m. -5-10. 46.- Arbol. Ramas y hojas con pelos pardos. Florece en pequeños racimos axilares cerca del ápice de la rama. Flores blancas con ligero tinte rosa. Estambres amarillos.

OCHNACEAE

SAUVAGESIA ERECTA L.- **E** 1762.- Encima de Zaruma, 1280—1350 m.s.m. - 18-8. 47.- Pequeña yerba de tallo pardo claro. Florecitas color rosa claro.- Venezuela.

THEACEAE

LAPLACEA SPECIOSA H. B. K.- **E** 644.- Zamora-Huaico (SE de Loja), 2250—2300 m.s.m. -17-6. 46.- Arbol del bosque de altura. Hojas coriáceas con nervadura roja. Flores blancas. Filamentos amarillos. Aromática.

GUTTIFERAE

CLUSIA LATIPES Planch. & Triana.- **E** 201.- Namanda (S de Loja), 2400—2500 m.s.m. -18-4. 46.- Periantio rojo, blanquecino al interior. Hojas coriáceas, verde oscuras al haz, blanquecinas al envés.- **E** 769.- Villonaco 2800 m.s.m. -11-10. 46.- Arbol de 5 o más metros, muy ramificado. Flores aromáticas, color amarillo pálido, lo mismo los estambres. Fruto esférico.- N.v. *Duco, Incienso.*- La resina constituye el incienso popular.

HYPERICUM CANADENSE L.- **E** 115.- Loja, 2200 m.s.m. -11-4. 46.- Florecitas amarillas. Frutos pardos. Yerbita de laderas.- **E** 273.- Alturas orientales de la costa, 2250 m.s.m. -2-5. 46. Flores amarillo doradas con manchas rojas. Estambres amarillos. Yerbita erguida de 20 a 30 cm altura.

H. STRICTUM H. B. K.- **E** 319.- Cajanuma (S de Loja), 2400 m.s.m. -7-5. 46. Flores color amarillo naranja. Hojas duras, casi filiformes. Arbusto pequeño y duro de la parte inferior del páramo.

H. EUPHORBIOIDES St. Hil.- **E** 425.- Argelia, Loja, 2300 m.s.m. -21-5. 46.- Yerbita blanda y pequeña de los pantanos. Hojas con frecuencia de color morado.

HYPERICUM SP.- **E** 999.- Horta-Naque (SE de Loja), 3600—3800 m.s.m. -9-11. 46.- Arbusto predominante, duro. Flores amarillas, muy visible. Hojas 8 x 1 mm, tiesas.

BIXACEAE

BIXA ORELLANA L.- **E** 1808.- Arcapamba (Zaruma), 1290 m.s.m. -19-8. 47.- Arbusto muy cultivado en las partes subtropicales de Zaruma. Corola color rosa claro. Del fruto se extrae color amarillo para las comidas.- N.v. *Achiote.*

VIOLACEAE

VIOLA ARGUTA H. B. K.- **E** 3.- Argelia, Loja, 2230 m.s.m. -27-3. 46.- Flores color rojo subido. Sépalos color rojo oscuro, casi café. Muy propagada en las partes inferiores del páramo hasta alturas medianas. El tono del color varía desde el muy claro hasta el oscuro. Tamaño muy variable, según las condiciones de luz.

V. ARGUTA var. **GLABERRIMA** Becker.- **E** 549.- Argelia, Loja, 2230—2300 m.s.m. -14-6. 46. Florecitas color lila, con líneas oscuras en los pétalos. Yerba generalmente yacente.

V. HUMBOLDTII Triana & Planch.- **E** 188.- Namanda, S de Loja, 2400—2500 m.s.m. -18-4. 46.- Flores color violeta claro, más claras en el interior. A diferencia de *V. obliquifolia*, tiene hojas cordiformes.

V. OBLIQUIFOLIA Turcz.- **E** 167.- Namanda, S de Loja, 2400—2500 m.s.m. -18-4. 46. Pétalos violeta azulado, en el interior domina el color blanco. Reptadora en prados y entre matorrales. Hojas ovaladas.- Venezuela.

FLACOURTIACEAE

XYLOSMA VELUTINA (Tul.) Triana & Planch.- **E** 1048.- San Pedro de Vilcabamba, 1800 m.s.m. -11-11. 46.- Arbusto. Flores de color verdoso, en grupos axilares.- **E** 1058.- Landangui (S de Loja). -14-11. 46.- Arbusto espinoso.- Hojas color verde claro. Flores en grupos axilares. En matorrales próximos al río.- Venezuela.

PASSIFLORACEAE

PASSIFLORA CUMBALENSIS (Karst.) Harms.- **E** 206.- Namanda (S de Loja), 2400—2500 m.s.m. -18-4. 46.- Flores azul violáceas. Hojas trilobadas, brillantes. Enredadera con zarcillos.

P. FOETIDA L. var. **GOSSYPIFOLIA** (Desv.) Mast.- **E** 849.- Río Arenal (Catamayo), 1200 m.s.m. -19-10. 46.- Cáliz verde, algo membranoso. Pétalos amarillos. Rastrera en lugares secos. Cerca del río.- Venezuela.

P. INDECORA H. B. K.- **E** 481.- Oriente de Loja, 2250 m.s.m. -1.6. 46.- Corola blanca. Pétalos de la corona con sectores alternados: violeta amarillo, violeta, amarillo. Crece sobre matorrales.- **E** 855.- Loja ,2200 m.s.m. -23-10. 46.- Hojas bilobadas. Flor: sépalos verde claros al exterior, blancos al interior; pétalos blancos con tinte violeta al interior; filamentos exteriores blancos y violeta alternado; interiores pardos. Estambres parduscos; pistilo verde.

P. LOBBII Mast.- **E** 753.- Villonaco, 2900 m.s.m. -5-10. 46.- Flores color verde amarillento. Corona morada. Estambres verdes; anteras amarillas. Hojas aquiliformes, brillantes, rugosas.

P. MIXTA var. **ERIANTHA** (Benth.) Killip.- **E** 1363.- Saraguro (unos 50 Km N de Loja), 2400 m.s.m. -9-3. 47.- Flores color rojo carmín. Anteras amarillas; filamentos y pistilo blanco amarillentos. Hojas trilobadas.- Venezuela.

P. MANICATA (Juss.) Pers.- **E** 724.- Villonaco, 2800 m.s.m., -5-10. 46.- Flores: pétalos afuera verdes y al interior rojos. Estambres amarillos. Estigma verde. Hojas palmado-lobuladas, brillantes.- **E** 483.- Oriente de Loja, 2250 m.s.m. -1-6. 46.- Pétalos rojo encarnados. Corona violeta. Crece en matorrales. Hojas trilobadas.- **E** 690.- Gonzanamá. -28-7. 46.- Corola rojo verdosa al exterior, carmín al interior. Corona azul ultramarino. Anteras color pardo claro.- **E** 448.- Loja, 2200 m.s.m. -31-5. 46.- Pétalos color rojo carmín. Corona morado oscura. Crece en matorrales.- **E** 764.- Oriente de Loja, 2200—2500 m.s.m. -11-10. 46.- Pétalos y sépalos rojo carmín. Corona morada. Estambres blanquecino-verdosos. Común en los setos. Hoja trilobada.- **E** 2171.- Guanazán (N de Zaruma), 2600 m.s.m. -9-9. 47.- Bejuco de los matorrales. Corola color rojo oscuro: corona morado oscuro; anteras amarillas; estilo rojizo; estigma verde.- Venezuela.

P. PUNCTATA L.- **E** 1202.- La Toma, 1400 m.s.m. -9-1. 47.- Cáliz color verde claro; pétalos verde claro con margen morado. Filamentos de la corona morados en la base y blancos en la mitad superior. Pistilo morado pardusco; estigma verdoso. Hojas aquiliformes. Enredadera de matorrales.- **E** 1228.- Chiguango (unos 70 Km O de Loja), unos 1600 m.s.m. -8-2. 47.- Bejuco de los matorrales. Hojas aquiliformes. Flores: pétalos verde claros al exterior y blancos al interior; estambres verdes.

P. ROSEORUM Killip.- **E** 965.- Horta-Naque, 3200 m.s.m. -8-11. 46.- Flor grande (17 cm de longitud) color lila azulado. Columna de los estambres blanca; anteras grises. Ovario verde voláceo.- Fruto negro.

P. RUBRA L.- **E** 1119. - Malacatos, 1800 m.s.m..- 19-12. 46.- Enredadera con zarcillos en los matorrales a orillas de los caminos. Hojas aquiliformes. Flores: pétalos blancos; corona violeta; anteras amarillas; estigma verde.- **E** 1281.- S de la Bendita (unos 50 Km O de Loja), 1500 m.s.m.- 1-2. 47.- Bejuco delgado de los matorrales. Florecitas blancas; estilo verde.- **E** 1316.- Entre San Pedro de la Bendita y Las Chinchas (unos 55 Km O de Loja), 1600 m.s.m. -1-3. 47.- Yerbita rastrera de lugares secos suelos calcáreos. Hojas verde claras. Flores con rayas rojizas sobre fondo blanquecino.- Venezuela.

P. SANGUINOLENTA Mart.- **E** 617.- Catacocha, 2050 m.s.m. -4-7. 46.- Flores color púrpura, con rayas pardas muy oscuras. Fruto con cantos y puntos color púrpura.- **E** 806.- Aguahedionda (N de Loja), 2150 m.s.m. -16-10. 46.- Flor y fruto color rojo oscuro.- Estigma verdoso. Hojas bilobadas. Forma grandes techos sobre setos.

Fruto poliédrico.- **E** 1314.- Entre San Pedro de la Bendita y Las Chinchas (unos 55 Km O de Loja), 1600 m.s.m. -1-3. 47.- Plantita rastrera de lugares secos y suelos calcáreos. Flores color rojo carmín; anteras amarillas.

P. SUBEROSA L.- **E** 1140.- Río Ambocas (Zaruma), 700—800 m.s.m. -26-12. 46.- Bejuco fino. Hojas trilobadas. Flores color verdoso claro.

CARICACEAE

CARICA CANDAMARCENSIS Hook. f.- **E** 1056.- San Pedro (Vilcabamba), 1800 m.s.m. -11-11. 46.- Sólo árboles femeninos. Flores rojo carmín. Se la cree venenosa. Silvestre y cultivada.

C. PANICULATA Spruce.- **E** 1596.- Entre San Pedro de La Bendita y La Toma (unos 50 Km O de Loja), 1600—2000 m.s.m. -11-7. 47.- Arbustito de lugares semiáridos. Pedúnculo y periantio color rosa claro; anteras color blanquecino. Frecuentemente florece sin hojas.

CARICA SP.- **E** 656.- Zamora-Huayco, 2300 m.s.m. -17-7. 46.- Arbol de unos 10 metros de altura; tronco muy blando, flores verdes en la base, amarillas al extremo. Ovarios verde; estigma blanco.

LOASACEAE

LOASA TRIPHYLLA Juss.- **E** 35.- Loja, 2200 m.sm. -2-4. 46.- Pétalos blancos; corola al centro de hermoso color rojo, con rayas alternadas con blanco y amarillo. Crece en lugares húmedos.- **E** 136.- Loja, 2200 m.s.m.. -15-4. 46.- Pétalos blancos. Corona amarillo naranja con manchas rojas, paralelas hacia el extremo. Lugares húmedos.- Venezuela.

BEGONIACEAE

BEGONIA CUCULATA Willd.- **E** 1516.- Loja, Jardín Botánico. -14-6. 47.- Plantita cultivada de hojas algo carnosas, cordiformes; tallo suave y jugoso. Florece en pequeños racimos. Periantio blanco; anteras amarillas; pistilo también amarillo. Monoica.

B. DOLABRIFERA C. DC.- **E** 175.- Namanda (S de Loja), 2400—2500 m.s.m. -18-4. 46.- Flores color blanco; estambres amarillos. Hojas palmadolobuladas, violáceas en el envés.

B. MAURANDIAE A. DC.- **E** 1459.- Hac. Montecristi (unos 40 Km NE de Loja, cañon del río Zamora hacia el Oriente). -8-6. 47.- Yerba trepadora envolvente de tallo fino; longitud de uno o varios metros. Flores masculinas con pétalos blancos y color rojo diluído en el dorso. Estambres color amarillo limón.

B. SCORODONIOIDES (H. B. K.) Cham.- **E** 1288.- Entre San Pedro de la Bendita y Las Chinchas (unos 55 Km O de Loja), 1600 m.s.m. -9-2. 47.- Arbusto que crece en lugares secos y suelos calcáreos. Flores color amarillo.

B. TOVARENSIS Kl.- **E** 1530.- Argelia (4 Km S de Loja), 2300m.s.m. -18-6. 47.- Planta blanda de pantanos. Tallo rojo, lo mismo que pecíolos y pedúnculos. Cáliz rojo, blanquecino sobre la base; corola blanca; anteras amarillo doradas.

B. URTICAE L. f.- **E** 1436.- Cerros de Acacana (unos 30 Km N de Loja), 2400—2500 m.s.m. -11-3. 47.- Yerba blanda que crece en bosques de altura, de aire muy húmedo. Flores color rojo carmín. Hojas asimétricas, claras en el envés.

CACTACEAE

EPIPHYLLUM CRENATUM (Lindl.) Britton & Rose.- **E** 1101.- Loja, 2200 m.s.m. -12. 46.- Flores grandes, color blanco ligeramente amarillento. Tallo plano, lobulado a los bordes. Se cultiva en masetas.

OPUNTIA aff. **QUITENSIS** Weber.- **E** 808.- Aguahedionda (N de Loja), 2150 m.s.m. -16-10. 46.- Flores color tomate. Frecuente en setos.- N. v. *Tuna*.

RHIPSALIS MICRANTHA (H. B. K.) DC.- **E** 1142.- Río Ambocas, 700—800 m.s.m.- Crece epífita y sobre rocas. Tallo delgado, muy ramificado. Frutos pequeños.

THYMELAEACEAE

DAPHNOPSIS BOGOTENSIS.- Cerro Villonaco, 2800 metros.- Arbolito de poca altura, lacticífero.- N.v. *Barbasco*.

D. ESPINOSAE Monach. **SP. NOV.**- **E** 205.- Namanda (S de Loja), 2400—2500 m.s.m. -18-4. 46. Florecitas en pequeñas espigas que nacen del tallo. Hojas brillantes. Lacticífera.- N.v. Barbasco. (Véase descripción)

LYTHRACEAE

CUPHEA MICROPHYLLA H. B. K.- **E** 12.- Argelia (S de Loja), 2250 m.s.m. -28-3. 46.- Flores color violeta rosado. Tubo del cáliz color pardo. Abundante en praderas y sementeras.- N. v. *Yerba del toro.*- **E** 118.- Loja, 2200 m.s.m. -11-4. 46.- Flores color lila rojizo. Crece en lugares inclinados, arcillosos.- **E** 149.- Loja, 2200 m.s.m. -16-4. 46.- Flores moradas. Yerba dura o pequeño arbusto.

C. RACEMOSA (L.) Spreng.- **E** 100.- Loja, 2200 m.s.m. -11-4. 46.- Florecitas color rosa lila. Tubo del cáliz verde cuando joven y pardo violáceo en la flor adulta. Crece en pantanos.

MYRTACEAE

EUCALYPTUS GLOBULUS Labill.- **E** 419.- Loja, 2200 m.s.m. -21-5. 46.- El árbol más propagado en toda la Región Interandina del Ecuador.

EUGENIA JAMBOS L.- **E** 1645.- Landangui (unos 25 Km S de Loja), 1650 m.s.m. -16-7. 47.- Arbol muy ramificado de 15 a 20 metros elevación. Hojas subcoriáceas, lanceoladas, brillantes. Cáliz color verde claro; corola blanca verdosa; estambres amarillo blanquecinos. Fruto comestible, denominado *Pomarrosa.*

MYRTEOLA OXYCOCCOIDES (Benth). Berg.- **E** 949.- Horta-Naque (SE de Loja), 3.500 m.s.m. -8-11. 46.- Yerba rastrera. Hojas coriáceas, ovales agudas, 6 x 5 mm. Flores color rosa muy claro. Anteras amarillas, pistilo rojo. Forma césped sobre terreno turboso.

ONAGRACEAE

EPILOBIUM DENTICULATUM R. & P.- **E** 1386. Saraguro (unos 50 Km N de Loja), 2300 m.s.m. -10-3. 47.- Yerba de lugares húmedos próximos a Saraguro (la sur de la población). Florecitas blancas.

FUCHSIA CANESCENS Benth.- **E** 752.- Villonaco, 2800 m.s.m.- Arbusto muy ramificado, hasta 3 metros de alto. Flor color rojo vivo. Pistilo rojo; anteras blancas.

F. HYPOLEUCA Johnston .- **E** 1440.- Cerros Acacana (unos 30 Km N de Loja), 2400—2500 m.s.m.. -11-3. 47.- Arbusto del bosque húmedo de altura. Hojas claras en el envés. Flores color rojo carmín. Muy frecuente en la región.

F. LEHMANNII Munz.- **E** 1461.- Hac. Montecristi (unos 40 Km NE de Loja, curso del río Zamora al Oriente). -8-6. 47.- Arbusto de matorrales en terrenos de restitución. Perianto color rojo bermellón; filamentos blancos; anteras amarillo grisáceas. Hoja color verde claro, mas claras en el envés.

F. SYLVATICA Benth.- **E** 660.- Zamora-Huaico (SE de Loja), 2250—2300 m.s.m. -17-7. 46.- Flores rojas; cáliz más oscuro. Tallo y envés de las hojas color morado. Arbusto de la sombra del bosque.- Venezuela.

JUSSIAEA ERECTA L.- **E** 1763.- Río Calera (S de Zaruma, entre Pindo y Amarillo), 660—700 m.s.m. -14-8. 47.- Yerba o arbustito erguido. Hojas color verde claro. Cáliz pardo morado; corola amarilla.- Venezuela.

J. PERUVIANA L.- **E** 128.- Loja, orillas del Zamora, 2200 m.s.m. -15-4. 46. Flores amarillas, conspícuas. Arbusto de 1 a 1 /2 metros.- **E** 811.- Aguahedionda (N de Loja). -17-10. 46.- Subarbusto de lugares húmedos. Flores color amarillo dorado. Hojas verde intenso en el haz y claras en el envés.- **E** 1749.- Río Pindo (S de Zaruma), entre 710 y 730 m.s.m. -14-8. 47.- Arbusto que crece cerca de las orillas de los ríos. Corola color amarillo dorado. Tallo rojizo.

J. PERUVIANA var. **TYPICA** Munz.- **E** 391.- Loja, 2200 m.s.m. -10-5. 46.- Flores color amarillo dorado. Crece en lugares húmedos.- Venezuela.

OENOTHERA ELATA H. B. K.- **E** 622.- Catacocha, 2050 m.s.m. -4-7. 46 Flores color amarillo limón, muy vivo. Semiarbusto cultivado en jardines.

O. LACINIATA var. **PUBESCENS** (Willd.) Munz.- **E** 1054.- San Pedro (Vilcabamba), 1800 m.s.m. -11-11. 46.- Yerba de tallo rojizo. Flores amarillas.

O. MULTICAULIS var. **TARQUENSIS** (H. B. K.) Munz & Johnston.- **E** 1302.- Entre San Pedro de la Bendita y Las Chinchas (unos 55 Km O de Loja), 1600 m.s.m.- 1-3. 47.- Yerba que crece a orillas del camino, en la región seca entre San Pedro y Las Chinchas. Flores amarillas o rojas. Anteras amarillas. Tallito y ovario rojizos.

O. ROSEA Ait.- **E** 139.- Loja, 2200 m.s.m. -15-4. 46.- Flores moradas. Yerba erguidad. Crece cerca de los ríos.- **E** 1398.- Saraguro (unos 50 Km N de Loja), 2300 m.s.m. -10-3. 47.- Yerbita que crece en terrenos cultivados. Flores color rosa. Etambres amarillos.

HALORAGACEAE

GUNNERA PILOSA H. B. K. .- **E** 730.- Villonaco, 2800 m.s.m. -5-10. 46.- Yerba de grandes y robustas hojas que crece en lugares húmedos. Florece en espigas compuestas de numerosas flores diminutas color rojo y grandes anteras.

ARALIACEAE

OREOPANAX ANDREANUM March.- **E** 770.- Villonaco, 2800 m.s.m. -11-10. 46.- Arbol de 5 o más metros, quebradizo. Hojas enteras, coriáceas. Flores en cabezuela esféricas color blanco; anteras amarillas. Tallo y envés de las hojas color pardo.

O. ROSEI Harms.- **E** 664.- Argelia (Loja), 2300 m.s.m. -1-8. 46.- Arbolito de alturas. Flores blancas insertas en cabezuelas que forman racimos terminales. Flores aromáticas. Haz de las hojas brillante; envés blanquecino.

UMBELLIFERAE

APIUM LEPTOPHYLLUM (Pers.) F. Muell.- **E** 251.- San Pedro (Loja), 2200 m.s.m. -26-4. 46.- Florecitas pardo violáceas. Umbelas axilares. Pequeña yerbita de prados.- **E** 396.- Loja cerro Pucará, 2300 m.s.m. -18-5. 46.- Florecitas color rosado claro. Yerba fina, inclinada. Crece en prados. **E** 793.- Aguahedionda (N de Loja), 2150 m.s.m. -16-10. 46.- Yerba blanda; hojas compuestas, finos foliolos. Corola blanquecina con tinte morado, en grupos axilares.

A. SCABRUM Wolff.- **E** 978.- Horta-Naque (SE de Loja), 3500—3800 m.s.m. -9-11. 46.- Yerba suave. Hojas tripinnadas, tiesas, de olor fuerte. Florecitas color grisáceo.

ARRACACIA aff. **INCISA** Wolff.- **E** 1305.- Entre San Pedro de la Bendita y Las Chinchas (unos 55 Km O de Loja), 1600 m.s.m. -1-3. 47.- Yerba de tallo suave. Crece en lugares secos y terrenos calcáreos. Flores color pardo rojizo; anteras color rosa.

AZORELLA BILOBA Wedd.- **E** 2045.- Hac. Ambocas (NE de Zaruma sitio Tioloma), 3100m.s.m. -30-8. 47.- Yerba dura que forma grandes almohadillas. Florecitas color blanco verdoso.

A. LAXA Wollf.- **E** 2012.- Chepel (NE de Zaruma, entre los sitios Payama y Tioloma), 2950 m.s.m. -30-8. 47.- Planta que forma almohadillas en las alturas. Hojas partidas. Flores blancas.

A. MULTIFIDA (R. & P.) Pers.- **E** 716.- Villonaco, 2800—2900 m.s.m. -5-10. 46.- Forma grandes almohadillas entre los 2800 y 2900 metros de altitud. Muy propagada en los páramos del Ecuador.

DAUCUS MONTANUS H. & B.- **E** 42.- Florecitas de color blanco y violeta oscuro. Fruto erizado de púas, color violeta oscuro.- **E** 1592. Entre San Pedro de la Bendita y Las Chinchas (55-60 Km O de Loja), 2000—2100 m.s.m. -11-7. 47.- Yerba de lugares húmedos o regados. A la fecha sólo con frutos color pardo morado, erizados.- **E** 2172.- Guanazán (de Zaruma), 2600 m.s.m. -9-9. 47.- Yerba de los prados y lugares húmedos. Frutos con ganchos color violeta.- Venezuela.

FOENICULUM VULGARE Mill.- **E** 463.- Loja, 2200 m.s.m. -31-5. 46.- Flores amarillas, cáliz verde claro. Medicinal; cultivado o silvestre.- N. v. *Hinojo.-* Venezuela.

HYDROCOTYLE MEXICANA Cham. & Schlecht.- **E** 475.- Loja, 2200 m.s.m. -1-6. 46.- Diminuta yerba rastrera de prados arcillosos. Florecitas verdes en la base; corola amarillenta; anteras color pardo claro. Hojas en forma de escudo.

H. RANUNCULOIDES L. f.- **E** 432.- Argelia (Loja), 2250 m.s.m. -21-5. 46.- Florecitas diminutas en grupos pedunculados, axilares. Yerba blanda y robusta de pantanos.

Estas dos especies de *Hydrocotyle* se hallan muy propagadas en lugares húmedos y pantanos.

NEONELSONIA ACUMINATA (Benth.) Coll. & Rose.- **E** 1345.- Jipiro (5 Km NE de Loja), 2100 m.s.m. -6-3. 47.- Yerba de un metro y medio de altura, suave y robusta, que crece a la sombra de matorrales próximos a corrientes de agua. Flores color verde claro.

SPANANTHE PANICULATA Jacq.- **E** 1451.- Argelia (unos 4 Km S de Loja), 2300 m.s.m. -20-3. 47.- Yerba robusta y blanda que crece en terrenos cultivados. Tallo hueco. Florecitas blancas. Hojas cordiflores, grandes.- Venezuela.

CLETHRACEAE

CLETHRA FIMBRIATA H. B. K.- **E** 708.- Villonaco, 2900 m.s.m. -5-10. 46.- Arbusto de 1—2 metros, ramificado abundantemente. Hojas coriáceas, ovales, brillantes en el haz, pardas en el envés. Cáliz pardo, corola blanca amarillenta.

ERICACEAE

BEJARIA SUBSESSILIS Benth.- **E** 171.- Namanda (S de Loja), 2400—2500 m.s.m. -18-4. 46.- Flores color rosa, dispuestas en espigas terminales, muy hermosas. Hojas brillantes, muy clara en el envés. Arbusto duro, casi siempre inclinado. En sitios protegidos, adquiere considerables dimensiones, hasta las de árbol.

MYRSINACEAE

RAPANEA SODIROANA Mez.- **E** 212.- La Argelia (S de Loja). -25-4. 46.- Florecitas dispuestas en grupos, en el tronco de las ramas. Color de las flores verdoso con manchas rojizas.- **E** 361.- Argelia (S de Loja). -11-5. 46.- Arbolito de matorrales. Florece en el tronco de las ramas. Hojas brillantes, ovalado-acuminadas.- N.v. *Maco-Maco*.

R. DEPENDENS var. **SAXATILIS** Macbr.- **E** 773.- Villonaco, 2800—2850 m.s.m. -11-10. 46.- Arbol coposo de 5 o más metros. Hojas pequeñas (2 x 1 cm), coriáceas. Flores diminutas, pegadas al tronco de las ramas. Fruto una baya.- Venezuela, Perú.

PRIMULACEAE

ANAGALLIS ARVENSIS L.- **E** 46.- Loja, 2080 m.s.m. -2-4. 46.- Florecitas estrelladas. Color rojo bermellón. Yerba de los caminos.- Venezuela.

A. COERULEA Schreb.- **E** 44.- Loja, 2080 m.s.m. -2-4. 46.- Florecitas azul marino, muy vistosas. Fondo de la corola color rojo, lo mismo los filamentos.

PLUMBAGINACEAE

PLUMBAGO SCANDENS L.- **E** 825. La Toma, 1400 m.s.m. -19-10. 46.- Arbusto
de ramas largas, finas; muy ramificado. Flores muy blancas, pétalos finos.- **E** 1044.-
San Pedro de la Bendita, 1800 m.s.m. -11-11. 46.- Yerba. Flores color violeta azulado.-
Venezuela.

OLEACEAE

JASMINUM GRANDIFLORUM L.- **E** 684.- Cariamanga, 1900 m.s.m. -28-7. 46.-
Pétalos rojos al exterior y blancos al interior, muy fragante, cultivado. N. v. *Jasmín.-*
Venezuela.

OLEA EUROPAEA L.- **E** 1620.- Hac. Concepción (7 Km NO de Loja), 2300 m.s.m.
-11-7. 47.- Arbol cultivado en algunos lugares. Hojas muy claras en el envés. Flores
blancas. Fruto color negro. N. v. *Olivo.*

LOGANIACEAE

BUDDLEJA AMERICANA L.- **E** 1622.- Hac. Concepción (unos 7 Km NO de Loja),
2300 m.s.m. -11-7. 47.- Arbusto de matorrales, de hojas color verde claro. Espigas color
verde claro. Flores blancas.- Venezuela.

BUDDLEJA SP. NOV.- **E** 616.- Catacocha, 2050 m.s.m. -4-7. 46.- Flores
amarillas, en pequeños corimbos. Hojas verde claras, más claras al envés, algo lanosas.
Arbusto muy ramificado, de 1-2 metros altura.

SPIGELIA PEDUNCULATA H. B. K.- **E** 1163.- Torata (camino a Sta. Rosa, Prov.
El Oro), unos 60 m.s.m. -27-12. 46.- Yerba que crece a orillas del camino, en la selva.
Hojas suaves. Florece en espigas verticiladas. Florecitas color rojo oscuro, con fajas
verde blanquecinas.

GENTIANACEAE

ERYTHRAEA QUITENSIS H. B. K.- **E** 573.- Langangui (S de Loja), 1600 m.s.m.
-21-6. 46.- Flores color lila rosado. Florece en cimas. Yerba que se usa como febrífugo.-
N. v. *Canchalagua.*

LISIANTHIUS OVALIS R. & P.- **E** 897.- Hac. Horta-Naque, 3100 m.s.m. -7-11.
46.- Arbusto. Hojas coriáceas, ovales obtusas. Flores color amarillo verdoso. En
herbetum y arboretum.

MACROCARPAEA SODIROANA Gilg.- **E** 198.- Namanda (S de Loja), 2400—2500 m.s.m. -18-4. 46.- Flores color amarillo verdoso, de bello aspecto, en corimbos terminales y axilares. Muy propagada en matorrales de altura.

SYMBOLANTHUS MACRANTHUS (Benth.) Moldenke.- **E** 197.- Namanda (S de Loja), 2400—2500 m.s.m. -18-4. 46.- Hermosas flores rojo carmín, claras en la base. Cáliz verde. Arbusto de un metro de altura. Raíces intensamente amarillas.

APOCYNACEAE

LOCHNERA ROSEA (L.) Reichenb.- **E** 621.- Catacocha, 2050 m.s.m. -4-7. 46.- Semiarbusto cultivado en jardines. Flores rosadas, blanquecinas al exterior. Tallo con tintes rosados.- Venezuela.

MESECHITES TRIFIDA (Jacq.) Muell.- **E** 535.- La Toma (Valle de Catamayo), 1400 m.s.m. -5-6. 46.- Liana que forma matorrales. Flores blancas, fragantes. Orillas del río, puente Boquerón.

NERIUM OLEANDER L.- **E** 669.- Cariamanga, 1900 m.s.m. -28-7. 46.- Arbusto cultivado de hojas lanceoladas y flores encarnadas. Florece en racimos terminales compuestos. Venenosa.- N. v. *Laurel.*

PRESTONIA MOLLISSIMA H.B.K.- **E** 579.- Landangui (S de Loja), 1600 m.s.m. -21-6. 46.- Liana de matorrales y antíguos cultivos. Hojas afelpadas. Flores color violeta a los extremos y blanquecinas en la base.

THEVETIA PERUVIANA (Pers.) Morr.- **E** 820.- Río Guayabal (Valle de Catamayo), 1400 m.s.m. -19-10. 46.- Arbol de 5 o más metros, muy ramificado. Hojas brillantes, finas. Flores amarillas, algo verdoso en la base, campanuladas. Los estambres forman cierre en el tubo. Forma societas a orillas del río. Fruto venenoso.- N. v. *Jacapa.*- Venezuela.

ASCLEPIADACEAE

ASCLEPIAS CURASSAVICA L.- **E** 498.- La Toma (Valle de Catamayo), 1400 m.s.m. -5-6. 46.- Pétalos rojos. Corona color amarillo dorado. Yerba erguida, frecuente en terrenos regados.- Venezuela, Perú.

A. PHYSOCARPA E. Ney.- **E** 141.- Loja (Jardín del Prbo. Rodríguez). -15-4. 46.- Pétalos blancos. Corona con machas violadas. Arbusto de jardín.

CYNANCHUM SP.- **E** 94.- Las Juntas (N de Loja). -6-4. 46.- Florecitas pardo moradas. Frecuente. A la fecha sin hojas.

FUNASTRUM DOMBEYANUM (Decaisne) Schlecht.- **E** 512.- La Toma (Valle de Catamayo), 1400 m.s.m. -5-6. 46.- Enredadera que crece en cercas. El ejemplar tiene frutos, pero carece de flores.

HOYA CARNOSA R. Br.- **E** 439.- Loja, 2200 m.s.m. -31-5. 46.- Liana cultivada en jardines. Flores color rosa; pétalos aterciopelados. Corona con aspecto de cera o porcelana, roja en el centro.- N. v. *Flor de cera* o *Flor de porcelana.*

CONVOLVULACEAE

CONVOLVULUS CRENATIFOLIUS R. & P.- **E** 418.- Argelia, 2230.m.s.m. -21-5. 46.- Flores pequeñas, de color rosado muy claro. Hojas color plateado. Enredadera envolvente.

CUSCUTA ODORATA R. & P.- **E** 467.- Loja, 2200 m.s.m. -1-5. 46.- Flores muy blancas. Anteras amarillo forradas. Sobre *Dodonaea viscosa* y otros arbustos. Propagada en todo el valle, particularmente en lugares situados al Oriente de la ciudad.- N. v. *Cabello de ángel.*

EVOLVULUS SERICEUS Sw.- **E** 487.- Loja, 2200 m.s.m. -1-6. 46.- Yerbita rastrera. Florecita color blanco puro. Adaptada en jardines.

IPOMOEA ABUTILOIDES (H. B. K.) Don.- **E** 1867.- Río Calera (Zaruma), 820 m.s.m. -21-8. 47.- Bejuco que forma matorrales cerca de la orilla del río. Cáliz verde con tinte lila; corola lila.- Venezuela.

I. BATATAS (L). Lam.- **E** 493.- La Toma (Valle de Catamayo). -5-6. 46.- Flores color lila. Tallo morado. Hojas cordiformes. Cultivado en lugares regados. N.v. *Camote* o *Batata*

I. BATATAS f. **TRIFIDA** Mold.- **E** 492.- La Toma (Valle de Catamayo), 1400 m.s.m. -5-6. 46.- Flores color lila; hojas trilobadas. Se cultiva en terrenos regados.- N. v. *Camote indio.*

I. CARNEA Jacq.- **E** 489.- La Toma (Valle de Catamayo), 1400m.s.m. -5-6. 46.- Arbusto frecuente en terrenos áridos de La Toma. Flores color rojo, ligeramente violáceo.- N.v. *Florón.*- Venezuela.

I. CARNEA f. **ALBIFLORA** Mold.- **E** 490.- La Toma (Valle de Catamayo), 1400 m.s.m. -5-6. 46.- Arbusto idéntico en todo a *I. carnea*, pero de flores blancas. Este ejemplar es el único hallado hasta ahora en la región; crece entre los arbistitos de la forma típica. ¿Una mutación de *I. carnea* ?.- (Véase descripción).

I. DUMETORUM (H. B. K.) Willd.- **E** 215.- Argelia (Loja), 2230 m.s.m. -25- 4. 46. Flores de 2 a 2 1/2 cm, lila rosadas, claras en la base. En terrenos cultivados. Enredadera envolvente.

I. DUMETORUM F. **ALBA** Mold.- En los mismos sitios que la anterior; flores blancas. (Véase descripción).

I. PURPUREA (L.) Roth.- **E** 682.- Cariamanga, 1990 m.s.m. -28-7. 46. Flores color rojo lacre. Tallo rojo violado oscuro. Enredadera. Herborizada por Arsenio Espinosa.

I. SQUAMOSA Choisy.- **E** 135.- Loja, 2200 m.s.m. -15-4. 46.- Flores color violeta. Enredadera que cubre los matorrales a veces en grandes extensiones.- Perú.

I. TRICOLOR Cav.- **E** 1605.- Entre La Toma y San Pedro de la Bendita (50 a 55 Km O de Loja), de 1400–1700 m.s.m. -11-7. 47.- Enredadera de matorrales. Flores de hermoso color azul marino.

MERREMIA AEGYPTIA (L.) Urban.- **E** 1654.- Río Amarillo, frente a Portovelo, unos 710 m.s.m. -11-8. 47.- Plantita rastrera o trepadora. Tallo y cáliz cubiertos de pelaje tieso. Corola color blanco.- Venezuela.

M. MACROCALYX (R. & P.) O' Donell.- **E** 1724.- Cerro Gordo (Zaruma) unos 1250 m.s.m. -13-8. 47.- Bejuco que forma parte de los matorrales en las alturas de 1250 m.s.m. aproximadamente. Hoja palmado partidas. Cáliz verde claro con rojo difundido. Corola blanda.

M. UMBELLATA (L.) Hallier.- **E** 522.- La Toma (Valle de Catamayo), 1400 m.s.m. -5-6. 46.- Liana. Flores color amarillo limón. Crece en cercas y matorrales.- **E** 1682.- Portovelo, unos 710 m.s.m. -11-8. 47.- Bejuco que cubre a veces grandes extensiones. Florece en racimitos axilares. Flores color amarillo dorado.- **E** 1835.- Muluncay (O de Zaruma), 1220 m.s.m. -19-8. 47.- Enredadera de flores amarillo doradas.

POLEMONIACEAE

CANTUA PYRIFOLIA Juss.- **E** 2168.- Guanazán (N de Zaruma), 2600 m.s.m. -9-9. 47.- Arbusto de matorrales. Cáliz pardo morado; corola amarillo limón; anteras pardas; filamentos blancos; pistilo amarillo limón. Pétalos jóvenes con tinte morado al extremo y hacia el exterior. A la fecha casi agostada.

C. QUERCIFOLIA Juss.- **E** 261.- Alturas orientales de Loja, 2250 m.s.m. -2-5. 46.- Flores blancas. Anteras de color amarillo muy vivo. Tallo y hojas pegajosos. Muy propagada en matorrales.- **E** 1277.- San Pedro de la Bendita (unos 50 Km O de Loja), 1500 m.s.m. -9-2. 47.- Arbusto que forma asocies cerca de San Pedro. A la fecha tiene casi exclusivamente frutos secos. Corola blanca. Anteras amarillo doradas.- N. v. *Pepiso.*

BORAGINACEAE

CORDIA LANTANOIDES Spreng.- **E** 1260.- Entre San Pedro de la Bendita y Las Chinchas (unos 60 Km O de Loja), 1600 m.s.m. -9-2. 47.- Arbusto duro de lugares secos y calcáreos. Actualmente en hojas y flores.

C. LUTEA Lam.- **E** 1831.- Muluncay (O de Zaruma), 1220 m.s.m. -19-8. 47.- Arbusto muy ramificado. Flores amarillo doradas. Hojas ásperas. Se usa como medicinal.- Frecuentemente en lugares tropicales y subtropicales del Ecuador.- N. v. *Overal.*

C. ROSEI Killip .- **E** 602.- Catacocha, 2050 m. -4-7. 46.- Arbusto de 1 a 3 metros. Hojas y tallo joven vellosos. Flores blancas, es espigas apretadas. Abren pocas a la vez. Muy frecuentemente en la región.

CYNOGLOSSUM AMABILE Staof. & Drummond.- **E** 681.- Cariamanga 1900 m.s.m. -28-7. 46.- Hojas azuladas. Flores azul celeste, en racimos terminales. Cultivada. Yerba.- Herborizada por Arsenio Espinosa.

HELIOTROPIUM INDICUM L.- **E** 1179.- Torata (camino a Sta. Rosa), unos 60–80 m.s.m. -26-12. 46.- Yerba que crece a orilla de los caminos, en la selva. Florecitas color violeta.- Venezuela.

H. LOBBII I. M. Johnst.- **E** 1292.- Entre San Pedro de la Bendita y Chinchas (unos 55 Km O de Loja), 1600 m.s.m. -9-2. 47.- Yerba o arbusto de lugares y suelos secos y calcáreos. Florecitas color amarillo. Hojas color plateado, «very rare« (Jonhston).

H. RUPIFILUM var. **ANADENUM** I. M. Johnston.- **E** 584.- Landangui (S de Loja), 1600 m.s.m. -21-6. 46.- Flores blancas. Olor muy débil. Arbusto de cercas y matorrales, muy propagado.

H. URBANIANUM Krause.- **E** 373.- Argelia (S de Loja), 2300 m.s.m. -11-5. 46.- Florecitas blancas o lila claro. Arbusto de matorrales.- **E** 666.- Cariamanga 1900 m.s.m. -28-7. 46.- Yerba de flores blancas. Herborizada por Arsenio Espinosa.- **E** 1247.- Entre San Pedro de la Bendita y Las Chinchas (unos 60 Km O de Loja), 1600 m.s.m.- Subarbusto bastante duro. Florecitas blancas. Sobre terrenos secos y calcáreos.- **E** 1588.- Entre San Pedro de la Bendita y Las Chinchas (unos 55 Km O de Loja), 2000—2100 m.s.m. -11-7. 47.- Arbusto de matorrales en lugares semiáridos. Florecitas blancas con ligero tinte rosado. Hojas claras en el envés.

TOURNEFORTIA MICROCALYX (R. & P.) Killip.- **E** 533.- La Toma, 1400 m.s.m. -5-6. 46.- Florecitas blancas. Arbustito de orillas del río. Puente Boquerón.

T. POLYSTACHYA R & P.- **E** 1466.- Hac. Montecristi (unos 40 Km NE de Loja, curso del río Zamora hacia el Oriente). -8-6. 47.- Arbusto o pequeño árbol. Hojas rugosas. Flores color blanco.

T. PSILOSTACHYA H.B.K.- **E** 1131.- Vilcabamba (S de Loja), 1800 m.s.m. -19-12. 46.- Arbusto que crece en matorrales. Flores en espigas axilares o terminales. Flores color rojo pardusco.

VERBENACEAE

CITHAREXYLUM ILICIFOLIUM H.B.K.- Unos 10 Km S de Quito, en matorrales de la carretera. -7-11. 48.- Arbusto de ramas duras y abundantes que forma parte de los matorrales, frecuentemente en asocio con *Duranta triacantha*, especies de *Baccharis* y *Passiflora*.

CLERODENDRUM FRAGANS var. **PLENIFLORUM** Schau.- **E** 674.- Cariamanga, 1900 m.s.m. -28-7. 46.- Arbusto o subarbusto de grandes hojas cordiformes festonadas. Sépalos color morado oscuro; pétalos rosados, numerosos, en parte estaminoides. Cultivado.- Herborizado por Arsenio Espinosa.- Venezuela.

DURANTA DOMBEYANA Moldenke.- **E** 1070.- Landangui (S de Loja), 1900 m.s.m. -14-11. 46.- Arbusto muy ramificado de unos 3 m altura. Hojas color verde claro. Flores violeta azuladas, en espigas numerosas, aromáticas. Forma parte de matorrales cerrados.- **E** 1129.- Vilcabamba (S de Loja), 1800 m.s.m. -19-12. 46.- Arbusto o arbolito muy ramificado. Dos fuertes espinas en cada nudo. Frutos en racimos axilares. A la fecha sin flores.- **E** 1287.- San Vicente (SO Pedro de la Bendita), 1600 m.s.m. -9-2. 47.- Arbusto que crece cerca de torrentes, en la región seca entre San Pedro y Las Chinchas (unos 55 Km O de Loja) sobre suelos calcáreos. Muy ramificado. Flor color violeta.- **E** 1805.- Zaruma (alturas de Viscaya), 1530 m.s.m. -18-8. 47.- Arbusto de ramas duras y largas. Hojas color verde claro. Corola color lila muy claro. Frecuentemente.

D. TRIACANTHA Juss.- **E** 2434.- Unos 10 Km S de Quito, en matorrales de la carretera. -7-11. 48.- Arbusto de hermoso aspecto, coronado casi siempre de grandes inflorescencias color lila. Muy frecuente en los valles ente 2000–3000 metros. Elemento importante de los matorrales, cultivada también para cercas.

LANTANA MORITZIANA Otto & Dietr.- **E** 1241.- Chiguango (unos 70 Km O de Loja), unos 1600 m.s.m. -8-2. 47.- Subarbusto frecuente en la región y las adyacentes. Flores color morado.- **E** 1738.- Cerro Gordo (Zaruma), unos 1250 m.s.m. -13-8. 47.- Arbusto que forma parte importante de los matorrales. Sobresale por sus cabezuelas con flores que van del amarillo al color tomate y al rojo.- Venezuela.

L. RUGULOSA H.B.K.- **E** 804.- Aguahedionda (N de Loja), 2150 m.s.m. -16-10. 46.- Flores amarillo doradas, en cabezuelas axilares, sobre largo estilo. Hojas ovales, rugosas, ásperas.- **E** 858.- Hac. Horta (S de Loja). -5-11. 46.- Flores color amarillo dorado, en coronas. Aromática. Arbusto de hojas áspera, coposo.- Quito (cerro Panecillo). -7-11. 48.- Arbusto muy ramificado de matorrales, a veces colgante.- **E** 1041.- San Pedro de Vilcabamba (S de Loja), 1800 m.s.m. -11-11. 46.- Arbusto frecuente en lugares cálidos y medianamente secos. Flores color lila, dispuestas en cabezuelas. Aromáticas.- Venezuela.

L. SCABIOSAEFLORA H.B.K.- **E** 1267.- Entre San Pedro de la Bendita y Las Chinchas, 1600 m.s.m. -8-2. 47.- Arbusto duro, muy ramificado, que crece en lugares secos y calcáreos. Flores color amarillo dorado.- **E** 1400.- Saraguro (unos 50 Km N de Loja), 2300 m.s.m. -10-3. 47.- Arbusto de matorrales. Hermosas cabezuelas de color lila rosado. Hojas ásperas.

L. SPRUCEI Hayek.- **E** 1141.- Río Ambocas (Zaruma), 700—800 m.s.m. -26-12. 46.- Arbusto de matorrales. Flores en cabezuelas, color amarillo claro.

L. SVENSONII Moldenke.- **E** 1275.- Entre San Pedro de la Bendita y Las Chinchas (unos 55 Km O de Loja), 1600 m.s.m. -9-2. 47.- Arbustito duro y muy ramificado. Flores color lila.

L. TRIFOLIA L.- **E** 1255.- Chiguango (70 Km O de Loja), 1600 m.s.m. -8-2. 47.- Arbustito que florece en espigas axilares.- Venezuela.

PETREA ANDREI Moldenke.- **E** 1171.- Torata (camino a Sta. Rosa), unos 60–80 m.s.m. -26-12. 46.- Liana de mucho desarrollo; trepa sobre grandes árboles. Hojas ovaladas 15 x 6 cm. Florece en espigas exilares y terminales. Brácteas de hermoso color azul violado. Flores color azul marino.

PHYLA BETULAEFOLIA (H.B.K.) Greene.- **E** 1181.- Torata (camino a Sta. Rosa), unos 60–80 m.s.m. -26-12. 46.- Yerba que crece cerca del camino, en la selva. Florece en grupos de pequeñas mazorcas axilares.- **E** 1781.- Río Amarillo, cerca de Portovelo, entre 700–710 m.s.m. -14-8. 47.- Yerba que cubre superficies considerables a orillas de los ríos. Florece en espigas axilares. Bolivia, Venezuela.

STACHYTARPHETA CAYANENSIS (Rich.) Vahl.- E 567.- Landangui (S de Loja), 1600 m.s.m. -21-6. 46.- Florecitas color azulado, casi siempre se desarrollan sucesivamente en la larga espiga. Yerba.- N. v. *Rabo de zorro.*- Bolivia, Venezuela.

S. STEYERMARKII Moldenke.- **E** 832.- Encima de La Toma, 2000 m.s.m. -19-10. 46.- Florecitas color morado oscuro. Lugares secos.- **E** 1213.- Faldas del cerro Villonaco, cerca de La Toma. -23-1. 47.- Yerba dura de ramas inclinadas al suelo. Flores color morado, del tamaño de una violeta. Crece en lugares secos y calcáreos, a orillas del camino.- **E** 1268.- Entre San Pedro de la Bendita y Las Chinchas (unos 60 Km O de Loja), 1600 m.s.m. -9-2. 47.- Yerba dura, casi siempre incada. Flores color lila claro.

Tal vez una forma del Nr. 1269.- Muy pocos ejemplares en el sitio.- **E** 1269.- San Pedro (unos 55 Km O de Loja), 1500 m.s.m.- Yerba dura. En la actualidad muy abundante en los alrededores de San Pedro. Con flores y hojas a la fecha. Flores color morado oscuro. Esta especie está muy propagada en sitios temporalmente áridos de la provincia de Loja, desde el Valle de Catamayo hasta el de Piscobamba. Es la especie más atractiva de este género en la región, debido al considerable desarrollo de sus flores.

S. STRAMINEA Moldenke.- **E** 845.- Río Arenal (Valle de Catamayo), 1200 m.s.m. -19-10. 46.- Florecitas color lila. Hojas casi romboideas, dentadas. Cerca del río.- **E** 1053.- San Pedro de Vilcabamba, 1800 m.s.m. -11-11. 46.- Yerba de flores color lila. Común en climas abrigados.- **E** 1652.- Río Amarillo, frente a Portovelo, unos 710 m.s.m. -11-8. 47.- Yerba dura, muy común a orillas del río Amarillo y otros lugares de Zaruma. Florecitas color violeta azulado.

VERBENA GLABRATA H. B. K.- Entre Machachi y Tesalia. -7-11. 48.- Planta común entre la yerba del camino. Florecitas color lila. Frecuente también en otros valles altos de la provincia del Pichincha.

V. LITORALIS H.B.K.- **E** 58.- Loja, 2200 m.s.m. -4-4. 46.- Flores color violeta claro. Yerba o subarbusto. Se le atribuyen propiedades medicinales. Muy propagada en los valles interandinos y en las regiones subtropicales del Ecuador.- Venezuela.

LABIATAE

HYPTIS COLOMBIANA Epl.- **E** 608.- Catacocha, 2050 m.s.m. -4-7. 46.- Flores color lila. Cáliz verdoso o pardo con tinte violeta. Yerba dura, crece entre matorrales.

H. OBTUSIFLORA Presl.- **E** 1190.- Torata (camino a Sta. Rosa), 60–80 m.s.m. -27-12. 46.- Yerba que crece a orillas del camino, en medio de la selva. Florece en cabezuelas axilares provistas de corto pedúnculo.

H. SIDAEFOLIA (L. Herit) Briq.- **E** 839.- Río Arenal (Valle de Catamayo), 1200 m.s.m. -19-10. 46.- Subarbusto aromático. Florecitas color lila.

HYPTIS SP.- **E** 1661.- Río Amarillo, frente a Portovelo, unos 710 m.s.m. -11-8. 47.- Yerba alta o subarbusto. Hoja color verde claro. Flores en grupos semejantes a cabezuelas. Flores color blanco. Común en la región.

LEPECHINIA MUTICA (Benth.) Epl.- **E** 1537.- Zamora-Huaico (4 Km SE de Loja), 2250 m.s.m. -3-7. 47.- Arbolito de madera muy dura, 3–5m altura. Flores color blanco; pétalo inferior con una raya azul-morado en el medio. Anteras color morado.

La madera se usa para cercas de alambre en algunos lugares, por ser incorruptible. Abundante.- N.v. *Tarapo*

MINTHOSTACHYS MOLLIS (Kunth) Griseb.- **E** 27.- La Argelia (S de Loja), 2030 m.s.m. -28-3. 46.- Corola amarilla con color pardo violeta en el fondo.- **E** 216.- La Argelia (S de Loja), 2230 m.s.m. -25-4. 46.- Florecitas blancas, en corimbos pedunculados, exilares. Hojas cordiformes hasta elípticas. Arbusto muy ramificado de matorrales. Muy común en toda la Región Interandina.- N.v. *Poleo.*

SALVIA COCCINEA Juss.- **E** 1868.- Río Calera (Zaruma), 820 m.s.m. -21-8. 47.- Yerba. Flores color rosa al extremo del tubo. Blancas en la mitad de la base. Hojas color verde claro.- Venezuela.

S. CURTICALYX Epl.- **E** 610.- Catacocha, 2050 m.s.m. -4-7. 46.- Florecitas blancas con tintes morados. Yerba o semiarbusto. Crece entre matorrales.- **E** 1254.- Más abajo de Las Chinchas (65 Km O de Loja), 1800 m.s.m. -9-2. 47.- Arbustito duro. Florece en espigas. Flores color morado claro.

S. HIRTA Kunth.- **E** 218.- La Argelia, S de Loja, 2300 m.s.m. -25-4. 46.- Flores color rojo lacre, corola afelpada. Florece en racimos terminales dispuestos en verticilos. Hojas ovales acuminadas. Arbusto.

S. HIRTELLA Vahl.- **E** 1426.- Saraguro (unos 50 Km N de Loja), 2300 m.s.m. -10-3. 47.- Arbusto de matorrales y taludes próximos a los caminos. Flores color rojo muy vivo; filamentos rojos; anteras grises. Vellosidades color pardo.

S. MACROPHYLLA Benth.- **E** 1594.- San Vicente (entre San Pedro y Las Chinchas; unos 55 Km O de Loja), 2000—2100 m.s.m. -12-7. 47.- Yerba robusta o arbusto de lugares regados. Hojas casi triangulares (12 x 11 cm), rugosas. Flores color azul ultramarino.

S. MALACOPHYLLA Benth.- **E** 1297.- Entre San Pedro y Las Chinchas, 1600 m.s.m. -9-2. 47.- Arbusto que crece en terrenos secos y suelos calcáreos entre San Pedro de la Bendita y Las Chinchas (unos 55 Km O de Loja). Flores color morado.

S. OCCIDENTALIS Sw.- **E** 569.- Landangui (S de Loja), 1600 m.s.m. -21-6. 46. Flores color azul oscuro. Yerba.- **E** 1673.- Río Amarillo, frente a Portovelo, unos 710 m.s.m. -11-8. 47.- Yerba de ramas largas y duras. Florecitas color azul violado.- Venezuela.

S. RIPARIA Kunth.- **E** 687.- Cariamanga, 1900 m.s.m. -28-7. 46.- Flores azul ultramarino. Yerba aromática.- **E** 1852.- Río Calera (Zaruma), 820 m.s.m. -21-8. 47.-

Yerba dura o pequeño arbusto. Flores color azul ultramarino; pétalos blancos hacia la parte media y la base.

S. SCUTELLAROIDES Kunth.- **E** 31.- La Argelia (S de Loja), 2230 m.s.m. -28-3. 46.- Flores azul ultramarino. Arbusto que crece en los bordes de los matorrales.- **E** 217.- La Argelia (S de Loja), 2300 m.s.m. -25-4. 46.- Flores azul ultramarino, en racimos largos, terminales y axilares. Orillas de los caminos. Yerbas.- **E** 1395.- Saraguro (unos 50 Km N de Loja), 2300 m.s.m.- 10-3. 47.- Yerba de cercas y bordes del camino. Flores color azul ultramarino.

S. SQUALENS Kunth.- **E** 807.- Aguahedionda (N de Loja), 2150m.s.m. -16-10. 46.- Flores color rojo bermellón claro. Hojas ásperas, cordiformes. Yerba o subarbusto de lugares calizos, secos.

S. OCHRANTHA Epl.- **E** 1407.- Saraguro, (unos 50 Km N de Loja), 2300—2500 m.s.m. -10-3. 47.- Yerba o subarbusto. Frecuente en los matorrales del páramo inferior y hasta altitudes de Saraguro. Flores color limón.

S. TILIAEFOLIA Vahl.- **E** 293.- Argelia (S de Loja), 2230 m.s.m. -4-5. 46.- Florecitas azul celeste. Florece en largas espigas terminales. Flores dispuestas en verticilos. Yerba de matorrales.- **E** 860.- Hac. Horta (S de Loja). -5-11. 46.- Flores azules, pequeñas. Muy aromática. Frecuente como planta de restitución en el barbecho.- Venezuela.

SATUREJA BROWNEI (Sw.) Briq.- **E** 142.- Loja, 2200 m.s.m. -16-4. 46.- Florecitas color violeta. Hojas con fuerte olor a menta. Usada como pectoral. Crece en lugares húmedos, debajo del césped.- **E** 1103.- Argelia (S de Loja), 2300 m.s.m. -14-12. 46.- Pequeña yerba de lugares húmedos. Florecitas solitarias en las axilas, color lila. Hojas cordiformes. Tallo muy fino.- **E** 1467.- Hac. Montecristi (unos 40 Km NE de Loja, curso del río Zamora hacia el Oriente). -8-6. 47.- Yerba menuda, muy abundante en las partes húmedas de la hacienda. Corola color lila. Fuerte olor a menta.- N. v. *Tipo*.- Venezuela.

S. GLABRATA (Kunth) Briq.- **E** 185.- Namanda (S de Loja), 2400—2500 m.s.m. -18-4. 46.- Color rojo tomate. Arbusto duro, erguido, de 1 m o más de altura. Flores axilares, aisladas.- **E** 411.- Loja, cerro Pucará, 2300 m.s.m. -18-5. 46.- Botones amarillos y flores rojas. Hojas lanceoladas, pequeñas. Arbusto duro de matorrales de altura.- **E** 776.- Villonaco, 2800 m.s.m. -11-10. 46.- Flores color amarillo muy vivo. Arbusto duro. Hojas pequeñas, tupidas, brillantes.

SCUTELLARIA PARILOMIA Epl.- **E** 612.- Catacocha, 2050 m.s.m. -4-7. 46. Corola rojo bermellón. Cáliz pardo. Flor lanosa. Yerba o subarbusto. Crece en matorrales.- **E** 1476.- Saraguro (unos 50 Km N de Loja), 2300 m.s.m. -10-3. 47.- Arbusto de matorrales. Flores amarillas en la base y rojas cerca del extremo.

S. VOLUBILIS Kunth.- **E** 268.- Alrededores de Loja, 2250 m.s.m. -2-5. 46.- Flores color rojo bermellón, en pequeños grupos axilares. Arbusto duro de matorrales.- **E** 410.- Loja, cerro Pucará, 2300 m.s.m. -18-5. 46.- Flores color rojo bermellón. Arbusto duro de matorrales de altura.

STACHYS DEBILIS Kunth.- **E** 15.- La Argelia (S de Loja), 2230 m.s.m. -28-3. 46.- Flores color violeta rosado.- Yerba de praderas.

S. LAMIOIDES Benth.- **E** 760.- Villonaco, 2800 m.s.m. -5-10. 46.- Flores de color rojo carmín muy vivo. Yerba de hojas cordiformes.- **E** 1472.- Hac. Montecristi (unos 40 Km NE de Loja, curso del río Zamora hacia el Oriente). -8-6. 47.- Yerba de matorrales, en la parte alta de la hacienda. Flores color carmín, claro.

SOLANACEAE

BROWALLIA DEMISSA.- **E** 101.- Loja, 2200 m.s.m. -11-4. 46.- Florecitas color lila azulado, blancas en el interior de la corola. Crece en prados y lugares pendientes.

B. VISCOSA H.B.K.- **E** 102.- Loja, 2200 m.s.m. -11-4. 46.- Flores azules con tendencia a violeta, blancas en la corola. Crece en prados y lugares pendientes.

CESTRUM AURICULATUM L. Her.- **E** 500.- La Toma, 1400 m.s.m. -5-6. 46.- Flores color verde. Arbusto frecuente en cercas.

C. SANTANDERIANUM Francey.- **E** 466.- Loja, 2200 m.s.m. -1-6. 46.- Arbusto de matorrales, muy enramado. Tubo de la corola ligeramente pardo el exterior.- N. v. *Sauco.*

C. TOMENTOSUM L.- **E** 458.- Loja, 2200 m.s.m. -31-5. 46.- Arbusto de matorrales. Tubo de la corola con tinte negro al exterior.- N. v. *Sauco.*

DATURA SANGUINEA - **E** 1367.- Saraguro (unos 50 Km N de Loja), 2400 m.s.m. -9-3. 47. Arbusto frecuente en los alrededores de Saraguro y hasta la altura del páramo. Flores verdes a la base, amarillas en la mitad y rojo oscuro al borde del tubo.- Común en toda la Región Interandina.- N.v. *Guantuc.*

D. STRAMONIUM L.- **E.** 685.- Cariamanga, 1900 m.s.m. -28-7. 46.- Corola violeta con rayas longitudinales oscuras. Tallo pardo oscuro.- Frecuente en la Región Interandina y en lugares subtropicales, como planta ruderal.

IOCHROMA LOXENSE (H.B.K.) Miers.- **E** 134.- Loja, 2200 m.s.m. -15-4. 46.- Tubo de la corola color blanco. Arbusto de matorrales, común.

LYCOPERSICON HIRSUTUM H. B. K.- **E** 378.- Argelia (S de Loja), 2230 m.s.m. -11-5. 46.- Flores amarillo doradas. Anteras amarillas, más oscuras. Yerba de matorrales.- N. v. *Yerba de gallinazo, Tomate silvestre.* Común.

NICANDRA PHYSALOIDES (L.) Gaert.- **E** 256.- Loja. -29-4. 46.- Flores acampanadas, color violeta claro en la faja exterior; blancas hacia la mitad y violeta oscuro en el fondo. Anteras y estigma color amarillo limón. Yerba o arbusto blando de tronco poliédrico. Común como planta ruderal.- Venezuela.

NICOTIANA GLUTINOSA L.- **E** 532.- La Toma, 1400 m.s.m. -5-6. 46.- Corola amarillo verdosa, rojiza en los bordes. Anteras color verde oscuro. Yerba de lugares secos y pedregosos.- **E** 1589.- Entre La Toma y Las Chinchas (unos 50–60 Km O de Loja), 1400—2100 m.s.m. -11-7. 47.- Vive en lugares semiáridos, casi siempre en los taludes calcáreos. Corola color amarillo verdoso claro. Hojas cordiformes.

N. TABACUM L.- **E** 374.- Argelia (S de Loja), 2230 m.s.m. -11-5. 46.- Flores verde amarillentas en la base y rosadas al exterior. Crece en barrancos y terrenos cultivados, o como planta ruderal.- **E** 1812.- Arcapamba (O de Zaruma), 1290 m.s.m. -19-8. 47.- Tabaco que crece silvestre un muchos lugares de la región. Tubo de la corola rojo púrpura al extremo y casi blanco hacia la base; anteras grises.- Venezuela.

NIEREMBERGIA ESPINOSAE Steyermark.- TIPO.- **E** 1076.- Namanda (S de Loja), 2500 ms.m. -24-11. 46.- Yerba menuda, rastrera. Poco frecuente. Flores acampanadas, color blanco con ligero tinte rosado. En prados.

PETUNIA HYBRIDA - Loja. -17-11. 48.- Flores color rosado o lila-rosado. Planta frecuente en todos los jardines de la Región Interandina.- Venezuela.

SARACHA VESTITA Miers.- **E** 70.- Pucala (N de Loja), 2300 m.s.m. -6-4. 46.- Flores blancas, violeta claro en la base de la corola. Frutos amarillo tomate, del tamaño de una cereza.

SCHIZANTHUS PINNATUS R. & P.- **E** 206.- Loja, 2200 m.s.m. -19-4. 46. Flores color rosa claro o lila. Plantita cultivada en jardines.- **E** 211.- Loja.- Flores color violeta. Se cultiva en jardines.

SOLANUM CARIPENSE var. **PILOSO-HIRSUTUM** Dunal.- **E** 119.- Loja, 2200 m.s.m. -11-4. 46.- Flores blancas. Frutos comestibles.- N. v. *Zimbalo.*

S. LYCIOIDES L.- **E** 150.- Loja, 2200 m.s.m. -16-4. 46.- Flores blancas, anteras muy amarillas. Arbusto de matorrales. A veces se cultiva como decorativo.

S. SISYMBRIFOLIUM Lam.- **E** 40.- Loja, 2200 m.s.m. -2-4. 46.- Flores color lila claro. Arbusto. Crece en potreros y matorrales. Fruto color tomate.

SCROPHULARIACEAE

ALONSOA LACTEA (Diels) Pennell.- **E** 1430.- Saraguro (unos 50 Km N de Loja), 2300 m.s.m. -10-3. 47.- Yerba de matorrales y caminos. Flores color blanco. Muy frecuente en la región. Falta en el Valle de Loja.

A. MERIDIONALIS (L. f.) Kuntze.- **E** 17.- Argelia (S de Loja), 2230 m.s.m. -28-3. 46.- Corola rojo bermellón, contrasta con el amarillo vivo de los estambres y da un agradable aspecto a la vista.- **E** 41.- Loja, 2200 m.s.m. -2-4. 46.- Florecita color rojo bermellón. Yerba que crece a orillas del camino.

BACOPA MONNIERI (L) Pennell.- **E** 1756.- Río Pindo (cerca Juntas con Calera, S de Zaruma), unos 660 m.s.m. -14-8. 47.- Yerba suave y menuda que crece en la arena próxima a las orillas del río. Tallito pardo negro. Corola lila, más clara a los extremos.- **E** 836.- Río Arenal (Valle de Catamayo), 1400 m.s.m. -19-10. 46. Pequeña yerba rastrera que crece en el limo de las márgenes del río. Flores color violeta. Hojitas algo carnosas.

BUCHNERA PILOSA Benth.- **E** 234.- San Pedro (Loja), 2200 m.s.m. -26-4. 46.- Flores color lila, más claro en el dorso. Tallo áspero. Crece en rosetas, de las que salen largas espigas compuestas.- **E** 480.- Oriente de Loja, 2250 m.s.m.- 1-6. 46.- Yerba de potreros. Florecitas color lila claro.- **E** 1216.- Más arriba de San Pedro (Loja), 2250 m.s.m. -9-2. 47.- Yerbita erguida de 20–25 cm altura. Florecitas color lila. Crece en prados inclinados del occidente de Loja.

CALCEOLARIA DICHOTOMA Lam.- **E** 420.- Argelia (S de Loja), 2230 m.s.m. -21-5. 46.- Flores diminutas, amarillo limón. Yerbita pequeña que crece en cementeras y prados.

C. HELIANTHEMOIDES H.B.K.- **E** 1424.- Saraguro (unos 50 Km N de Loja), 2500 m.s.m. -10-3. 47.- Arbustito de matorrales, en los páramos del Occidente de Saraguro. Flores color amarillo pálido. Hojas helípticas, pequeñas.

C. STRICTA H.B.K.- **E** 8.- Argelia (S de Loja), -27-3. 46.- Flores color amarillo vivo. Hojas con pecíolo corto. Lugares húmedos.- **E** 187.- Namanda (S de Loja), 2400—2500 m.s.m. -18-4. 46.- Flores amarillas en corimbos terminales. Hojas verde claras, elípticas acuminadas. Arbusto frecuente, erguido.- **E** 313.- Cajanuma (S de Loja), 2400 m.s.m. -7-5. 46.- Arbusto. Flores amarillo doradas. Florece en racimos terminales.- **E** 1479.- Hac. Montecristi (unos 40 Km NE de Loja, curso del río Zamora al Oriente). -8-6. 47.- Yerba o arbusto de tallo leñoso. Florece en racimos terminales. Flores color amarillo dorado. Hojas color verde claro.

C. TRIPARTITA Ruíz & Pav.- **E** 231.- San Pedro (Loja), 2200 m.s.m. -26-4. 46.- Flores color amarillo claro. Hojitas profundamente recortadas, con apariencia de compuestas. Yerba blanda de prados y lugares húmedos.

CALCEOLARIA SP. NOV.- **E** 176.- Namanda (S de Loja), 2400—2500 m.s.m. -18-4. 46.- Flores color amarillo doradas, muy visibles, de considerable tamaño. Hojas cordiformes. Arbusto semitrepador de gran desarrollo en matorrales.

CALCEOLARIA SP. NOV.- **E** 367.- Argelia (S de Loja), 2230 m.s.m. -11-5. 46.- Flores color amarillo pálido. Tallo y cáliz pardo rojizos. Yerba erguida de prados.

CASTILLEJA ARVENSIS Schlecht.- **E** 106.- Loja, 2200 m.s.m. -11-4. 46. Las hojas superiores de la inflorescencia son de color rojo lacre al extremo, y forman un conjunto llamativo.

CYMBALARIA MURALIS M. G. S.- Quito. -9-11. 48.- Plantita cultivada en macetas, pero también frecuente en lugares húmedos. Florecitas color lila. Ramas finas y colgantes. Conocida en toda la Región Interandina.- N. v. *Hiedra o Falsa hiedra.*

ESCOBEDIA SCABRIFOLIA R. & P.- **E** 1240.- Chiguango (unos 70 Km O de Loja, camino hacia Zaruma), 1600 m.s.m. -8-2. 47.- Subarbusto. Flores muy blancas, cuya corola se desprende con facilidad. Raíz color azafrán.- N. v. *Azafrán.*

LAMOUROUXIA SP. NOV.- **E** 214.- Argelia (S de Loja), 2230 m.s.m. -26-4. 46.- Flores rosa claro, casi blancas a la base. Hojas y cáliz con tinte pardo rojizo. Yerba de 50—80 cm altura.

LINARIA CANADENSIS (L.) Dumont.- **E** 18.- Argelia (S de Loja), 2230 m.s.m. -28-3. 46.- Flores color azul violeta. Yerba frecuente en terrenos cultivados.- **E** 103.- Loja, 2200 m.s.m. -11-4. 46. Flores color violeta. Crece en prados y terrenos antes cultivados.- Venezuela.

MAURANDYA SCANDENS (Cav.) Pers.- **E** 138.- Loja, 2200 m.s.m. -16-4. 46.- Flores color violeta, pequeñas. Enredadera de matorrales.- Venezuela

MECARDONIA DIANTHERA (Sw.) Pennell.- **E** 861.- Hac. Horta-Naque (S de Loja). -5-11. 46. Yerbita menuda. Flores amarillas. Hojas frecuentemente con tinte morado. En barbecho y terrenos de restitución de la vegetación.

MIMULUS GLABRATUS H.B.K.- **E** 1425 bis.- Saraguro (unos 50 Km N de Loja), 2300 m.s.m. -10-3. 47.- Pequeña yerba suave de los pantanos del Sur de la población. Florecitas amarillas.- Venezuela.

SCOPARIA DULCIS L.- **E** 603.- Catacocha, 2050 m.s.m. -4-7. 46.- Yerba dura casi sin flores en estos días, 50—60 cm altura. La infusión se usa como vulneraria.- Río Arenal (Valle de Catamayo), 1400 m.s.m. -19-10. 46. Yerba o subarbusto de florecitas con pétalos ligeramente rosados. Estambres pelosos, blancos, anteras pardo claras. Cerca del Río.- **E** 1680.- Río Amarillo, frente a Portovelo, unos 710 m.s.m. -11-8. 47. Yerba dura o subarbusto, muy frecuentemente en los campos de la región. Junto con *Sida sp.* forma elemento principal en la vegetación. Corola color blanco.- Venezuela.

STEMODIA SUFFRUTICOSA H. B. K.- **E** 613.- Catacocha, 2050 m.s.m. -4-7. 46.- Flores color morado oscuro, en grupos axilares. Hojas verde claras. Arbusto muy ramificado de matorrales.- **E** 120.- Loja, 2200 m.s.m. -11-4. 46.- Flores axilares, color violeta oscuro. Arbusto de matorrales.- **E** 1484.- Hac. Montecristi (unos 40 Km NE de Loja, curso del río Zamora hacia el Oriente). -8-6. 47.- Arbusto de matorrales, ramas finas y leñosas. Hojas arrugadas. Flores color morado oscuro.

VERONICA PERSICA Poir.- **E** 255.- Loja, 2200 m.s.m. -29-4. 46.- Yerbita que crece en prados, caminos, jardines. Florecitas azul celeste, propagada en todo el Ecuador central.- **E** 1411.- Saraguro (unos 50 Km N de Loja.), 2500 m.s.m. -10-3. 47.- Yerbita de matorrales, parte inferior del páramo, al Occidente de Saraguro. Flores color lila claro.- Venezuela.

V. PEREGRINA var. **XALAPENSIS** (H.B.K.) Pennell.- **E** 1391.- Saraguro (unos 50 Km N de Loja), 2300 m.s.m. -10-3. 47.- Yerba suave, de lugares húmedos próximos a Saraguro (lado sur de la población). Florecitas blancas.

BIGNONIACEAE

AMPHILOPHIUM aff. **MACROPHYLLUM** H.B.K.- **E** 1773.- Río Amarillo, cerca de Portovelo, entre 700–710 m.s.m. -14-8. 47.- Arbusto semitrepador que forma grandes matorrales cerca de las orillas de los ríos. Flores color variable desde amarillo blanquecino con color morado diluído, hasta amarillo blanquecino casi puro.- *A. macrophyllum.-* Venezuela.

AMPHILOPHIUM SP.- **E** 1042.- San Pedro de Vilcabamba (S de Loja), 1800 m.s.m. -11-11. 46.- Liana de matorrales, lugares mesotérmicos y medianamente secos. Flores amarillas, verdosas en el botón.

ARRABIDAEA PACHYCALYX Sprague.- **E** 1150.- Río Ambocas, 700—800 m.s.m. -26-12. 46. Liana de matorrales. Flores en grandes y hermosos racimos terminales y compuestos. Flores color morado.

DELOSTOMA LOXENSE (Benth.) Sandw.- **E** 693.- Cerro Villonaco, 2800 m.s.m. - 5-10. 46.- Arbol de unos 5–8 metros altura, muy ramificado. Flores blancas con ligero tinte rosado. Forma parte del bosque de altura.- **E** 775.- Villonaco 2800 m.s.m. -11-10. 46.- Arbol muy frondoso, unos 5 metros altura. Hojas ovales, coriáceas.- Flor rosa intenso

DELOSTOMA SP.- **E** 92.- Las Juntas (N de Loja). -6-4. 46.- Flores color rosa claro.

Arbusto o arbolito que se usa a veces como ornamental.

DELOSTOMA SP. NOV ?.- **E** 1610.- Las Chinchas (unos 64 Km O de Loja), 2300—2400 m.s.m. -11-7. 47.- Arbol esporádico que crece entre los matorrales de altura; alcanza de 6–7 metros de altura. Flores color púrpura.

JACARANDA ACUTIFOLIA H. & B.- **E** 11.- Loja, 2200 m.s.m. -27-3. 46.- Flores color lila. Frutos en vainas ensanchadas muy duras. Arbol cultivado como ornamental.- Frecuente en la Región Interandina y en lugares subtropicales.- N. v. *Aravisco.*

MACRANTHISIPHON LONGIFLORUS (Cav.) K. Schum.- **E** 1747.- Río Calera (Zaruma) entre 710–730 m.s.m. -14-8. 47.- Trepadora que forma matorrales con mucha frecuencia cerca de la orilla de los ríos. Tubo de la corola color rojo bermellón, anteras blancas; pistilo blanco. Flores llamativas por tamaño y color.

ONOHUALCOA HELICOCALYX (Kuntze) Sandw.- **E** 1194.- Torata (camino a Sta. Rosa), 60–80 m.s.m. -27-12. 46.- Larga y robusta liana que cubre grandes árboles y sobresale en la selva por sus hermosas flores de color lila. Florece en grandes racimos axilares. En el mes de Diciembre da un aspecto particular a la selva, debido a la abundante floración.

PITHECOCTENIUM ECHINATUM (Jacq.) K. Schum.- **E** 1154.- Río Ambocas (Zaruma), 700—800 m.s.m. -26-12. 46.- Liana de matorrales. Flores color amarillo, muy vistosas.

PSEUDOCALYMMA SP.- **E** 1759.- Río Calera (S de Zaruma), entre 660–700 metros. -14-8. 47.- Arbusto semitrepador que forma grandes matorrales cerca de la orilla de los ríos. Hojas verde claras, brillantes. Corola morada, clara al extremo, blanca en el interior del tubo; estambres y pistilos blancos; anteras amarillas.

TECOMA SORBIFOLIA H.B.K.- **E** 815.- La Toma, 2000 m.s.m. (más arriba del Valle). -19-10. 46.- Flores amarillas. Crece a diversas alturas. Hojas rugosas grisáceas en el envés. Silvestre y cultivadas.

DESFONTAINEACEAE

DESFONTAINIA SPINOSA R. & P.- **E** 950.- Horta-Naque (SE de Loja), 3500 m.s.m. -8-11. 46.- Arbolito del bosque. Hojas coriáceas, con aguijones a los bordes, 3 1/2 x 2 cm. Flor un tubo carnoso rojo. Anteras negras.

GESNERIACEAE

BESLERIA SOLITARIA Morton.-TIPO.- **E** 967.- Horta-Naque (SE de Loja), 3200 m.s.m. -8-11. 46.- Yerba blanda. Tallo rojizo. Hojas ásperas, color verde oscuro. Cáliz rojo, brillante.

COLUMNEA SP. NOV.- **E** 1218.- Chiguango (unos 70 Km O de Loja), unos 1600 m.s.m. -8-2. 47. Yerba epífita, blanda y jugosa. Extremo del envés de las hojas color rojo sangre. Brácteas color verde claro con rojo diluído.

DIASTEMA RACEMIFERUM Benth.- **E** 1224.- Chiguango (unos 70 Km O de Loja), unos 1600 m.s.m. -8-2. 47.- Yerba blanda de orillas del camino.

RECHSTEINERIA SP. NOV.- **E** 1207.- Huaico (S de La Toma), unos 1400 m.s.m. -9-1. 47.- Yerba suave que crece sobre rocas, en lugares secos. Cáliz verde. Tubo de la corola color rojo carne.

SAINTPAULIA IONANTHA Wendl.- **E** 1515.- Jardín Botánico de Loja. -14-6. 47. Pequeña matita arrosetada de hojas carnosas y vellosas. Flores color violeta; estambres amarillo dorados. Procede del Africa y se cultiva en macetas, particularmente en lugares abrigados. N.v. *Violeta usambara* o *violeta africana.*

LENTIBULARIACEAE

PINGUICULA CALYPTRATA H.B.K.- **E** 700.- Villonaco (O de Loja), 2900 m.s.m. -5-10. 46.- Pequeña rosetita. Tallo floral unos 10 cm. Flores aisladas, violeta en los lóbulos, color claro en la base; espolón amarillo.- **E** 940.- Horta-Naque (SE de Loja), 3100—3800 ms.m. -8-11. 46.- Diminuta rosetita, generalmente en lugares inclinados y húmedos. Flores color lila, más oscuras a la base. Común en taludes húmedos de las alturas.- Venezuela.

UTRICULARIA GAYANA DC.- **E** 1566.- Zamora-Huaico (unos 6 Km SE de Loja), 2300—2400 m.s.m. -3-7. 47.- Crece en terrenos descubiertos y húmedos (vegetación de páramo), junto a ciperáceas y amarilidácea diminutas. Flores amarillas, con tinte pardo en estado de botón. Tallito y pedúnculos color pardo morado.

U. OBTUSA Sw.- **E** 438.- Argelia (S de Loja), 2230 m.s.m. -21-5. 46.- Florecitas color amarillo dorado, por lo regular dos en cada tallito; este es pardo y mide unos 5 cm. Vive en pantanos.

ACANTHACEAE

APHELANDRA ACANTHIFOLIA Hook.- **E** 650.- Zamora-Huaico (SE de Loja), 2250—2300 m.s.m.- Flores rojas. Estambres blanquecinos; pistilo rojizo. Arbusto espinoso.- **E** 1577.- Hac. Montecristi (unos 40 Km NE de Loja, curso del río Zamora hacia el Oriente). -8-5. 47.- Arbusto robusto de lugares húmedos y en los matorrales de restitución. Flores en espigas terminales muy vistosas. Tubo de la corola color rojo bermellón; anteras color gris; estilo del estigma blanco en la base rojizo hacia la mitad superior.

A. PERUVIANA Leonard.- **E 759.**- Villonaco (O de Loja), 2800 m.s.m. -5-10. 46.- Arbusto. Flor terminal, solitaria de vistoso color rojo.

BELOPERONE SP. NOV.- (aff. *caracasana* Jacq.).- **E 1322.**- Cerro Villonaco (unos 15 Km O de Loja), 1600 m.s.m. -1-3. 47.- Arbusto del bosque húmedo de altura. Flores color rosa.

BLECHUM BROWNEI f. **PULVERULUM** Leonard.- **E 1656.**- Río Amarillo (frente a Portovelo), unos 710 m.s.m. -11-8. 47.- Yerba común en los matorrales. En cada inflorescencia se presenta por lo regular sólo una flor de color blanco. Ramas delgadas. *B. brownei* Juss.- Venezuela.

DICLIPTERA PAPOSANA Phil .- **E 798.**- Aguahedionda, 2150 m.s.m. -16-10. 46.- Subarbusto. Ramas finas, muy ramificada. Flores: pétalos lila y blancos en la base; anteras pardas. Flores en grupos axilares.

DICLIPTERA SP. NOV.- **E 1603.**- Entre La Toma y San Pedro (unos 50–60 Km O de Loja), 1500—2000m.s.m. -11-7. 47.- Yerba dura de lugares calizos y semiáridos.- Florecitas color lila.

DYSCHORISTE QUITENSIS (H.B.K.) Kunze.- **E 502.**- La Toma, 1400 m.s.m. -5-6. 46.- Florecitas color lila, axilares. Crece en lugares regados.- **E 605.**- Catacocha, 2050 m.s.m. -4-7. 46.- Flores blancas, cáliz verde. Cáliz y hojas cerdosos. Yerbita fina que crece a orillas de caminos.- **E 1690.**- Zaruma, unos 1150 m.s.m. -12-8. 47.- Yerba de ramas largas, frecuente en la región. Florece en grupos axilares. Flores color rosa claro.- **E 1752 bis.**- Zaruma, 1100 m.s.m. -16-8. 47.- Yerba con frecuencia rastrera, común en la región, a veces formando césped. Flores color lila.

JUSTICIA PECTORALIS Jacq.- **E 1753 bis.**- Zaruma, unos 1100 m.s.m. -16-8. 47.- Yerba que crece cerca de los caminos. Florecitas color lila.- Venezuela.

J. PERIPLOCAEFOLIA Jacq.- **E 1696.**- Zaruma, unos 1150 m.s.m. -12-8. 47.- Yerba de largas ramas, frecuente. Flores color rojo púrpura.- Florece en grupos axilares.- Venezuela.

RUELLIA GEMIFLORA H.B.K.- **E 2060.**- Más abajo de Paccha (O de Zaruma), 1200 m.s.m. -3-9. 47.- Yerba que crece en los taludes secos de los caminos. Flores color lila. Observada desde Salatí hasta Paccha.

STENANDRIUM DULCE Nees.- **E 792.**- Aguahedionda (N de Loja), 2150 m.s.m. -16-10. 46.- Yerba menuda, rara. Pequeñas rosetas de hojas ovaladas, obtusas. Florecitas color lila.- **E 1339.**- Las Chinchas (64 Km O de Loja), unos 1700 m.s.m. - 1-3. 47.- Pequeña yerbita que forma rosetas en los prados. Florecitas color rosa.

S. MANDIOCCANUM Nees.-   **E** 1124.-   Tacsiche, 1800 m.s.m.   -19-12. 46.-
Pequeña yerba suave. Flores color lila claro o blanco. Por lo regular incada.

TETRAMERIUM NERVOSUM Nees.-   **E** 1685.-   Río Amarillo (frente a Portovelo),
unos 710 m.s.m. -11-8. 47.- Yerba de ramas finas y duras, muy frecuente en la región.
Florecitas color blanco con rayas longitudinales moradas.- **E** 1757.- Cerca de las Juntas
de los ríos Pindo y Calera (S de Zaruma), unos 600—700 m.s.m. -14-8. 47. Yerba de tallo
quebradizo que crece cerca de las orillas de los ríos y en pendientes. Flores color blanco.

THUNBERGIA ALATA Bojer.-   **E** 1719.-   Zaruma, unos 1150 m.s.m. -12-8. 47.-
Bejuco de matorrales o del suelo. Crece de preferencia en lugares húmedos. Tubo de
la corola color morado oscuro; lóbulos de la flor color amarillo naranja.- Venezuela.

PLANTAGINACEAE

PLANTAGO HIRTELLA Kunth.-   **E** 105.-   Loja, 2200 m.s.m. -11-4. 46.- Muy
común en los potreros.- N. v. *Llantén.*

P. MAJOR L.-   **E** 404 a.-   Loja, cerro Pucará, 2300 m.s.m. -18-5. 46.- Hojas
cordiformes. Crece en los prados.

RUBIACEAE

ARCYTOPHYLLUM RIVETII Dang & Cherm.- **E** 558.- Argelia (Loja), 2230 m.s.m.
-14-6. 46.- Florecitas blancas. Hojitas filiformes, en grupos estrechos. Arbusto muy
frecuente.

A. THYMIFOLIUM (R. & P.) Standl.- **E** 892.- Horta-Naque, 3100 m.s.m. -6-11.
46.- Yerba de matorrales. Flores color blanco puro. Hojas filiformes.

BORRERIA LAEVIS (Lam.) Griseb.- **E** 126.- Loja, orillas del Zamora, 2200 m.s.m.
-15-4. 46.- Florecitas blancas, muy visibles en los prados. Yerba de prados y potreros.-
Venezuela

B. SUAVEOLENS Meyer.- **E** 272.- Alturas orientales de Loja, 2250 m.s.m. -2-5.
46.- Florecitas blancas en cabezuelas terminales. Tallito morado pardusco. Yerba de
potreros.- Venezuela.

CINCHONA MICROPHYLLA Pavón.- **E** 191.- Namanda (S de Loja), 2400—2500
m.s.m. -18-4. 46.- Arbusto de unos 2 metros de altura. Hojas 3–5 cm, ovaladas.

CINCHONA SP.- **E** 654.- Zamora-Huaico (SE de Loja), 2300 m.s.m. -17-4. 46.-
Flores exteriormente color gris azulado, con tinte rojizo. Interiormente blanquecinas.

Estambres blancos. Pistilo verde. Arbol de gran altura. N. v. *Cascarilla costrona.*

CINCHONA SP.- **E** 928.- Hac. Horta-Naque (SE de Loja), 3100 m.s.m. -7-11. 46.-
Pecíolos y nervaduras rojos. Cápsula elíptica, chata (3 x 1 1/2 cm). FLores rojas al
exterior. Hojas ovales, coriáceas, agudas. En bosquezuelos.- N. v. *Cascarilla
Urituzinga.*

DIODIA DICHOTOMA (H.B.K.) Schum.- **E** 246.- San Pedro (Loja), 2200 m.s.m. -
26-4. 46.- Florecitas blancas. Yerba casi siempre incada, blanda. Crece en prados y
potreros.- **E** 436.- Argelia (S de Loja), 2230 m.s.m. -21-5. 46.- Florecitas blancas.
Yerbita de lugares pantanosos. Hojas sentadas y opuestas.

GALIUM CANESCENS H.B.K.- **E** 285.- Argelia (S de Loja), -2-5. 46.- Pequeñas
hojas verticiladas; ramificación terminal. Tallo siliceo. Florecitas muy diminutas;
frutitos provistos de pelos.- Venezuela.

PALICOUREA RUGULOSA H.B.K.- **E** 87.- Las Juntas (N de Loja), -6-4. 46.- Flores
blancas. Frutos rojos. Arbusto que crece en las pendientes.

PALICOUREA SP.- **E** 652.- Zamora-Huaico (SE de Loja), 2250—2300 m.s.m. -17-
7. 46.- Arbol del bosque de altura. Hojas coriáceas. Flores blancas de pétalos carnosos.
Florece en racimos compuestos, terminales.

RELBUNIUM HIRSUTUM (R. & P.) Eschum.- E 423.- Argelia (S de Loja), 2230
m.s.m.- Diminutas flores de color amarillo verdoso. Pequeña yerbita de pantanos. Hojas
verticiladas.

R. HYPOCARPIUM (L.) Hemsl.- **E** 34.- Río Zamora (Loja), 2200 m.s.m. -2-4. 46.-
Frutos color tomate. Flores pequeñas. Crece sobre murallas, en lugares secos.-
Venezuela.

CAPRIFOLIACEAE

LONICERA JAPONICA Thunb.- **E** 1364.- Saraguro (unos 50 Km N de Loja), 2400
m.s.m. -9-3. 47.- Forma grandes matorrales. Hojas con tinte violeta al envés. Flores
color rojo carmín oscuro. Cultivada.- N. v. *Madre selva.*

VIBURNUM TRIPHYLLUM Benth.- **E** 384.- Argelia (Loja), 2400 m.s.m. -10-5. 46.-
Florecitas blancas en corimbos terminales.

VALERIANACEAE

ASTREPHIA CHAEROPHYLLOIDES (J. E. Sm.) DC.- **E** 24.- Argelia (Loja), 2230
m.s.m. -28-3. 46.- Flores blancas. Hierba que alcanza a veces grandes dimensiones,

particularmente en las cementeras. Mala yerba, de consistencia muy suave.- **E** 379.-
Argelia (Loja), 2230 m.s.m. -11-5. 46.- Florecitas blancas. Estambres blancos. Yerba
delicada de largas ramas que crece en las cementeras.

VALERIANA HIERONYMII Graeb.- **E** 381.- Argelia (Loja), 2400 m.s.m. -10-5. 46.-
Florecitas blancas. Arbusto duro y pequeño.- **E** 889.- Horta-Naque (SE de Loja), 3100
m.s.m. -6-11. 46.- Subarbusto duro. Flores blancas. Dominante en socies.- **E** 695.-
Villonaco (O de Loja), 2900 m.s.m. -5-10. 46.- Yerba o subarbusto duro. Flores blancas
en racimos múltiples, terminales. Hojas ovaladas, estrechamente insertas. La especie
más común de éste género.

V. BONPLANDIANA Wedd.- **E** 977.- Horta-Naque (SE de Loja), 3500—3700 m.s.m.
-9-11. 46.- Arbusto erguido, duro, ramas de forma cuadrangular por la disposición de
las hojas. Hojas 7 x 4 mm. Flores color lila.

V. MUTISIANA (Wedd.) Hoch.- **E** 972.- Horta-Naque, 3500 m.s.m. -8-11. 46.-
Arbusto pequeño. Flores blancas con tintes rosados. Hojas 7 x 5 mm, brillantes,
cordiformes-alargadas.

V. PLANTAGINEA H.B.K.- **E** 973.- Horta-Naque (SE de Loja), 3700 m.s.m. -8-11.
46.- Yerba de unos 60 cm, erguida. Grandes hojas sentadas. De cada axila se desprende
una inflorescencia. Hojas con fuerte olor. Flores muy pequeñas, verdes con tinte pardo.

V. URTICAEFOLIA H.B.K.- **E** 556.- Argelia (Loja), 2300 m.s.m. -14-6. 46.-Pétalos
y estambres blancos. Cáliz color morado oscuro. Yerbita suave, erguida de los prados.

VALERIANA SP.- **E** 1008.- Horta-Naque (SE de Loja), 3700—3800 m.s.m. -9-11.
46.- Arbusto duro. Hojas 15 x 5 mm. Tallo floral y cáliz pardo; flores blancas,
ligeramente rosadas. Fuerte olor.

VALERIANA SP.- **E** 1402.- Saraguro (unos 50 Km N de Loja), 2500 m.s.m. -10-
3. 47.- Yerba o arbustito del páramo. Las ramitas forman columnas erguidas. Flores
blancas. Olor bastante fuerte, sobre todo en flores y raíces.

VALERIANA SP.- **E** 1427.- Saraguro (unos 50 Km N de Loja), 2300 m.s.m. -10-
3. 47.- Arbustos de largas ramas, en matorrales. Flores blancas.

DIPSACACEAE

DIPSACUS FULLONUM L.- **E** 2169- Guanazán (N de Zaruma), 2600 m.s.m. -9-
9. 47.- Yerba frecuente en la región. Florecitas color rosa claro; anteras blancas. Por
los ganchos que contiene la inflorescencia, se usa para escardar telas de lana.- N.v.
Cardo.

CAMPANULACEAE

CENTROPOGON ERIANTHUS (Benth.) Benth. & Hook.- **E** 715.- Villonaco, 2900 ms.m. -5-10. 46.- Tubo color rojo; anteras color negro; estilo blanquecino. Tallo y hojas con vellosidades pardas. Arbusto del bosque de altura.- **E** 1460.- Hac. Montecristi (unos 40 Km NE de Loja, curso del río Zamora hacia el Oriente). -8-6. 47.- Arbusto de lugares achaparrados y terrenos de restitución. Corola color rojo bermellón; lóbulos libres amarillos; columna blanca, anteras gris oscuras.

C. aff. **ERYTHRAEUS** Drake.- **E** 1447.- Cerros Acacana (unos 30 Km N de Loja), 2400—2500 m.s.m. -11-3. 47.- Arbusto del bosque húmedo de altura. Flores color rojo; anteras color gris azulado.- «not *C. erythraeus* which is much more pubescent, but resembling it« (Mc. Vaugh).

C. GRANULOSUS Presl (**C. DENSIFLORUS** Benth.).- **E** 1504.- Hac. Montecristi (unos 40 Km NE de Loja, curso del río Zamora hacia el Oriente). -9-6. 47.- Arbusto del bosque de altura. Hojas brillantes en el haz y claras en el envés. Flores: tubo de la corola amarillo dorado intenso; anteras rosadas con fajas blancas; pistilo blanco verdoso.

LOBELIA COLLINA H.B.K.- **E** 414.- Loja, cerro Pucará, 2300 m.s.m. -18-5. 46.- Flores color azul ultramarino. Yerbita que crece en terrenos antes cultivados.- **E** 1215.- Encima de San Pedro (Loja), 2250 m.s.m. -9-2. 47.- Yerba erguida de unos 40 cm altura. Flores azul violáceas, oscuras. Anteras azul grisáceas. Crece sobre prados de laderas al occidente de Loja.

L. TENERA H.B.K.- **E** 1378.- O de Saraguro (unos 50 Km N de Loja), 2500 m.s.m. -9-3. 47.- Yerbita de lugares húmedos del páramo. Florecitas color violeta azulado, con bordes blancos.- Venezuela.

LYSIPOMIA SPHAGNOPHYLLA Griseb.- **E** 951.- Horta-Naque, 3500—3800 m.s.m. -8-11. 46.- Yerba diminuta, cespitosa, parte importante del herbetum. Florecitas blancas, al extremo de las ramas. Hojas duras, imbricadas, 7 y 2 mm.

LYSIPOMIA SP.- **E** 992.- Horta-Naque (SE de Loja), 3700—3800 m.s.m. -9-11. 46.- Yerba en rosetitas apretadas que cubren a veces considerables superficies. Hojas tiesas, 22 x 2 mm. Flor blanca: anteras azul ultramarino.

LYSIPOMIA SP.- **E** 995.- Horta-Naque (SE de Loja), 3700—3800 m.s.m. - 9-11. 46.- Yerba cespitosa, cubre considerables superficies. Hojas arrolladas, 8 x 1 1/2 mm.- Flores blancas.

LYSIPOMIA SP.- **E** 996.- Horta-Naque (SE de Loja), 3700—3800 m.s.m. -9-11. 46.- Yerba en pequeñas rosetas. Hojas con rayas longitudinales blancas, 20 x 3 mm. Flores blancas. Forma rizomas.

SIPHOCAMPYLUS HUMBOLDTIANUS A. DC.- **E** 318.- Cajanuma (S de Loja), 2400 m.s.m. -7-5. 46.- Flores color rojo bermellón. Hojas cordiformes. Arbusto duro de matorrales.

S. SCANDENS. (H.B.K.) G. Don.- **E** 875.- Horta-Naque (SE de Loja), 3100 m.s.m. -6-11. 46.- Flor roja. Anteras gris oscuras. Estigma blanco. Trepadora leñosa. En pequeño bosque.- **E** 970.- Horta-Naque, 3200 m.s.m. -8-11. 46.- Yerba blanda. Tallo pardo morado. Envés manchado de púrpura. Flores color púrpura en espigas terminales.- **E** 1548.- Zamora-Huaico (unos 5 a 6 Km SE de Loja), 2300—2400 m.s.m. -3-7. 47.- Liana de matorrales y del bosque húmedo. Hojas cordiformes, coriáceas, brillantes en el haz y claras en el envés. Corola color púrpura; columna rosada; anteras grises.

COMPOSITAE

ACHYROCLINE ALATA (H.B.K.) DC.- **E** 415.- Loja, cerro Pucará, 2300 m.s.m. -18-5. 46.- Arbusto duro. Flores blancas, cabezuelas en racimos.

A. HALLEI Hier.- **E** 748.- Villonaco, 2900 m.s.m. -5-10. 46.- Hojas lanosas, color plateado, lanceoladas, sésiles. Cabezuelas dispuestas en grupos de racimos terminales, de brillo metálico. Tronco lanoso, del color de las hojas.

ADENOSTEMMA LAVENIA (L.) Kuntze.- **E** 1717.- Zaruma, unos 1150 m.s.m. -12-8. 47.- Yerba de grandes hojas que crece de preferencia en lugares algo húmedos. Involucro verde claro; flores muy blancas.

AGERATUM CONYZOIDES L.- **E** 254.- San Pedro (Loja), 2200 m.s.m. -26-4. 46.- Cabezuelas color lila claro. Yerba blanda. Crece en prados.- Venezuela.

A. LATIFOLIUM Cav.- **E** 73.- Las Juntas (N de Loja). -6-4. 46.- Florecitas color azul violado. Cabezuelas dispuestas en cimas muy vistosas.- Venezuela.

AMBROSIA ELATIOR L.- **E** 162.- Loja, 2200 m.s.m. -16-4. 46.- Cabezuelas de color verde. Se le atribuyen propiedades medicinales.- N. v. *Marco.*

ASPILIA SODIROI Hier.- **E** 10.- Argelia (Loja), 2230 m.s.m. -27-3. 46.- Flores amarillo yema. Hojas afelpadas en el envés y ásperas en el haz. Arbusto o arbolito de matorrales.

ASTER EXILIS Ell.- **E** 509.- La Toma, 1400 m.s.m. -5-6. 46.- Involucro morado. Florecitas azul celestes. Yerba de lugares regados.- **E** 786.- Aguahedionda (N de Loja), 2150 m.s.m. -16-10. 46.- Florecitas color lila. Involucro morado, glanduloso. Yerbita dura de los prados, erguida.- **E** 1053 a.- San Pedro (Vilcabamba), 1800 m.s.m. -11-11. 46.- Involucro con tintes violeta. Yerba.- **E** 1307.- Entre San Pedro de la Bendita y Las

Chinchas (unos 55 Km O de Loja), 1600 m.s.m. -1-3. 47.- Pequeña yerba que crece en lugares secos y terrenos calcáreos; orillas del camino. Florecitas exteriores amarillas; interiores blancas. Dientes del involucro color morado.- Venezuela.

BACCHARIS BALSAMIFERA Benth.- **E** 20.- Argelia (Loja), 2230 m.s.m. -28-3. 46.- Arbusto de matorrales, muy frecuente.- N.v. *Chilca.*

B. aff. **ELAEAGNOIDES** Steud.- **E** 794.- Aguahedionda (N de Loja), 2150 m.s.m. -16-10. 46.- Flores blancas; involucro verde, borde blanco. Subarbusto de hojas finas.

B. FLORIBUNDA H.B.K.- **E** 1536.- Zamora-Huaico (4 Km SE de Loja), 2250 m.s.m. -3-7. 47.- Arbusto muy ramificado. Involucro color verde claro; florecitas blancas. Forma parte de espesos matorrales a orillas de la quebrada Monjas.- Venezuela.

B. GENISTELLOIDES (Lam.) Pers.- **E** 195.- Namanda (S de Loja), 2400—2500 m.s.m. -18-4. 46.- Forma grandes matas entre los matorrales.- **E** 701.- Villonaco, 2900 m.s.m. -5-10. 46.- Forma tallos subterráneos. Ramas erguidas, sin hojas, 10–15 cm altura. Cabezuelas blanquecinas.- **E** 875.- Horta-Naque (SE de Loja). -6-11. 46.- Filodios anchos (1 cm). Flores blanco amarillentas. Frecuente entre el herbetum y el fructicetum.- **E** 1425.- Saraguro (unos 50 Km N de Loja), 2500 m.s.m. -10-3. 47.- Yerba sin hojas y anchos filodios, propia de las alturas. Cabezuelas blancas. Occidente de Saraguro.- Esta especie carente de hojas es muy común en todas las alturas de los Andes ecuatorianos, a ambos lados de las cordilleras.

B. GLUTINOSA Pers.- **E** 819.- Río Guayabal (cerca de La Toma), 1400 m.s.m. -19-10. 46.- Arbusto muy ramificado de hojas lanceoladas. Cabezuelas blanquecinas, pequeñas, en racimos terminales. Forma asocietas con *Schinus molle* y otros árboles y arbustos, en terrenos arenosos de orilla del río.- **E** 843.- Río Arenal (S de La Toma), 1300 m.s.m. -19-10. 46.- Arbusto que forma asocietas y hasta consocies cerca del río. Cabezuelas pequeñas, blanquecinas, en racimos terminales.

B. LLOENSIS Hiron.- **E** 1569.- Zamora-Huaico (6–7 Km SE de Loja), 2300—2400 m.s.m. -3-7. 47.- Arbusto de la vegetación de restitución. Florece en racimos terminales que forman grandes grupos. Involucro de hojitas verde claras con color pardo rojizo hacia los extremos. Flores blancas; extremo del estigma color púrpura.

B. RIPARIA H.B.K.- **E** 132.- Loja (orillas del Zamora), 2200 m.s.m. -15-4. 46.- Florecitas blancas.- Cabezuelas en corimbos conspícuos. Arbusto de 1–2 metros.- **E** 398.- Loja, cerro Pucará, 2300 m.s.m. -18-5. 46.- Cabezuelas blancas, en grandes corimbos terminales. Tallo joven color morado.- **E** 531.- La Toma, 1400 m.s.m. -5-6. 46.- Cabezuelas color pardo blanquecino. Arbusto de orillas del río. Puente Boquerón.- **E** 1284.- San Vicente (O de San Pedro de la Bendita), 1600 m.s.m. -9-2. 47.- Arbusto que crece a orillas de torrentes, en la región seca entre San Pedro y Las Chinchas. Cabezuelas blanquecinas.- N.v. *Chilca.*

B. TRICUNEATA (L.) Pers.- **E** 1368.- Saraguro (unos 50 Km N de Loja), 2500 m.s.m. -9-3. 47.- Arbusto duro de la parte inferior del páramo (O de Saraguro). Hojas diminutas. Flores blancas.

B. TRINERVIS (Lam.) Pers.- **E** 1057.- Landangui, 1900 m.s.m. -14-11. 46.- Yerba. Florecitas blancas. Involucro verde claro. Crece en lugares secos.- **E** 1265.- Más abajo de Las Chinchas (65 Km O de Loja), 1600 m.s.m. -9-2. 47.- Arbusto que crece en lugares secos y suelos calcáreos. Cabezuelas color grisáceo.- **E** 1289.- Entre San Pedro de la Bendita y Las Chinchas (55 km O de Loja), 1600 m.s.m. -9-2. 47.- Arbusto que crece en lugares secos y suelos calcáreos. Cabezuelas color grisáceo.- **E** 1709.- Zaruma, unos 1150 m.s.m. -12-8. 47.- Arbusto de largas ramas que forman matorrales. Cabezuelas en racimos terminales, abundantes. Involucro verde claro; flores blancas.

BARNADESIA ARBOREA H.B.K.- **E** 596.- Catacocha, 2050 m.s.m. -4-7. 46.- Arbusto muy ramificado, espinoso. Brácteas pardas, pilosas a los bordes brillantes. Pétalos rosados, muy pilosos, brillantes. Anteras pardas.- **E** 1488.- Hac. Montecristi (unos 40 Km NE de Loja, curso del río Zamora hacia el Oriente). -8-6. 47.- Arbusto de matorrales, muy ramificado: ramas duras, con espinas en los nudos. Flores exteriores color rosa claro. Hojas color verde claro con manchas grises.

B. aff. **DOMBEYANA** Less.- **E** 1608.- Cerca de las Las Chinchas (unos 60 Km O de Loja), 2200—2300 m.s.m. -11-7. 47.- Arbusto duro de hojas muy claras en el envés. Involucro color pardo, brillante; flores color rojo carmín. En matorrales abiertos, sobre suelo semiárido.

B. aff. **LEHMANNII** Hier.- **E** 1853.- Río Calera (Zaruma), 820 m.s.m. -21-8. 47.- Arbusto que crece cerca de las orillas del río, en lugares temporalmente secos. Involucro verde a la base y pardo brillante hacia la parte superior. Flores exteriores color rojo carmín; interiores pardas.- N. v. *Clavelillo.*

B. POLYCANTHA Wedd.- **E** 723.- Villonaco, 2800 m.s.m. -5-10. 46.- Arbusto muy ramificado y espinoso. Involucro imbricado, pardo. Flores color rosa.

BIDENS ANDICOLA var. **DECOMPOSITA** Kuntze.- **E** 300.- Argelia (Loja), 2230 m.s.m. -4-5. 46.- Flores ligulares amarillo doradas. Yerbita incada de tallo color violeta.– *B. andicola.*- Venezuela.

B. PILOSA var. **MINOR** (Bl.) Sherff.- **E** 365.- Argelia (Loja), 2230 m.s.m. -11-5. 46.- Flores amarillo doradas. Yerba común en los prados.- *B. pilosa* L.- Venezuela.

B. SQUARROSA H.B.K.- **E** 461.- Loja, 2200 m.s.m. -31-5. 46.- Flores color amarillo dorado. Arbusto de matorrales.- Venezuela.

BRICKELLIA DIFFUSA (Vahl) Gray.- **E** 571.- Landangui (S de Loja), 1600 m.s.m. -21-6. 46.- Involucro verde brillante. Cabezuelas dispuestas en cima abierta, sobre finos estilos. Yerba erguida.- **E** 1606.- Entre La Toma y San Pedro (50–60 Km O de Loja), 1400–2000 m.s.m. -11-7. 47.- Yerba de lugares semiáridos y calcáreos. Involucro y corola color verde claro.- Venezuela.

BRICKELLIA SP. NOV. ? - **E** 1600 m.s.m.- Entre La Toma y San Pedro de la Bendita (unos 50 Km O de Loja), 1600—1700 m.s.m. 11-7. 47.- Yerba o subarbusto de lugares semiáridos. Hojas color verde claro. Involucro verde claro con rayas longitudinales oscuras, corola color lila.

CACOSMIA RUGOSA H.B.K.- **E** 295.- Argelia (Loja), 2230 m.s.m. -4-5. 46.- Flores color dorado muy vivo. Cabezuelas en racimos erguidos. Arbusto de matorrales.- **E** 1408.- Saraguro (unos 50 Km N de Loja), 2500 m.s.m. -10-3. 47.- Arbusto de la parte inferior del páramo. Hojas blanquecinas en el envés. Flores color amarillo dorado.

CALLISTEPHUS CHINENSIS (L.) Nees.- **E** 1833.- Muluncay (Zaruma), 1220 m.s.m. -19-8. 47.- Planta cultivada en macetas. Flores grandes, color rojo carmín claro.- Procede de China y Japón.

CHEVREULIA ACUMINATA Lees.- **E** 424.- Argelia (Loja), 2230 m.s.m. -21-5. 46.- Yerbita pequeña de lugares pantanosos. Florecitas color morado. Hojas plateadas.

CHRYSANTHEMUM FRUTESCENS L.- **E** 442.- Loja, 2200 m.s.m. -31-4. 46.- Flores exteriores blancas, interiores amarillas. Cultivada en jardines.- Venezuela.

C. PARTHENIUM (L.) Beruh.- **E** 91.- Las Juntas (N de Loja). -6-4. 46.- Flores exteriores blancas. Yerba muy aromática. Se le atribuyen propiedades medicinales.

CHUQUIRAGA POPAYENSIS Hier.- **E** 614.- Catacocha, 2050 m.s.m. -4-7. 46.- Arbusto o arbolito duro, de 1–4 metros de altura. Hojas elípticas, coriáceas, color verde claro. Involucro pardo verdoso.

CONYZA SOPHIAEFOLIA H.B.K.- **E** 151.- Loja, 2200 m.s.m. -16-4. 46.- Florecitas blancas. Cabezuelas en largas inflorescencias.

COREOPSIS VENUSTA H.B.K.- **E** 1380.- O de Saraguro (unos 50 Km N de Loja), 2500 m.s.m. -9-3. 47.- Yerba o subarbusto duro. Hojas filiformes. Cabezuelas color amarillo de yema. Crece en el páramo.

DIPLOSTEPHIUM ESPINOSAE Cuatrecasas. **SP. NOV.**- TIPO.- **E** 1016.- Horta-Naque (contrafuerte de la Cordillera Oriental, al S del Nudo de Cajanuma), 3700—3800 m.s.m. -9-11. 46.- Arbustito. Hojas brillantes en el haz, lanosas en el envés; bordes revueltos, cordiformes, 5 x 4 mm. Flores exteriores color lila.- **E** 979.- Horta-Naque, 3500—3800 m.s.m. -9-11. 46.- Arbusto erguido, denso follaje. Hojas 7 x 4 mm, coriáceas, lanosas en el envés. Flores color lila claro.

D. GLANDULOSUM Hier.- **E** 982.- Horta-Naque, 3500—3800 m.s.m. -9-11. 46.-
Arbusto de espeso follaje. Hojas de 12 x 2 mm, bordes revueltos, lanosas al envés. Flores
radiales blancas; centrales amarillas.

DIPLOSTEPHIUM SP. NOV.- **E** 1003.- Horta-Naque, 3700—3800 m.s.m.-
Arbusto duro. Hojas brillantes en el haz, lanosas en el envés, bordes revueltos, 11 x 5
mm. Cabezuelas solitarias al extremo de las ramas. Flores interiores amarillas.

ECLIPTA ALBA (L.) Hass.- **E** 1219.- Chiguango (unos 70 Km O de Loja), 1600
m.s.m. -8-2. 47.- Yerba que crece a orillas al camino. Cabezuelas dispuestas en pares
axilares.- **E** 1858.- Río Calera (Zaruma), 820 m.s.m. -21-8. 47.- Yerba de tallo morado
y hojas lineales. Involucro con tinte morado. A la fecha en fruto. Corola blanca;
estambres pardo morados.- Venezuela.

EGLETES VISCOSA (L.) Cass.- **E** 1189.- Torata (camino a Sta. Rosa), 60–80
m.s.m. -27-12. 46.- Yerba que crece cerca del camino, en medio de la selva. Involucro
color verde claro.- **E** 1834.- Muluncay (Zaruma), 1220 m.s.m. -19-8. 47.- Yerba que
crece cerca de los caminos. Florecitas color verde claro.

ERIGERON CANADENSIS L.- **E** 484.- Oriente de Loja, 2250 m.s.m. -1-6. 46.-
Yerba erguida de tallo violeta muy oscuro. Las hojas tienen un tinte análogo en el haz.
Cabezuelas en racimos axilares.- **E** 1523.- Hac. Montecristi (unos 40 Km NE de Loja,
curso del río Zamora hacia el Oriente). -9-6. 47.- Arbusto. Cabezuelas dispuestas en
numerosos racimos cerca del extremo y al extremo mismo de las ramas. Sin flores a la
fecha.- Venezuela.

E. PELLITUS (H.B.K.) Wedd.- **E** 882.- Horta-Naque, 3100 m.s.m. -6-11. 46.-
Rosetas pilosas a la base: hojas largas y estrechas (22 x 1/2 cm). Flores ligulares
blancas; centrales amarillas. Hojas revolutas. Forma societas.- Venezuela.

E. PUSILLUS Nutt.- **E** 109.- Loja, 2200 m.s.m.- Brácteas superiores color violeta
pardusco. Crece en terrenos arcillosos.

ERIGERON SP. NOV.- **E** 883.- Hac. Horta-Naque (SE de Loja), 3100 m.s.m. -6-
11. 46.- Forma rizomas. Flores exteriores blancas con ligero tinte rosado; interiores
amarillas. Hojas lineales, obtusas, planas, tiesas, (5 x 0.7 cm); lanosas a la base.
Societas.

EUPATORIUM CHAMAEDRIFOLIUM H.B.K.- **E** 473.- Oriente de Loja, 2250
m.s.m. -1-6. 46. Florecitas color violeta claro, muy vistosas. Pequeño arbusto.

E. BUDDLEAEFOLIUM Benth.- **E** 1337.- Las Chinchas (64 Km O de Loja), unos
1700 m.s.m. -1-3. 47.- Involucro verde; flores blancas. Florece en corimbos terminales.

E. DENDROIDES (H.B.K.) Spreng.- **E** 648.- Zamora-Huaico (SE de Loja), 2250—2300 m.s.m. -17-7. 46.- Florecitas color lila. Cabezuelas en racimos terminales. Hojas brillantes, claras. Arbusto.- **E** 721.- Villonaco, 2800—2900 m.s.m. -5-10. 46. Arbusto muy ramificado, frecuente en el bosque y en el chaparro. Flores moradas. Cabezuelas dispuestas en racimos terminales, grandes y vistosos.- **E** 884.- Horta-Naque, 3100 m.s.m. -6-11. 46.- Arbusto. Hojas ovales agudas. Cabezuelas en corimbos. Involucro pardo morado; flores blancas. Dominante en socies entre el herbetum.

E. ELEGANS H.B.K.- **E** 349.- Cajanuma (S de Loja), 2400 m.s.m. -7-5. 56.- Florecitas blancas. Papus rosado. Arbusto del páramo inferior. Hojas ovales, pequeñas, coriáceas.

E. EXSERTO-VENOSUM var. **CRENATO-DENTATUM** (Hier) Robinson.- **E** 350.- Cajanuma (S de Loja), 2400 m.s.m. -7-5. 46.- Florecitas amarillas, en racimos terminales. Tallo joven y envés de las hojas color pardo, lanosos. Arbusto de la parte inferior del páramo.

E. LAEVIGATUM Lam.- **E** 529.- La Toma, 1400 m.s.m. -5-6. 46.- Flores blanquecinas. Arbusto de orillas del río. Anteras pardas. En puente Boquerón, del río Arenal.- Venezuela.

E. LEPTOCEPHALUM DC.- **E** 1560.- Zamora-Huaico (unos 6 Km SE de Loja), 2300—2400 m.s.m. -3-7. 47.- Arbusto muy ramificado del bosque húmedo. Tallo color morado en las partes jóvenes. Hojas lanceoladas. Sólo en botones a la fecha.

E. LONGIPETIOLATUM Sch. Bip.- **E** 691.- Argelia (Loja), 2200 m.s.m. -7-10. 46.- Arbusto o arbolito. Cabezuelas en racimos terminales. Flores blancas, muy aromáticas. Ligero tinte lila en la base del tubo.

E. MACROPHYLLUM L.- **E** 1242.- Chiguango (unos 70 Km O de Loja), unos 1600 m.s.m. -8-7. 47.- Arbusto. Florece en racimos terminales. Cabezuelas color verde blanquecino.

E. NIVEUM H.B.K.- **E** 301.- Argelia (Loja), 2230 m.s.m. -4-5. 46.- Cabezuelas color verde blanquecino. Florecitas blancas. Envés de las hojas y tallo color blanquecino, debido a vellosidades lanosas.- **E** 347.- Cajanuma (S de Loja), 2400 m.s.m. -7-5. 46.- Florecitas blanquecinas. Involucro y envés de la hoja también blanquecinos, a causa de vellosidades.- **E** 472.- Oriente de Loja, 2250 m.s.m. -1-6. 46.- Cabezuelas color blanco verdoso. Envés de las hojas blanquecino. Arbusto.

E. PERSICIFOLIUM H.B.K.- **E** 1538.- Zamora-Huaico (unos 4 Km SE de Loja), 2250 m.s.m. -3-7. 47.- Arbusto muy ramificado. Flores color lila, incluso el pistilo. Forma parte del matorral a orillas de la quebrada Monjas y sobresale por sus grandes racimos de cabezuelas color violeta.

E. PICHINCHENSE H.B.K.- **E** 1639.- Más abajo Cajanuma (unos 18 Km S de Loja), unos 2200 m.s.m. -16-7. 47.- Yerba abundante a orillas de los caminos. Involucro verde claro: corola blanca; pistolo blanco.

E. PROCERUM Robinson.- **E** 1482.- Hac. Montecristi (unos 40 Km NE de Loja, curso del río Zamora hacia el Oriente). -8-6. 47.- Arbusto muy ramificado. Hojas ásperas. Cabezuelas muy pequeñas, blanco verdosas, dispuestas en densos racimos terminales.

E. ROSEORUM Robinson.- **E** 575.- Landangui, 1600 m.s.m. -21-6. 46.- Tallo joven y hojas lanosas. Involucro blanquecino con rayas verdes. Flores color lila. Yerba.- **E** 1597.- Entre La Toma y San Pedro (unos 50 Km O de Loja), 1600—2000 m.s.m. -11-7. 47.- Arbusto de matorrales en lugares semiáridos. Involucro blanco, con rayas medianas verdes y extremos lilas; florecitas blancas, estigmas color lila.- **E** 1657.- Río Amarillo, frente a Portovelo, unos 710 m.s.m. -11-8. 47.- Arbusto o yerba alta. Hojas color verde claro. Las cabezuelas se disponen en racimos terminales muy conspicuos. Involucro blanquecinos; corola amarillo clara; pistilo color violeta; éste da el aspecto general a la inflorescencia.

E. STERNBERGIANUM DC.- **E** 577.- Landangui (S de Loja), 1600 m.s.m. -21-6. 46.- Involucro verde. Flores color lila al extremo y blancas en la base.

E. VITALBAE DC.- **E** 1736.- Cerro Gordo (Zaruma), unos 1250 m.s.m. -13-8. 47.- Arbusto de ramas largas que forma parte importante de los matorrales. Involucro color verde muy claro. Florecitas color rosa claro.

FLAVERIA BIDENTIS (L.) Kuntze.- **E** 494.- La Toma, 1400 m.s.m. -5-6. 46.- Florecitas verdes en la base y amarillas a los extremos. Yerba de lugares regados.

GALINSOGA CARACASANA (DC.) Sch. Bip.- **E** 288.- Argelia (Loja), 2230 m.s.m. -4-5. 46.- Florecitas lilas. Yerbitas de prados y matorrales.- Venezuela.

G. PARVIFLORA Cav.- **E** 53.- Loja, 2200 m.s.m. -2-4. 46.- Florecitas exteriores blancas. Yerba de prados, frecuente. Se le atribuyen propiedades narcóticas y estimulantes. N.v. *Botoncillo.*- Venezuela.

GNAPHALIUM CHEIRANTHIFOLIUM Lam.- **E.** 1349.- Jipiro (5 km NE de Loja), 2200 m.s.m.- 6-3. 47.- Yerba de tallito y hojas color blanquecino. Cabezuelas color pardo claro, brillantes. Tallo y hojas pegajosos.- Venezuela.

G. ELEGANS H.B.K.- **E** 302.- Argelia (Loja), 2230 m.s.m. -4-5. 46.- Cabezuelas blanquecinas, brillantes. Tallo y envés de las hojas blanquecinos, lanosos. Yerba robusta de lugares inclinados.- **E** 1026 a.- Horta-Naque (SE de Loja), 3100—3600 m.s.m.- Yerba erguida. Tallo y hojas lanosas. Cabezuelas pequeñas, color amarillo claro, brillantes.- **E** 1481.- Hac. Montecristi (unos 40 Km NE de Loja) curso del río Zamora hacia el Oriente. -8-6. 47.- Yerba o pequeño arbusto. Tallo, envés de las hojas, pedúnculos e involucro color blanquecino, por el espeso pelaje lanoso. Cabezuelas color blanco amarillento, brillantes.- Venezuela.

G. MANDONI Sch. Bip.- **E** 471.- Oriente de Loja, 2250 m.s.m. -1-6. 46.- Cabezuelas redondas, brillantes. Florecitas amarillentas.

G. SPATHULATUM Lam.- **E** 1534.- Argelia (4 Km S de Loja), 2230 m.s.m. -18-6. 47. Yerba de terrenos cultivados. Hojas color verde claro, brillantes en el haz; fina felpa blanca en el envés. Cabezuelas pequeñas, en densas espigas axilares y terminales; involucro verde claro, brillante.- **E** 1535.- Argelia (Loja), 2230 m.s.m. -18-6. 47.- Yerba de terrenos cultivados, muy semejante al Nr. 1534, pero involucro pardo rojizo.- N.v. *Lechuguilla.*- Venezuela.

GYNOXYS BUXIFOLIA Cass.- **E** 312.- Cajanuma (S de Loja), 2400 m.s.m. -7-5. 46.- Arbusto. Cabezuelas en apretados corimbos. Pétalos amarillo dorados. Hojas coriáceas, brillantes en el haz, lanosas en el envés.- **E** 347 a.- Cajanuma, 2400 m.s.m. -7-5. 46.- Florecitas amarillas. Cabezuelas color pardo. Hojas brillantes en el haz, blanquecinas en el envés por las vellosidades; coriáceas. Arbusto.- **E** 985.- Horta-Naque, 3500—3800 m.s.m. -9-11. 46.- Arbusto erguido; follaje espeso. Hojas coriáceas, brillantes en el haz, lanosas en el envés; bordes revueltos. Flores amarillas; involucro lanoso.

G. NITIDA Musch.- **E** 779.- Villonaco, 2800 m.s.m. -11-10. 46.- Arbol muy coposo. Hojas coriáceas, brillantes en el haz, blanquecinas en el envés. Cabezuelas en corimbos terminales. Flores amarillas.

G. aff. PARVIFOLIA Cuatrec.- **E** 935.- Horta-Naque, 3100 m.s.m. - 8-11. 46.- Arbusto muy ramificado. Flores amarillas. Hojas 1 1/2 x 0,7 cm, cordiformes, brillantes al haz, lanosas en el envés, coriáceas. Frecuente en herbetum y matorrales.

HELIANTHUS ACUMINATUS Blake.- **E** 1533.- Argelia (4 Km S de Loja), 2300 m.s.m. -18-6. 47.- Arbusto de matorrales primitivos. Hojas suaves, con fina felpa blanca al envés. Flores (tanto ligulares como interiores) amarillo doradas; estigmas amarillos.

HELIOPSIS CANESCENS H.B.K.- **E** 223.- San Pedro (Loja), 2300 m.s.m. -26-4. 46.- Flores exteriores amarillas. Yerba que crece a orillas de los caminos.- **E** 380.- Argelia (Loja), 2230 m.s.m. -11-5. 46.- Flores amarillas. Inflorescencias solitarias. Yerba o arbustito de prados y matorrales.

HIERACIUM CHILENSE Less.- **E** 697.- Villonaco, 2900 m.s.m. -5-10. 46.-

Forma rosetas. Hojas con tinte morado en el envés. Involucro verde negrusco. Flores amarillo yema.

H. LOXENSE Benth.- **E** 915.- Horta-Naque (SE de Loja), 3100 m.s.m. -7-11. 46.- Rosetas. Cabezuelas amarillas. Frecuente en el herbetum.

H. MAPIRENSE Britton, vel. aff.- **E** 1003.- Horta-Naque, 3500—3800 m.s.m. - 9-11. 46.- Yerba frecuente en el herbetum. Rosetas. Flores blancas, involucro verde oscuro. Hojas ásperas, 80 x 12 mm.

H. ROSEUM Sch. Bip.- **E** 544.- Argelia (Loja), 2230—2300 m.s.m. -14-6. 46.- Flores amarillas. Forma rosetas. Hojas y tallo floral con tinte morado. Planta de altura.

ISOCARPHA BLEPHAROLEPIS Greenm.- **E** 599.- Catacocha, 2050 m.s.m. -4- 7. 46.- Cabezuelas redondas. Cáliz peloso, color lila. Corola blanca. Yerba frecuente. La cabezuela en conjunto se ve blanca afuera y lila al medio.

JAEGERIA HIRTA (Lag.) Less.- **E** 287.- Argelia (Loja), 2230 m.s.m. -4-5. 46.- Florecitas amarillas. Yerbita de prados y matorrales.- **E** 477.- Oriente de Loja, 2200— 2250 m.s.m. -1-6. 46.- Diminuta yerba de prados. Florecitas amarillas.

JUNGIA FLORIBUNDA Less.- **E** 1434.- Saraguro (unos 50 Km N de Loja), 2300 m.s.m. -10-3. 47.- Yerba de matorrales, de los alrededores de Saraguro. Florecitas blancas.

J. PANICULATA Gray.- **E** 623.- Catacocha, 2050 m.s.m. -4-7. 46.- Arbustito de hojas grandes, casi estrelladas. Cabezuelas en panículas. Flores blancas; involucro verde.- **E** 1669.- Río Amarillo, frente a Portovelo, unos 710 m.s.m. -11-8. 47.- Yerba alta y de grandes hojas, frecuente en la región. Involucro verde claro; corola blanca.- **E** 1862.- Río Calera (Zaruma), 820 m.s.m. -21-8. 47.- Yerba alta o arbusto común en toda la región. Hojas grandes, rugosas. Involucro color verde pardusco. Cabezuelas de aspecto blanco.

LAGASCEA MOLLIS Cav.- **E** 504.- La Toma, 1400 m.s.m. -5-6. 46.- Florecitas gris oscuras en la parte inferior y blancas a los extremos. Yerba de lugares regados.- **E** 580.- Landangui (S de Loja), 1600 m.s.m. -21-6. 46.- Florecitas blancas. Hojas de aspecto plateado. Yerba erguida.- **E** 828.- La Toma, 1400 m.s.m. -11-10. 46.- Yerba de hojas opuestas; flores en cabezuelas terminales, color blanquecino, manchado de pardo. Cáliz pardo oscuro.-   Venezuela.

LIABUM CHIMBOENSIS Hieron.- **E** 1462.- Hac. Montecristi (unos 40 Km NE de Loja) curso del río Zamora hacia el Oriente. -8-6. 47.- Arbusto de matorrales. Cabezuelas en racimos terminales y axilares. Flores color blanquecino. Hojas blanquecinas en el envés.

L. HIERACIOIDES (H.B.K.) DC.- **E** 1353.- Jipiro (5 Km NE de Loja), 2200 m.s.m. -6-3. 47.- Forma rosetas en las laderas de las colinas, entre gramas. Hojas blanquecinas en el envés. Involucro color morado pardusco. Flores amarillo yema.

L. IGNIARIUM (H.B.K.) Less.- **E** 677.- Cariamanga, 1900 m.s.m. -28-7. 46.- Arbusto. Hojas verde claro, brillantes en el haz, blanquecinas en el envés. Tallo blanquecino. Flores amarillo doradas.

L. MEGACEPHALUM Sch. Bip.- **E** 1511.- Hac. Montecristi (unos 40 Km NE de Loja, curso del río Zamora hacia el Oriente). - 9-6. 47.- Arbusto del bosque de altura; ramas largas, forma matorrales. Hojas en forma de saeta ancha, color verde, frecuentemente con manchas amarillas; muy claras en el envés. A la fecha sólo frutos, bastante grandes, color verde.- Venezuela.

L. ROSULATUM Hier.- **E** 322.- Cajanuma (S de Loja), 2400 m.s.m. -7-5. 46.- Flores amarillo-doradas. Forma rosetas. Hojas brillantes en el haz y blancas, lanosas en el envés.

LORICARIA FERRUGINEA (Ruíz & Pav.) Wedd.- E 1001.- Horta-Naque, 3700—3800 m.s.m. -9-11. 46.- Arbusto frecuente en la altura. Ramas 12 mm anchas. Hojas tiesas, lignificadas, 10 x 4 mm, imbricadas, brillantes.

L. STUEBELII Hier.- **E** 876.- Horta-Naque, 3100 m.s.m. -6-11. 46.- Arbusto tieso de hojas imbricadas; forma socies. Cabezuelas poco visibles.- **E** 998.- Horta-Naque, 3800 m.s.m. -9-11. 46.- Arbusto de finas hojas imbricadas, espeso follaje. Tallo lanoso debajo de las hojas. Hojas 3 x 1 1/2 mm. Frecuente.

MATRICARIA aff. **NIGELLAEFOLIA** DC.- **E** 1356.- Jipiro (5 Km NE de Loja), 2200 m.s.m. -6-3. 47.- Pequeña yerbita de prados y orillas de los caminos. Involucro verde; flores exteriores blancas; interiores amarillas.

MELANTHERA ASPERA (Jacq.) Steud.- **E** 1114.- Malacatos, 1600 m.s.m. -19-12. 46.- Yerba que crece en cercas y matorrales. Flores blancas con tinte gris.- Venezuela.

MIKANIA CHIMBORAZENSIS Hier.- **E** 1580.- Las Chinchas (unos 64 Km O de Loja), 2300—2400 m.s.m. -11-7. 47.- Arbusto semitrepador que forma parte de los matorrales de altura. Florecitas color púrpura; extremos del involucro del mismo color.

M. CORDIFOLIA (L. f.) Willd.- **E** 1780.- Río Amarillo, cerca de Portovelo, entre 700–710 m.s.m. -14-8. 47.- Planta semitrepadora que forma parte de los matorrales próximos a las orillas de los ríos. Cabezuelas dispuestas en racimos axilares. Involucro verde claro; flores blancas.- **E** 1846.- Río Calera (Zaruma), 820 m.s.m. -21-8. 47.- Arbusto de largas ramas que forma matorrales. Involucro verde claro; florecitas blancas.

M. CORDIFOLIA var. **TOMENTOSA** Hier.- **E** 507.- Catacocha, 2050 m.s.m. -4-7. 46. -Arbusto semitrepador. Flores aromáticas. Involucro verde claro. Estambres y pistilo blanquecinos. Frecuente en matorrales.- **E** 1670.- Río amarillo, frente a Portovelo, unos 710 m.s.m.- Planta semitrepadora. Involucro verde blanquecino. Flores blancas. Florece en racimos terminales. En matorrales.

M. DECORA Poepp.- **E** 655.- Zamora-Huaico, 2300 m.s.m. -17-7. 46.- Involucro violeta. Florecitas blanco amarillentas. Arbusto de ramas delgadas y largas.

M. MICRANTHA H.B.K.- **E** 1718.- Zaruma, unos 1150 m.s.m. -12-8. 46.- Planta semitrepadora. Involucro verde claro; pétalos blancos; anteras grises.

M. SZYSZYLOWICZII Hier.- **E** 663.- Zamora-Huaico, 2250—2300 m.s.m. -17-7. 46.- Florecitas color verdoso blanquecino en racimos axilares. Hojas coriáceas claras. Arbusto de ramas delgadas.- **E** 1086.- Namanda, 2700 m.s.m. -24-11. 46.- Arbusto semitrepador, sobre matorrales del bosque achaparrado. Cabezuelas en grandes racimos terminales y axilares. Flores blanquecinas.

MONTANOA OVALIFOLIA (DC.) Sch. Bip.- **E** 1359.- Entre el Valle y Jipiro (2–5 Km NE de Loja), 2100 m.s.m. -6-3. 47.- Arbusto de unos 2–3 m altura, muy ramificado. Flores ligulares blancas; interiores amarillas. Actualmente en plena floración. Forma extensas socies en la región.

ONOSERIS SPECIOSA Kunth.- **E** 538.- Argelia (Loja), 2230 m.s.m. -8-6. 46.- Flores ligulares color lila; interiores amarillas. Forma rosetas en laderas áridas. Cabezuela solitaria.

O. aff. **SPECIOSA** Kunth.- **E** 1577.- Las Chinchas (64 Km O de Loja), 2300—2400 m.s.m. -11-7. 47.- Flores exteriores color púrpura; interiores blancas; hojitas del involucro verdes, moradas a los bordes y la mitad superior. Roseta común y muy vistosa por la inflorescencia; en lomas y matorrales.

PECTIS SESSILIFOLIA Sch. Bip.- **E** 1279.- Entre San Pedro y Las Chinchas (unos 35 Km O de Loja), 1600 m.s.m. -8-2. 47.- Yerbita muy pequeña de lugares secos y terrenos calcáreos. Involucro verde; cabezuelas amarillentas.

PERYMENIUM MATTHEWSII Blake.- **E** 25.- Argelia (Loja), 2080 m.s.m. -28-3. 46.- Flores de color amarillo vivo, que caracteriza los matorrales y domina con su color en ciertos lugares.

PHILOGLOSSA PERUVIANA DC.- **E** 174.- Namanda (S de Loja), 2400—2500 m.s.m. -18-4. 46.- Flores color amarillo dorado, muy vivo. Yerbita de potreros; crece entre gramas.- **E** 377.- Argelia (Loja), 2230 m.s.m. -11-5. 46.- Flores color amarillo dorado.

Cabezuelas terminales solitarias.- Yerba de prados.- **E** 404.- Loja, cerro Pucará, 2300 m.s.m. -18-5. 46.- Flores amarillo doradas. Tallo violeta oscuro. Yerba blanda.

PICROSIA LONGIFOLIA D. Don.- **E** 519.- La Toma, 1400 m.s.m. -5-6. 46.- Flores blancas. Yerba suave de lugares regados.

PIQUERIA LOXENSIS Blake & Steyermark. **SP. NOV.** TIPO.- **E** 405.- Loja, cerro Pucará, 2300 m.s.m. -18-5. 46.- Cabezuelas esféricas. Flores blancas. Tallo color morado esparcido.- **E** 1535.- Argelia (4 Km S de Loja), 2230 m.s.m. -9-6. 47.- Yerba que crece en matorrales y a orillas de los caminos. Tallo fino. Florecitas color blanco; cabezuelas pequeñas, casi esféricas.- **E** 1640.- Más abajo de Cajanuma (unos 20 Km S de Loja), unos 2000 m.s.m. -16-7. 47.- Yerba abundante a orillas del camino. Involucro verde claro; florecitas blancas.

P. PERUVIANA (Gmel.) Rob.- **E** 1866.- Río Calera (Zaruma), 820 m.s.m. -21-8. 47.- Yerba frecuente en las proximidades del río. Hojas color verde claro. Racimos color verde claro. Florecitas blanquecinas.

P. SODIROI Hier.- **E** 1371.- Saraguro (unos 50 Km N de Loja), 2500 m.s.m. -9-3. 47.- Yerbita casi siempre yacente, que forma grupos sobre el suelo. Cabezuelas blancas.

PLUCHEA ODORATA (L.) Cass.- **E** 1601.- Entre La Toma y San Pedro de la Bendita (unos 50 Km O de Loja), 1600—1700 m.s.m. -11-7. 47.- Arbusto de matorrales en lugares semiáridos. Florece en racimos terminales. Corola blanca con extremos rosados.- Venezuela.

PROUSTIA ECUADORENSIS Steyermark, **SP. NOV.** TIPO.- **E** 1587.- Entre Las Chinchas y Catacocha (unos 64–70 Km O de Loja), 2300—2400 m.s.m. -11-4. 47.- Arbusto de los matorrales de altura. Hojas color verde claro (16 x 6 cm). Involucro verde claro; florecitas color amarillo dorado.

PSEUDELEPHANTOPUS SPICATUS (Juss.) Rohr.- **E** 408.- Loja, cerro Pucará, 2300 m.s.m. -18-5. 46.- Florecitas color rojo carmín. Florece en espigas. Prados.- Venezuela.

SCHISTOCARPHA OPPOSITIFOLIA (Kuntze) Rybd.- **E** 1191.- Torata (camino a Santa Rosa), 60–80 m.s.m. -27-12. 46.- Yerba alta que crece a orillas del camino, en medio de la selva. Involucro color pardo. Florecitas blanquecinas.- Venezuela.

SCHKUHRIA PINNATA var. **ABROTANOIDES** (Roth.) Cabrera.- **E** 1138.- Vilcabamba, 1800 m.s.m. -19-12. 46.- Yerba blanda, de hojas filiformes, color verde claro azulado. Flores amarillas.- **E** 1276.- San Pedro (unos 50 Km O de Loja) 1500 m.s.m. -8-2. 47.- Pequeña yerbita. Cabezuelas color amarillento.- Venezuela.

SENECIO aff. **ARBUTIFOLIUS** H.B.K.- **E** 974.- Horta-Naque, 3500—3700 m.s.m. -8-11. 46.- Arbusto muy frondoso. Hojas cordiformes alargadas. Flores amarillas; involucro rojizo. Hojas algo arrolladas, tiesas.

S. EGGERSII Hier.- **E** 1172.- Torata (camino a Santa Rosa), unos 60–80 m.s.m. -26-12. 46.- Arbusto semitrepador. Crece cerca del camino, en medio de la selva. Involucro verde. Florecitas color tomate, provistas de denso papus. Hermoso aspecto.

S. ISCOENSIS Hier.- **E** 352.- Cajanuma (S de Loja), 2400 m.s.m. -7-5. 46.- Flores amarillo doradas. Tallo joven color pardo morado. Hojas lanceoladas. Parte inferior del páramo.- **E** 413.- Loja, cerro Pucará, 2300 m.s.m. -18-5. 46.- Flores amarillo doradas. Cabezuelas en grandes racimos. Arbusto de matorrales.- **E** 1480.- Hac. Montecristi (unos 40 Km NE de Loja) curso del río Zamora hacia el Oriente. -8-6. 47.- Arbusto muy ramificado. Hojas ásperas. Flores color amarillo dorado. Cabezuelas dispuestas en grandes racimos terminales.

S. LLOENSIS Hier.- **E** 780.- Villonaco, 2800 m.s.m. -11-10. 46.- Arbol quebradizo. Hojas grandes, ovaladas, largas, suaves, brillantes en el haz y vellosas en el envés. Cabezuelas en grandes racimos terminales. Flores amarillas.

S. NITIDA H.B.K.- **E** 1022.- Horta-Naque, 3700—3800 m.s.m. - 9-11. 47.- Subarbusto duro. Hojas brillantes en el haz y lanosas en el envés, 4 x 1/2 cm. Involucro y flores color amarillo limón.

S. aff. **NITIDA** H.B.K.- **E** 986.- Horta-Naque, 3500—3800 m.s.m. -9-11. 46.- Arbusto duro. Hojas cordiformes, brillantes en el haz, densamente lanosas en el envés, 22 x 18 mm. Flores amarillo limón. Cabezuelas en espesos grupos.

S. MORITZIANUS Klatt.- **E** 1313.- Entre San Pedro y Las Chinchas (unos 55 Km O de Loja), 1600 m.s.m. -1-3. 47.- Arbustito muy ramificado, a veces yacente. Flores color amarillo tomate. Lugares secos y suelos calcáreos.- **E** 1578.- Entre Las Chinchas y San Pedro (unos 60 Km O de Loja), 2300 m.s.m. -11-7. 47.- Arbusto semitrepador de matorrales, en lugares semiáridos. Flores color tomate, las exteriores más oscuras, muy vistosas.- **E** 1979.- Río Amarillo (frente a Portovelo), unos 710 m.s.m. -11-8. 47.- Planta que forma matorrales. Flores color amarillo tomate, muy visibles y llamativas.- Venezuela.

S. PIMPINELLIFOLIUS H.B.K.- **E** 1348.- Jipiro (5 Km NE de Loja), 2200 m.s.m. -6-3. 47.- Forma pequeñas rosetas en las laderas de las colinas. Raíces carnosas. Flores color amarillo tomate, muy llamativas entre las yerbas.- **E** 1373.- Saraguro (unos 50 Km N de Loja), 2300 m.s.m. -9-3. 47.- Yerba que forma rosetas y crece cerca de lugares pantanosos del páramo (O de Saraguro). Cabezuelas color amarillo dorado.- **E** 1564.- Zamora-Huaico (unos 6 Km SE de Loja), 2300—2400 m.s.m. -3-7. 47.- Yerba en rosetas. Cabezuelas aisladas sobre largo pedúnculo. Involucro verde a la base y morado al extremo. Flores amarillo doradas, más claras las ligulares. En sitios descubiertos.

S. PIMPINELLIFOLIUS var. **LASIANATUS** Hier.- **E** 29.- Argelia (Loja), 2230 m.s.m. -28-3. 46.- Florecitas amarillas. Yerba de praderas y terrenos sembrados.- **E** 412.- Loja, cerro Pucará, 2300 m.s.m. -18-5. 46.- Cabezuelas aisladas, sobre largos estilos. Flores color tomate. Hojas profundamente recortadas. Rosetas.

S. aff. **PRUNIFOLIA** Wedd.- **E** 1557.- Zamora-Huaico (unos 6 Km SE de Loja), 2300—2400 m.s.m. -3-7. 47.- Arbusto semitrepador de la vegetación de restitución, cerca del bosque de altura. Hojas oscuras y brillantes en el haz, claras en el envés. Cabezuelas pequeñas, blanquecinas. Anteras color pardo rojizo: estigma amarillo.

S. PUTCALENSIS Hier.- **E** 1299.- Entre Las Chinchas y San Pedro (unos 55 Km O de Loja), 1600 m.s.m. -1-3. 47.- Arbusto que crece en lugares secos y terrenos calcáreos. Hojas color blanquecino en el envés. Flores color amarillo dorado.

S. SUBDECURRENS Sch. Bip.- **E** 1020.- Horta-Naque, 3700 m.s.m. -9-11. 46.- Yerba erguida de unos 50 cm. Cabezuelas colgantes. Involucro amarillo limón; flores blanquecinas. Hojas sentadas, medianamente tiesas, bordes revueltos, 5 x 1 1/2 cm.

S. URBANII Hier.- **E** 960.- Horta-Naque, 3500 m.s.m. -8-11. 46.- Arbusto erguido. Tallo y hojas con intenso tinte violeta. Cabezuelas en racimos terminales, con brácteas verde claras. Flores verde blanquecinas.- **E** 1444.- Cerros Acacana (unos 30 Km N de Loja), 2600—2800 m.s.m. -11-3. 47.- Yerba blanda y robusta que crece en el bosque húmedo de altura. Involucro verde claro. Florecitas amarillas. Forma grandes racimos de cabezuelas.

S. VERTICILLATUS Klatt.- **E** 938.- Horta-Naque, 3100—3500 m.s.m. -8-11. 46.- Arbusto muy ramificado, espeso follaje. Hojas 7 x 4 mm, coriáceas, brillantes en el haz, lanosas en el envés, bordes revolutos. Fructicetum y herbetum.

SIGESBECKIA MANDONII Sch. Bip.- **E** 28.- Argelia (Loja), 2230 m.s.m. -28-3. 46.- Florecitas amarillas. Yerba frecuente en terrenos de cultivo.- **E** 1521.- Hac. Montecristi (unos 40 Km NE de Loja, curso del río Zamora hacia el Oriente). -9-6. 47.- Arbusto de tallo blando y grandes hojas. Flores color amarillo dorado. Crece en terrenos sembrados y de restitución.

S. ORIENTALIS L.- **E** 581.- Landangui (unos 30 Km S de Loja), 1600 m.s.m. -21-6. 46.- Florecitas amarillas al extremo, verdes en la base. Yerba.- Venezuela.

SILYBUM MARIANUM (L.) Gaertn.- **E** 123.- Loja, 2200 m.s.m. -11-4. 46.- Cabezuelas de color violeta. Propagada en lugares donde se descomponen restos orgánicos.

SONCHUS ASPER (L.) Hill.- **E** 22.- Argelia (Loja), 2230 ms.m. -28-3. 46.- Yerba o arbusto frecuente en praderas y terrenos de cultivo.- Venezuela.

S. OLERACEUS L.- **E** 385.- Argelia (Loja), 2230 m.s.m. -10-5. 46.- Flores amarillas. Yerba lechosa de prados.- Venezuela.

SPILANTHES AMERICANA (Mut.) Hier.- **E** 1542.- Zamora-Huaico (4 Km SE de Loja), 2250 m.s.m. -3-7. 47.- Yerbita de lugares húmedos. Flores color amarillo dorado, más claras las exteriores. Cabezuelas cónicas. Abundante en los prados, delante de la casa de hacienda.- Venezuela.

S. OCYMIFOLIA (Lam.) A. H. Moore.- **E** 227.- San Pedro (Loja), 2200 m.s.m. -26-4. 46.- Cabezuelas ovoides, blancas. Tallo pardo violáceo. Yerba de prados y matorrales.- Venezuela.

STEVIA BERTHOLDII B. L. Rob.- **E** 66.- Pucala (N de Loja), 2230 m.s.m. -6-4. 46.- Florecitas blancas con tinte rosado, claro al exterior de los pétalos. Crece en pendientes arenosas o rocosas.- **E** 110.- Loja, 2200 m.s.m. -11-4. 46.- Pétalos blancos. Crece en laderas.- **E** 321.- Cajanuma (S de Loja), 2400 m.s.m. -7-5. 46.- Florecitas color rosa muy claro. Yerba o arbustito.

S. CATHARTICA Poepp.- **E** 269.- Alturas orientales de Loja, 2250 m.s.m. -2-5. 46.- Corola blanca a los extremos y violeta en la base. Yerba de tallo generalmente violeta.- **E** 787.- Aguahedionda (N de Loja), 2150 m.s.m. -16-10. 46.- Florecitas afuera moradas, interiormente blancas. Tallo joven morado. Yerba erguida. Hojas cordiformes festonadas.

TAGETES GRAVEOLENS L' Her.- **E** 72.- Las Juntas (N de Loja). -6-4. 46.- Yerba o arbustito muy propagado en sitios antes cultivados. Muy aromática. Se le atribuyen propiedades medicinales.

T. PUSILLA H.B.K.- **E** 108.- Loja, 2200 m.s.m. -11-4. 46.- Florecitas exteriores blancas. Anteras amarillas. Fuerte olor a anís, particularmente las hojas.- N. v. *Sachanís*.- Venezuela.

TRIDAX OLIGODONTA Blake.- **E** 76.- Las Juntas (N de Loja). -6-4. 46.- Flores exteriores de la cabezuela color lila rosado. Poco propagada.

T. PROCUMBENS L.- **E** 1857.- Río Calera (Zaruma), 820 m.s.m. -21-8. 47.- Yerba de tallo morado. Hojas verde claras. Involucro verde amarillento. Flores exteriores color lila, interiores amarillas.- Venezuela.

T. DIVARICATA (H.B.K.) Spreng.- **E** 576.- Landangui (S de Loja), 1600 m.s.m. -21-6. 46.- Involucro verde. Flores blancas. Planta de largas ramas, semitrepadora.- Venezuela.

T. PARADOXA Cass.- **E** 1598.- Entre La Toma y San Pedro (unos 50 Km O de Loja), 1600—2000 m.s.m. -11-7. 47.- Arbusto de lugares áridos. Hojas color verde claro. Corola amarillo dorada; anteras amarillo grisáceas.

T. SCANDENS Poepp.- **E** 1815.- Arcapamba (Zaruma), unos 1350 m.s.m. -18-8. 47.- Planta semitrepadora que forma parte de matorrales. Involucro verde claro.

VERBESINA JELSII Hier.- **E** 1722.- Cerro Gordo (Zaruma), entre 1150–1250 m.s.m. -13-8. 47.- Arbol de 5 o más metros altura. Hojas grandes (22 x 12 cm o más), ásperas. Involucro color verde claro. Aquenios bastante grandes. La corteza se usa para extraer una especie de gutapercha, llamada liga, que se emplea para cazar pájaros.- N. v. *Liga o gutapercha.*

V. LLOENSIS Hier.- **E** 129.- Loja, orillas del Zamora, 2200 m.s.m. -15-4. 46.- Flores amarillas. Inflorescencias conspicuas. Arbusto de 1–2 m.- **E** 1768.- Río Amarillo, cerca de Portovelo, 700—710 m.s.m. -14-8. 47.- Arbusto que crece en matorrales próximos a las orillas de los ríos. Involucro color verde muy claro. Flores blancas.

VERNONIA BACCHAROIDES H.B.K.- **E** 1667.- Río Amarillo, frente a Portovelo, unos 710 m.s.m. -11-8. 47.- Arbusto muy frecuente en la región.- Flores blancas; involucro verde; flores aromáticas.

V. CANESCENS H.B.K.- **E** 601.- Catacocha, 2050 m.s.m. -4-7. 46.- Arbusto muy ramificado de matorrales. Cabezuelas en inflorescencias escorpioideas. Florecitas lilas, rodeadas de pelos blancos. Involucro verde claro.- **E** 1721.- Cerro Gordo (Zaruma), entre 1150–1250 m.s.m. -13-8. 47.- Arbusto que forma matorrales. Florece en racimos terminales generalmente escorpioides. Involucro verde claro. Florecitas color blanco.

V. PATENS H.B.K.- **E** 600.- Catacocha, 2050. -4-6. 46.- Arbolito o arbusto de flores aromáticas. Hojas pelosas al envés, lo mismo el tronco. Flores blancas. Involucro verde; brácteas membranosas al extremo.- N. v. *Laritaco.*- Venezuela.

V. PYCNANTHA Benth.- **E** 1572.- Zamora-Huaico (unos 6 Km SE de Loja), 2300—2400 m.s.m. -3-7. 47.- Arbusto de los matorrales de restitución del bosque de altura, muy abundante y visible por sus grandes racimos de cabezuelas. Involucro pardo morado. Corola color morado claro. Los frutos son casi del tamaño de una cereza.

V. SCORPIOIDES H.B.K.- **E** 591.- Landangui (S de Loja), 1600 m.s.m. -21-6. 46.- Cabezuelas dispuestas unilateralmente en el tallito floral. Flores lila. Arbusto semejante a heliotropo.

VIGUIERA AUREA (H.B.K.) Hieron.- **E** 802.- Aguahedionda (N de Loja), 2150 m.s.m. -16-10. 46.- Flores amarillo doradas. Hojas sésiles, elípticas. Yerba o subarbusto erguido. Cabezuelas terminales, solitarias.

V. MEDIA Blake.- **E** 796.- Aguahedionda (N de Loja), 2150 m.s.m. -16-10. 46.-
Flores amarillo doradas. Cabezuelas terminales, solitarias. Hojas ásperas, oblongo
elípticas. Casi siempre yerba yacente.

V. PFLANZII Perkius.- **E** 297.- Argelia (Loja), 2230 m.s.m. -4-5. 46.- Flores
ligulares color dorado vivo; anteras pardo oscuras. Arbusto de matorrales.

WERNERIA PYGMAEA Gill.- **E** 997.- Horta-Naque, 3800 m.s.m. -9-11. 46.-
Pequeña roseta; largo tallo subterráneo. Base de las hojas en envoltura lanosa. Hojas
tiesas, 50 x 3 mm. Involucro púrpura; flores exteriores color tomate; interiores
amarillas.

ZEXMENIA ELIANTHOIDES Benth. & Hook.- **E** 225.- San Pedro (Loja), 2200
m.s.m. -26-4. 46.- Flores color amarillo naranja, muy vivo. Yerba de prados y potreros,
erguida.- **E** 460.- Loja, 2200 m.s.m. -31-5. 46.- Flores exteriores color amarillo dorado
muy vivo. Interiores con color pardo oscuro en el dorso. Crece en lugares inclinados.

ZINNIA PERUVIANA L.- **E** 1272.- San Pedro de la Bendita (O de La Toma), 1500
m.s.m. -9-2. 47.- Yerbita que crece a orillas del camino. Flores exteriores, color amarillo
dorado.

✱✱✱

MELASTOMATACEAE

AXINAEA LEPIDOTA (Benth.) Triana.- **E** 1413.- Saraguro (unos 50 Km N de Loja).
-10-3. 47.- Arbusto de los matorrales del páramo al occidente de Saraguro. Hojas tiesas.
Flores exteriormente moradas; interiormente blancas.

A. MERIANIEAE (DC.) Triana.- E 722.- Villonaco, 2800 m.s.m. -5-10. 46.-
Arbolito de unos 6–8 m de altura. Hojas brillantes en el haz. Cáliz verde, corola rosa
claro. Florece en racimos axilares, cerca del ápice de las ramas.

A. SCLEROPHYLLA Triana.- **E** 1553.- Zamora-Huaico (unos 6 Km SE de Loja),
2300—2400 m.s.m. -3-7. 47.- Arbol de madera dura, coposo. Pétalos color lila
exteriormente y blancos al interior; aspecto de porcelana; anteras pardas; pistilo
blanquecino. Hojas brillantes en el haz y parduscas en el envés. Arbol de hermoso
aspecto en la floración. Bosque húmedo.

BRACHYOTUM GRACILISCENS Triana.- **E** 1437.- Cerros de Acacana (unos 30
Km N de Loja), 2400—2500 m.s.m. -11-3. 47.- Arbusto que crece en los bosques de
altura, en atmósfera húmeda. Flores color rojo carmín. Pistilo amarillo verdoso.

CALYPTRELLA STELLATA Gleason. **SP. NOV.** TIPO.- **E** 1502.- Hac. Montecristi (unos 40 Km NE de Loja, curso del río Zamora hacia el Oriente). -9-6. 47.- Arbusto del bosque de altura. Hojas color blanquecino, lanosas en el envés. Corola color rosado muy claro; pistilo rojo.

CENTRONIA TOMENTOSA Cogn.- **E** 719.- Villonaco, 2800 m.s.m. -5-10. 46.- Cáliz pardo claro. Pequeños racimos de pocas flores. Corola de hermoso color bermellón, brillante. Estambres blanquecinos.

DIOLENA AMAZONICA Pilger.- **E** 1193.- Torata (camino a Santa Rosa), 60—80 m.s.m. -27-12. 46.- Yerba robusta y suave que crece cerca del camino, en medio de la selva. Hojas con tinte rosado diluído al envés. Florece en espigas escorpioides situadas en las axilas.

MERIANIA RIGIDA (Benth.) Triana.- **E** 1992.- Chepel (NE de Zaruma), 2620 m.s.m. -29-8. 47.- Arbol del bosque de altura. Corola encarnada. Estambres morados a la base y blanquecinos al extremo.

MICONIA ALBICANS (Sw.) Triana.- **E** 1160.- Chorrera Blanca (camino entre Loja y Portovelo), 800—900 m.s.m. -26-12. 46.- Arbusto de hojas subcoriáceas, pardo blanquecinas en el envés, brillantes en el haz. Florece en grandes racimos terminales. Frecuente en la región.- Venezuela.

M. BUXIFOLIA Naud.- **E** 939.- Horta-Naque, 3100—3500 m.s.m. -8-11. 46.- Arbusto de espeso follaje. Al día sólo frutos. Hojas brillantes. Frecuente en herbetum y fructicetum.- **E** 975.- Horta-Naque, 3200—3700 m.s.m. -9-11. 46.- Arbusto muy ramificado. Hojas tiesas. Flores blanco amarillentas.- Perú, Venezuela.

M. CAPITELLATA Cong.- **E** 662.- Zamora-Huaico (SE de Loja), 2250—2300 m.s.m. -17-7. 46.- Florecitas blancas; estambres verde limón. Hojas ásperas. Arbusto.- **E** 1900.- Cordillera Güizhagüiña, E de Zaruma, 2040 m.s.m. -29-8. 47.- Cáliz rojo al extremo; colora blanca; estambres amarillos. Bosque de altura.- **E** 1915.- Cordillera Güizhagüiña, 2000 m.s.m. -29-8. 47.- Arbusto del bosque de altura. Corola blanca; estambres amarillos.

M. CORYMBIFORMIS Cong.- **E** 1545.- Zamora-Huaico (unos 6 Km SE de Loja) 2300 m.s.m. -3-7. 47.- Arbusto de hojas ovales, subcoriáceas, color verde claro, más claras en el envés. Botones de color rojo al extremo; pétalos amarillos con una mancha roja hacia un lado del extremo. Crece principalmente en terrenos de restitución de la vegetación.- «rare species« (Gleason).

M. CRASSIFOLIA Triana.- **E** 1077.- Namanda (S de Loja), 1500—1600 m.s.m. -24-11. 46.- Arbusto coposo. Hojas ovales agudas, las tiernas con tinte violeta. Florecitas blanquecinas.

M. DENTICULATA Bonpl. ? - **E** 1078.- Namanda (S de Loja), 1500—1600 m.s.m. -24-11. 46.- Arbusto coposo. Hojas coriáceas, brillantes, claras en el envés. Racimos florales muy apretados. Flores color blanco, cáliz amarillento. Crece en bosque achaparrado.

M. ESPINOSANA Gleason. **SP. NOV.** TIPO.- **E** 2147.- Entre Chilla y Guanazán (N de Zaruma), 2400 m.s.m. -9-9. 47.- Arbusto muy frecuente en matorrales, bosques destruídos y bosques de altura. Corola blanca; estambres rojizos; pistilo rojo en la mitad inferior y blanco en la superior. (Véase descripción).

M. GONIOCLADA Triana.- **E** 1079.- Namanda (S de Loja), 1500—1600 m.s.m. - 24-11. 46.- Arbusto muy coposo, unos 2 m de alto. Hojas elípticas, coriáceas, oscuras en el haz y claras en el envés. Florecitas blancas; cáliz verde.

M. LUTESCENS (Bonpl.) DC.- **E** 292.- Argelia (S de Loja), 2230 m.s.m. -4-5. 46.- Pétalos blancos; anteras pardas; estilo rosado. Arbusto de matorrales. Florece en grandes racimos terminales.- **E** 325.- Cajanuma (S de Loja), 2400 m.s.m. -7-5. 46.- Arbol de unos 12 m altura. Flores carnosas color lila. Hojas coriáceas. Bosque achaparrado.

M. MEDIA (Don.) Naud.- **E** 203.- Namanda (S de Loja), 2400—2500 m.s.m. -18-4. 46.- Florecitas blancas, muy numerosas en racimos terminales. Hojas brillantes en el haz, claras en el envés.

M. MEDUSA Gleason. **SP. NOV.** TIPO.- **E** 1559.- Zamora-Huaico (5–6 Km SE de Loja), 2300—2400 m.s.m. -3-7. 47.- Arbusto muy ramificado de matorrales y vegetación de restitución. Hojas pequeñas, elípticas agudas, color verde claro. Florece en pequeñas panículas. Corola, estambres y pistilo blancos. (Véase descripción).

M. RADULA Cogn.- **E** 1802.- Zaruma (alturas de Vizcaya), 1530 m.s.m. -18-8. 47.- Arbusto de matorrales y bosques. Pecíolos cubiertos de vellosidad rojiza, lo mismo los pedúnculos. Cáliz blanquecino; corola blanca con tinte rosado.

M. SCORPIOIDES (Schlecht. & Cham.) Naud.- **E** 1873.- Más abajo de Zaruma, 1000—1200 m.s.m. -29-8. 47.- Arbol. Grandes hojas. Forma espigas compuestas. Corola blanca.

M. SETINERVIA Cogn.- **E** 1075.- Namanda (S de Loja), 3500—3600 m.s.m. -24-11. 46.- Arbusto frondoso. Hojas brillantes. Florecitas blanquecinas.- Perú.

M. TERNATIFOLIA Triana.- **E** 1748.- Río Calera y Pindo (S de Zaruma), 710—730 m.s.m. -14-8. 47.- Arbusto que crece cerca de la orilla de los ríos. Hojas color verde claro, brillantes. Florecitas blancas. Tallo joven color rojizo.

M. THEAZANS (Bonpl.) Cogn.- **E** 180.- Namanda (S de Loja), 2400—2500 m.s.m. -18-4. 46.- Cáliz blanco verdoso. Corola blanca. Filamentos blancos. Hojas oscuras y brillantes en el haz, claras en el envés. Arbusto o arbolito.- Venezuela.

MICONIA SP.- **E** 1993.- Chepel (NE de Zaruma), 2600 m.s.m. -29-8. 47.- Arbusto. Hojas brillantes. Flores blancas.- «No species has been found which combines the following characters: 1. stem densely tomentulose with numerous projecting bristles; 2. leaves with a tuft of long hairs in the axils of the primary veins; 3. exterior teeth of the calyx long and divergent; 4. style minutely pubescent«. (Gleason).

MONOCHAETUM LINEATUM (Don.) Naud.- **E** 179.- Namanda (SE de Loja), 2400—2500 m.s.m. -18-4. 46.- Florecitas blancas con rosado. Filamentos rojos, anteras pardas. Hojas brillantes en el haz.- **E** 1485.- Hac. Montecristi (unos 40 Km NE de Loja, curso del río Zamora hacia el Oriente). -8-6. 47.- Arbusto de matorrales. Tallo color pardo claro rojizo. Flores color rosa.

TIBOUCHINA ASPERIPILIS Blake.- **E** 637.- Zamora-Huaico (SE de Loja), 2250—2300 m.s.m. -16-7. 46.- Pétalos morado oscuros; filamentos rojizos; anteras amarillo limón. Hojas lanosas. Arbusto de tallo duro, frecuente.- **E** 1734.- Cerro Gordo (Zaruma), unos 1250 m.s.m. -13-8. 47.- Arbusto que forma parte importante de los matorrales. Cáliz rojizo. Corola violeta. Estambres amarillos.

T. LAXA (Dur.) Cogn.- **E** 121.- Loja, 2200 m.s.m. -11-4. 46.- Flores color violeta oscuro. Estambres violeta rojizos con anteras amarillo limón. Se destaca en los matorrales por el color de las flores.- **E** 1428. -10-3. 47.- Arbusto de matorrales. Sobresale por sus hermosas flores de color morado. Tallo y hojas muy vellosos. Esta es la especie de *Tibouchina* más propagada en el Valle de Loja. N. v. *Dumarí.*

T. LEPIDOTA (Bonpl.) Baill.- **E** 1561.- Zamora-Huaico (unos 5 Km SE de Loja), 2300—2400 m.s.m. -3-7. 47.- Arbolito de madera dura, de hermoso aspecto cuando está florido. Caliz color pardo; pétalos color púrpura, brillante al exterior; al hacerse vieja la flor, los pétalos toman color lila. Anteras amarillas; pistilo rojizo.- Venezuela.

T. LONGIFOLIA (Vahl) Baill.- **E** 1225.- Chiguango (unos 70 Km O de Loja), unos 1600 m.s.m. -8-2. 47.- Yerba alta y de tallo duro que crece a orillas del camino. Flores color amarillo.- Venezuela.

Especies y formas nuevas del Sur del Ecuador, descritas en los últimos años

LAS DESCRIPCIONES ORIGINALES, EN INGLES, SE HALLAN PUBLICADAS EN **PHYTOLOGIA**, Volúmen 2: Números. 7, 8 y 10 (1947 — 1948); Volúmen 3: Número 1 (1948)

ERIOCAULACEAE

Por. **H. N. Moldenke**

PAEPALANTHUS ESPINOSIANUS MOLDENKE sp. nov.

Herba caespitosa; foliis numerosis firmis patentibus lanceolato-attenuatis arguta apiculatis utrinque plusminusve pilosulis glabrescentibus striatis non fenestratis; vaginis laxis glabris, ad apicem bilobatis, lobis ovatis erectis; pendunculis solitariis gracilibus brevidus 3-costatis tortis obscure pilosulis; capitulis obconico-hemisphaericis.

Yerba cespitosa; tallo muy breve, largo velloso al ápice, 1—2 cm largo; hojas numerosas, verde brillantes, tiesas, dilatadas, atenuadamente lanceoladas, 1—1,5 cm largas, 1,5—2 mm anchas en la mitad, agudamente apiculadas al ápice, más o menos ralamente pelosas en ambas superficies cuando jóvenes, lampiñas en la madurez, con varias estrías, no claramente perforadas; vaina floja, lampiña, 1,3—1,5 cm larga, la porción basal tubular 7—8 cm largo, la porción apical hendida en 2 lóbulos ovales, erectos, disímiles, casi 1 cm largo; pedúnculos solitarios al ápice de cada tallo, delgados, casi atrofiados o hasta 2,3 cm largos tricortados, retorcidos, o seguramente pilosos, vellosidad más persistente debajo de la cabezuela; cabezuelas obcónico-hemisféricas, aproximadamente 5 mm de diámetro pocas brácteas involucrales, en 2 series, pardo claras, lanceoladas, aproximadamente 5 mm largas, y 1,5 mm anchas en el punto más amplio, atenuadamente agudas o subacuminadas en el ápice, lampiñas y brillantes por todas partes, sobrepasan las flores, cóncavas en la superficie interior y convexas en la exterior; receptáculo largo-velloso; brácteas receptaculares estrechamente oblongas, aproximadamente 2,6 mm, larga, pardo claras, más oscuras hacia el ápice, naviformes, aproximadamente 0,4 mm anchas, más o menos compreso-vellosas en el dorso con pelos antrorsos, no barbadas; flores estaminales corto-pediceladas, sépalos 3, prácticamente separados a la base, pardo oscuras en la mitad superior, oblongo-oblanceolados, aproximadamente 2,1 mm largos y 0,5 mm anchos, obtusos al ápice, más o menos vellosos en el dorso, con pelos antrorsos muy comprimidos, barbados al ápice; pétalos 3, unidos en un tubo delgado, ligeramente estraminoso aproximadamente 1,7 mm largos, ligeramente ensanchados hacia el ápice, lóbulos erectos, lanceolado-ovales, aproximadamente 0,5 mm largos, acumimados al ápice, un poco involutos; estambres 3; filamentos filiformes, muy cortos, insertos a la base de los lóbulos de la corola y opuestos a ellos; anteras no acuminadas; flores pistiladas corto-pediceladas, pedicelos aproximadamente 0,6 mm largos, sépalos 3, prácticamente separados a la base, erectos, pardos, muy oscuros en la mitad superior, espatulados, aproximadamente 2,1 mm largos, y 0,6 mm anchos en la parte más amplia, agudos al ápice, largo-vellosos con pelos antrosos sobre dorso, por lo general más o menos barbados en el ápice del dorso; pétalos 3, separados a la base, dispuestos con precisión entre las alas del ovario, ligeramente estraminosos, erectos, oblanceolados, aproximadamente 2,1 mm largos, y 0,6 mm anchos, agudos o apiculados al ápice, más o menos vellosos en el dorso, particularmente a lo largo del margen por encima de la mitad y en el ápice, no barbados, no glandulíferos; estilo aproximadamente 0,8 mm largo, lampiño, terminado en tres estigmas erectos y tres apéndices del estilo que son todos 0,6—0,8 mm largos; ovario elíptico, profundamente trilobado y trialado, triloculicida.

El tipo de esta especie fue herborizado por Julián Steyermark (Nr. 54342), en denso césped de lugares húmedos, en un páramo a 11200 pies de altitud, a lo largo del camino entre Pailas y El Pan, Santiago-Zamora, Ecuador, en Septiembre 10 de 1943, y está depositado en el Britton Herbarium del Jardín Botánico de Nueva York. La especie se asemeja en el hábito a *P. karstenii* Ruhl. Ha sido denominada en honor del Dr. Reinaldo Espinosa, quien está realizando un muy meritorio trabajo sobre la flora del Ecuador.

PAEPALANTHUS LOXENSIS MOLDENKE sp. nov.

Herba caulescens; ramis gracilibus usque ad 10 cm longis brachiatis dense longeque villosis, foliis numerosissimis firmis patentibus apiculatus utrinque glabris nitidis non fenestratis; vaginis brevibus profunde fissis, lobis lanceolatis acuminates glabris erectis; pedunculis solitariis 3-costatis paullo tortis ubique glabris; capitulis hemisphaericis griseis vel stramineis.

Mata herbácea caulescente; tallo delgado, 10 cm o más largo, ramificado, densamente largo-velloso, particularmente al ápice, complentamente oculto por las vainas de las hojas imbricadas, abundantes, excepto hacia la base de los tallos más viejos; hojas abundantes, medianamente tiesas desplegadas, aproximadamente 1 cm largas o menos aproximadamente 1 mm anchas en la parte media, apiculadas, completamente lampiñas en ambas superficies no perforadas; vainas ocultas entre las hojas superiores, aproximadamente 1,2 cm largas, profundamente hendidas hacia la mitad inferior, los dos lóbulos iguales, lanceolados, aproximadamente 7 mm largos, acuminados, lampiños erectos pero distantes del pedúnculo; pedúnculos regularmente solitarios en o cerca del extremo de cada rama o tallo, 4—5 cm largos, tricostados, ligeramente retorcidos, lampiños en toda su longitud; cabezuelas hemisféricas, grises y estraminosas, pelosas, 3—4 mm de diámetro; brácteas involucrables elípticas, muy cóncavas en la superficie interior y convexas en la otra, estraminosas o grisáceas, 5—4,5mm largas, 1,5—1,7 mm anchas, agudas o ligeramente apiculadas, más o menos vellosas en el dorso especialmente a lo largo de los márgenes y en el ápice en los pelos antrorsos, regularmente cortobarbados al ápice; receptáculo densamente largo-velloso; brácteas receptaculares angostamente espatuladas, 1,7—1,9 mm largas, aproximadamente 0,4 mm anchas, pardo oscuras hacia el ápice, hialinas a la base, obstusas al ápice y aquí densamente barbadas, en lo demás lampiñas, ligeramente naviformes; flores estaminadas: sépalos 3 connatos sólo en la base, lampiños, oblanceoladas, 1—1,3 mm largos, aproximadamente 0,4 mm anchos, obtusos al ápice, pardos hacia el ápice, más claros hacia la base, lampiños, excepto al ápice densamente barbado; pétalos 3, unidos en un tubo infundibular estraminoso, aproximadamente 0,8 mm largos, lampiños los lóbulos lanceolados, erectos, aproximadamente 0,4 mm largos, no glanduliferos, lampiños; estambres 3, insertos en la boca del tubo de la corola; filamentos aproximadamente 0,3 mm largos, lampiños; flores pistiladas: sépalos 3, visiblemente separados en la base, espatulados, pardo oscuros hacia el ápice, más claros o estraminosos hacia la base, aproximadamente 1,5 mm largos y 0,6 mm anchos, redondeados al ápice, largamente pilosos en la superficie interior con pelos antrorsos; pétalos 3, separados, espatulados, hialinos, aproximadamente 1,3 mm largos y 0,6 mm anchos no barbados, no glanduliferos; estilo aproximadamente 0,4 mm largo, lampiño; ovario subglobuloso, profundamente tribolado y trisurcado, lampiño, trilocular; estigmas 3, aproximadamente 0,4 mm largos, erectos; apéndices del estilo 3, aproximadamente la misma longitud que los estigmas y emergentes al mismo nivel.

El tipo de esta especie fue herborizado por Julián Steyermark (Nr. 54432), creciendo en densos matorrales sobre bancos húmedos, entre Tambo Cachiyacu, La Entrada, y Nudo de Sabanilla, altitud 2500—3500 m.s.m, Loja, Ecuador, en Octubre 7 de 1943, y fue depositado en el Britton Herbarium del Jardín Botánico de Nueva York. La especie recuerda a *P. Glaziovii* Ruhl, pero difiere en la longitud de los pedúnculos y en caracteres florales.

* * *

THYMELAECEAE

Por. Monachino

DAPHNOPSIS ESPINOSAE MONACHINO sp. nov.

Arbuscula, foliis allipticis ca. 4–8 cm, longis et 1,5–3 cm latis glaberrimis; petiolis 3–4 mm longis 1—5 mm latis; inflorecentiis caulifloris 1,5—2 cm longis; floribus femineis 6—12 subumbellato-racemosis; calyce campanulato, ca. 2,5 cm longo, extus parce pubescente; lobis rotundatis ca. 1.5 mm longis paullo latioribus intus pubescentibus; staminodiis et patalorum rudimentis nullis; ovario glabro; stylo 0,8 mm longo; stigmante capitato exserto; disco crateriformi irregulariter lobato glabro.

Partes vegetativas completamente lampiñas, con excepción de las escamas ciliadas del botón; pecíolo aproximadamente 3–4 mm largo y 1,5 mm ancho; limbo de la hoja lampiño en ambas superficies desde el comienzo, convirtiéndose en acartonado o subcoriáceo, brillante en la cara superior; elíptico; angosto hacia ambos extremos, obtuso o agudo al ápice 4—8 cm largo y 1,5—3 cm ancho, la reticulación prominente; inflorescencia cauliflora, 1,5—2 cm larga, ligeramente híspida; examinadas sólo flores femeninas, 6—12 en racimos umbeloides al extremo de pedúnculos cortos (6—13 mm largo) y simples; pedicelos llegan aproximadamente a 1,5 mm largos, articulados cerca del ápice, cáliz campanulado, aproximadamente 2,5 mm largo, glabrescente o ralamente pubescente al lado exterior, lampiño al interior, los lóbulos del cáliz revolutos, redondeados, aproximadamente 1,5 mm largos y ligeramente ensanchados, pubescentes en la superficie interior y con un grupo de pelos en el ápice; estaminodios y pétalos rudimentarios nulos; ovario lampiño, aproximadamente 1,5 mm largo; estilo 0,8 mm largo; estigma capitado y densamente papiloso, exserto del cáliz; disco conspicuo, crateriforme, oblícuo, irregularmente lobulado, lampiño.

TIPO: Reinaldo Espinosa 205, herborizado en Namanda, altitud 2400—2500 m.s.m, al Sur de Loja, Ecuador, Abril 18 de 1946, depositado en el Britton Herbarium del Jardín Botánico de Nueva York. El especímen tipo consiste en hojas jóvenes y flores. El siguiente especímen maduro y florido fue también examinado: Reinaldo Espinosa s.n. (Herb. Krukoff 19848) procedente de la localidad del tipo, recibido en Febrero de 1947;

Daphnopsis espinosae tiene afinidad con *D. zamorensis* Domke, cuyo tipo fue heborizado en Zamora, Loja. *D. zamorensis*, sin embargo, se describe con hojas aproximadamente 18—27 cm largo y 5,5—8 cm ancho; pecíolos 1—1,5 cm anchos, e inflorescencias 8 cm largas. Las hojas mucho más pequeñas y el tamaño de la inflorescencaia de *D. espinosae* son un medio claro de distinguirla de *D. zamorensis*. De otras especies halladas en el Ecuador y el Perú -*D. loranthifolia, D. caribaea* var. *ecuadoriensis, D caribaea* var. *peruviensis, D. weberbaueri* y *D. pavonni* - la especie presente se distingue fácilmente por sus hojas enteramente lampiñas y por otros caracteres.

La especie descrita crece con cierta abundancia en las montañas próximas a Loja y se la denomina vulgarmente BARBASCO; es, pues, una de las muchas especies que corresponden a este nombre vernáculo. Se halla en estudio químico en el Herb. Krukoff.

* * *

MELASTOMATACEAE

Por. H. A. Gleason

CALYPTRELLA STELLATA GL. sp. nov.

A speciebus sex differt petalis subrotundis nec acutis nec acuminatis; a *C. littorali* Gl. differt foribus 5-meris magnis foliis 5-nerviis; a *C. denticulata* Gl. differt foliis et hypanthiis stellato-tomentosis atque longue villosis, floribus majoribus, dentibus calycis exterioribus multo majoribus 2,5 mm longis.

Un arbusto grande o pequeño árbol con flores color rojo claro. Tallo joven densamente velloso con pelos cortos y estrechamente dispuestos. Hojas obovatooblongas, 5-nervadas, enteras bruscamente corto -acuminadas, obtusas o redondeadas a la base, lampiñas arriba, densamente blanco-estrellado-tomentosas hacia abajo y también vellosas con pelos pardo claros. Hipantio densamente estrellado y también velloso, 8 mm largo hasta el torus. Cáliz 4,5—5 mm largo, irregularmente roturado en la antesis, por lo regular en 3 lóbulos, pubescente como el hipantio pero con pelos más cortos; dientes exteriores triangulares, 2,5 mm largos. Pétalos obovado redondos, 13 mm largos y anchos. Filamentos 8,5 mm largos; anteras 11,6 mm largas, tangencialmente aplanadas, el robusto conectivo prolongado 2 mm hacia el filamento y terminado en un espolón basal oscuro y obtuso.

TIPO: Espinosa 1544, en el Herbario del Jardín Botánico de Nueva York; Herborizado en Zamora-Huaico, cerca de Loja, Ecuador, alt. 2250 m.s.m.- Una clave para las ocho especies de *Calyptrella* que se conocen, fue publicada en Phytología 2:301, en 1947. Nuestra planta, según la clave, se asimila a *C. denticulata*, también del Ecuador, pero difiere de ésta notablemente en ciertos caracteres no mencionados en la clave. En *C. denticulata* la pubescencia de las hojas y del hipantio está restringida a los pelos estrellados; faltan los largos y simples; las hojas son más estrechas hacia la base, el hipantio y el cáliz son solamente la mitad en el tamaño, los dientes exteriores son solamente pequeñas puntas, los pétalos y estambres son considerablemente menores.

CALYPTRELLA DENTICULATA GL. sp. nov.

Folia elliptica vel obovato-elliptica, utrinque acuminata, 5-nervia. Flores longo pedicellata, 5-meri. Calyx ante anthesin apice 5-dentatus, ad anthesin non circumscissus, irregulariter ruptus in lobos 3—5 triangulares. Antherae 5,5 mm longae. Stylus 17 mm longus.

Arbusto de más de 4,5m alto, el tronco joven, pecíolos, panícula, hipantio y superficie inferior de la hoja estrellados con pelos diminutos aproximadamente de 0,1 mm en sentido transversal. Hojas elípticas u obovato-elípticas, más de 19 cm largas y 8 cm anchas, brusca y cortamente acuminadas, enteras agudizadas hacia la base, 5-nervadas o débilmente 5-plinervadas con un par adicional de nervaduras marginales, lampiñas arriba, tempranamente lampiñas abajo con ecepción de una pequeña pubescencia persistente estrellada, a lo largo de las nervaduras. Panícula terminal, 3—6 cm larga, numerosas flores, sus ramas teniendo a inclinarse. Hipantio en forma de copa, aproximadamente 4 mm largo hasta el torus, paredes fuertes, pelos estrellados finos. Sépalos en grupos cerradamente connatos hacia el extremo, donde los pequeños dientes exteriores se proyectan ligeramente; irregularmente rotos en 3—5 lóbulos triangulares anchos con lados convexos, el tubo aproximadamente 1 mm largo, los lóbulos aproximadamente 2 mm largos. Pétalos oblicuamente subredondos, 9 mm largos, 10 mm anchos. Filamentos aplanados, 5,6 mm largos, abriéndose en un poro diminuto; conectivo extendido a lo largo de las tecas como a manera de un delgado lomo, considerablemente engrosado debajo de la teca y prolongado 1,5 mm formando un espolón dorsal grueso. Ovario casi libre, 5 celdas, estilo delgado, 17 mm largo; estigma puntiforme.

Prov. El Oro, Ecuador, declives boscosos entre Pampa de los Cedros, al NO de San Pablo, y Curtincapa altitud 2285—2430 m.s.m, Steyermark 53809. Su número 54167 también de la Prov. El Oro, es lo mismo el número 52781, herborizado corta distancia hacia el Norte en la Prov. del Azuay, parece no tener diferencias en la flor, pero en las hojas son en forma más conspicua 5-plinervadas, el par interior de nervaduras surge unos 15 mm, encima de la base de la hoja.

MICONIA MEDUSA GL. sp. nov. sect. CREMANIUM

Frutex; rami gracilis, petioli, et foliorum pagina inferiore tomentosi, pilis elongatis contortis parce ramosis. Folia longe petiolata, membranacea, oblongo-oblanceolata, breviter acuminata, spinuloso-ciliata (dentibus adscendentibus, 0,5 mm longis), 3-nervia, supra glabra. Panicula terminalis, valde reducta, non vel vix ramosa, 2—5 cm longa. Flores 5 meri adnodos sessilis fasciculati. Hypanthium poculiforme, glabrum. Calyx ad anthesin in lobos 5 triangulares hyalinos 0,4—0,5 mm longos ruptus; dentes exteriores triangulares, erecti, 0,2 mm longi. Petala alba, fere orbicularia, 1,25 mm longa. Filamenta 1,6 mm longa, ultra medium geniculata. Antherae oblongae, 0,8 mm longae, poris 2 latis ventro-terminalibus deshiscentes. Ovarium inferum, (?) 3—loculare. Stylus rectus, 3 mm longus, apicem versus clavatus ad stigma rotundatum.

TIPO: Espinosa 1559, herborizado 5 Km SE de Loja, Ecuador, alt. 2300—2400 m.s.m, en el Herbario del Jardín Botánico de Nueva York.

No hay duda de que esta planta tiene su más próxima afinidad es la especie peruana *M. aprica* Gl., en la cual las pequeñas flores se hallan aglomeradas en forma análoga y la pubescencia es irregularmente ramificada. Difiere de nuestra planta en las hojas mucho más anchas y gruesas, hirsutas arriba, con tomento corto y tenue, y dientes grandes y espinulosos, en la panícula bien desarrollada y ramificada, en las anteras mucho más largas y el prolongado conectivo.

MICONIA ZAMORENSIS GL. sp. nov. sect. AMBLYARRHENA

Panicula cum hipanthio longe glanduloso-hirsuta. Sepala patula, obovata, dentibus exterioribus subulatis. Petala late rotundato-obcordata. Ovarium setis ca. 10 glanduliferis coronatum; stylus tenuissime vellosulos; stigma peltatum.

Tallo, peciolo y ramas abundantemente hirsutos con pelos delgados y esparcidos, 2—3 mm largos, los de la panícula en su mayor parte con terminación glandulosa, los de los pecíolos en su mayor parte simples, los del tallo maduro totalmente simples. Pecíolo 1,5–3,5 cm largo. Hojas delgadas, elíptico-oblongas, unos 15,5 por 6,5 cm, acuminadas, menudamente aserradas, redondeadas y anchamente obtusas en la base, 5-nervadas o débilmente 5-pli-nervadas, hirsutas con pelos amarillentos 2—2,5 mm largos, los de la cara superior nulos en las venas, los de la cara inferior solamente en las venas. Panícula aproximadamente 1 dm larga, incluyendo el largo pedúnculo, abiertamente ramificada y con pocas flores; pedúnculos propiamente dichos sólo 0,5 mm largos. Flores pentámeras. Hipantio en forma de ancha copa, 2 mm largo hasta el torus. Sépalos abovado redondeados, 1,6 mm largos desde los senos, excediendo mucho a los dientes exteriores subulados. Pétalos 2,7 mm largos, 3,3 mm anchos. Estambres isomorfos; filamentos planos que se adelgazan gradualmente a partir de una ancha base, lampiños;

anteras oblongas, 4 loculares, 2,4 mm largas, se abren por un poro ventro-terminal; conectivo simple.   Ovario ínfero coronado por setas; glandulares en número de 10 aproximadamente; estilo (no maduro) 4 mm largo, oscuramente velloso; estigma peltado, no anguloso, 1,1 mm de diámetro.

«Arbusto de 5 pies altura; pétalos blancos; filamentos blancos; anteras amarillas; cáliz verde blanquecino; pedicelos y pendúnculo salmón claro; hojas membranosas, brillantes y verde oscuras arriba, verde claro abajo».- Prov. Santiago-Zamora; declives con bosques altos, encima de Valladolid, altitud 2100—2400 m.s.m. Steyermark 54701.- Entre las 141 especies descritas de esta sección, la mayor parte de las cuales se hallan representadas en el Jardín Botánico de Nueva York en especímenes auténticos, dibujadas detalladamente o en notas, ninguna tiene pubescencia hirsuta similar. En el follaje y especialmente en la inflorescencia, *M. zamorensis* recuerda a *M. killipii* Gl. de Colombia y a *M. megastigma* Gl. del Ecuador. Ambas tienen filamentos y estilos glandulares y anteras conformadas de manera completamente diferente.

MICONIA BARBIPILIS Gl.sp. nov, sect. AMBLYARRHENA

Folia ovata, supra bullata asperrima, subtus, sicut caulis, rachis, et hypanthium, pilis conicis basi dense barbatis obtecta. Filamenta stylusque sparse glanduloso puberula. Stigma late peltatum 5-angulatum.

Un arbusto 3 m alto. Tronco fuertemente tetrangulado, densamente barbado con pelos color ferrugíneo, cónicos o aproximadamente ovoideos a la base, más ralos hacia arriba. Pecíolos pubescentes en forma similar, 3—7 cm largos. Hojas ovales, unos 25 cm largas por 15 cm anchas, subacuminadas, anchamente redondeadas a la base, 7-nervadas; superficie superior rugosa, las arrugas principales terminadas en pelo cónico ascendente, aproximadamente 0,5 mm largo; cara infrerior alveolada, las venas todas marcadas por una fila de pelos barbiformes semejantes a los del tronco pero más cortos. Panículas 15 cm largas, escasamente ramificadas, pubescentes como el tronco. Flores pentámeras, sesiles, sustentadas por brácteas ovales 3,5—4 mm largas. Hipantio en forma de copa, paredes gruesas, aproximadamente 3 mm largo hasta el torus, densamente cercado de pelos ovoides ascendentes, aproximadamente 0,5 mm largos y barbado a la base. Tubo del cáliz prolongado aproximadamente 0,8 mm; sépalos semicirculares, delgados, aproximadamente 0,9 mm largos por encima del seno; dientes exteriores contínuos, pubescentes como el hipantio pero más ralamente, terminados en una proyección cónica muy corta; pétalos blancos, oblicuamente obovados, aproximadamen-te 5 mm largos y casi lo mismo de ancho. Estambres isomóficos; filamentos anchos y planos, con escasa y menuda puberulencia glandular; anteras oblongas, 4 celdas, 3,5 mm largas, se abren en un poro ventroterminal menudo; conectivo simple. Ovario ínfero, aparentemente de 5 celdas; estilo columnar, a lo más 5 mm largo, densamente glandular-puberulento; estigma peltado, 5 ángulos, 2,1 mm ancho.

«Arbusto de 10 pies altura; pétalos blancos; cáliz verde oliva opaco; hojas profunda y finamente rugosas a ambos lados; ligeramente amarillo-opacas abajo, verde oscuras arriba; anteras amarillas».- Provincia Santiago-Zamora, trayecto entre Pailas y E Pan, altitud 2255—3445 m.s.m, Steyermark 54308.

MICONIA INNATA Gl. sp. nov, sect. AMBLYARRHENA

Frutex 6 dm altus, cauli cum petiolo pubescente, pilis flexousis usque ad 1 mm longis. Petioli 1—2 cm longi. Laminae tenues, ovatae, opace virides subtus pallidiores, obtusae, irregulariter crenulatae, basi rotundatae vel subcordatae, 5-nervieae vel fere 5-plinerviae, supra fere glabrae, subtus ad venas sicut cauli pubescentes. Panicula pyramidalis 5—6 cm longa, minute pubescens, pilis incurvis 0,2 mm longis. Flores 4 meri. Hypanthium tubulosum, ad torum 2 mm longum, sicut panicula pubescens. Calycis tubus 0,2 mm productus; sepala triangularia obtusa, a sinibus 0,7 mm longa; dentes exteriores rotundata crassa, ca. 0,2—0,3 mm in diametro. Petala obovata alba, 2 mm longa. Stamina fere isomorpha, filamenta complanata, 1,6 mm longa; thecae oblongae obtusae 4-loculares, poro satis lata terminalis dehiscentes; connectivum minutissime productum in lobum dorsalem, in stam. ser. ext. obscure bilobum, in ser int. angustatum. Stigma capitatum.

Prov. Santiago-Zamora, Ecuador, entre Pailas y El Pan, altitud 2255—2445 m.s.m, Steyermark 54309.

MICONIA HIRSUTIVENA Gl. sp. nov, ect. CREMANIUM

Caules, petioli, et basibus venarum majorum longe hirsuta. Flores 5-meri. Antherae isomophae, obovato-onlongae, 2-loculares, conectivo basi producto in lobum unicum dorsalem late obovatum. Stylus clavatus: stigma truncatum. Folia elliptica acuminata 3-nervia glabra, venis exceptis.

Arbusto 3 m alto, el tronco áperamente hirsuto con pelos simples aproximadamen-te 3 mm largos. Pecíolos 6—10 mm largos, similarmente hirsutos. Hojas delgadas, elípticas, má de 12 cm largas por 5 cm anchas, ligeramnete acuminadas, enteras, obtusas o subredondeadas a la base, 3-nervadas con un par adicional de nervaduras marginales, lampiñas a ambos lados a excepción de la base hirsuta de las nervaduras primarias. Panícula aproximadamente 1 dm larga, furfurácea. Flores pentámeras, todas sobre pedúnculos de 1—1,5 mm largos. Hipantio en forma de copa, 1,8 mm largo hasta el torus, lampiño. Tubo del cáliz aproximadamente erecto, 0,8 mm largo; sépalos truncado-triangulares, aproximadamente 0,4 mm largos; dientes exteriores como abultamientos simple y totalmente adnatos (merelytotally adnate thickenings). Pétalos obovados, inequilaterales, blancos, 1,9 mm largos. Estambres isomorfos; filamentos planos, 3,3 mm largos, agudiándose a partir de una ancha base, articulados a los dos tercios de su longitud, lampiños; anteras oblongas, 1,3 mm largas; conectivo conside-rablemente engrosado abajo y prolongado aproximadamente 0,3 mm debajo de la teca, no lobulado. Estilo gradualmente agrandado en sentido distal, lampiño, 3,5 mm largo; estigma truncado.

Prov. El Oro, Ecuador, entre Pacha y Puente Grande, altitud 1830—2430 m.s.m, Steyermark 54142. La especie se manifiesta afín de *M. divergens* Triana, en la cual la panícula y la superficie de la hoja son pelosas y las flores más pequeñas.

MICONIA ESPINOSANA Gl. sp. nov, sect. AMBLYARRHENA

Caules juniores glabri, leviter 4-sulcati. Petioli glabri, 1—2 cm longi. Laminae lanceolatae, acuminatae, integrae, basi obtusae, utrinque glabrae vel juniores leviter furfuraceae, 3-nerviae. Panicula late ramosa pyramidalis; flores 5-meri verisimiliter longe pedicellati, pedicellis propriis 1 mm longis. Hypanthium carnosum poculiforme, ad torum 4,7 mm longum, glabrum. Calycis tubus 0,8 mm productus; lobi late oblongo-ovati, rotundati, a toro 2,8 mm longi; dentes exteriores adpressi, triangulari-acuminati, lobos fere aequantes. Patala valde inequilatera, obovata, 8,5 mm longa, alba. Stamina isomorpha; filamenta glabra, 4,3 mm longa; antherae oblongae, 4,3 mm longae, 4-loculares, poro ventro-terminali dehiscentes; conectivum simplex. Ovarium semi-inferum; stylus 11 mm longus, minutissime puberulus; estigma paullo dilatatum, truncatum.

TIPO: Espinosa 2147, herborizado entre Chilla y Guanazán, Norte de Zaruma, Ecuador, a una altitud de 2400 m.s.m, y depositado en el Herbario del Jardín Botánico de Nueva York. La panícula abierta, con flores relativamente escasas y grandes sobre pedúnculos largos unidos cerce del ápice, y el estilo pubescentes, sugieren de inmediato la afinidad con un grupo de otras quine especies de los Andes septentrionales. Diez de éstas han sido descritas recientemente: *M. floribunda, grandiflora, majalis, macrantha,* y *sanguinea* aparecen en Cogniaux's Monograph. Con respecto a estas 15, *M. inanis* Cogn. & Gl. es la más próxima a *M. espinosana*, pero difiere en las flores considerable-mente más pequeñas, en los lóbulos del cáliz más cortos y en los filamentos glandulares.

MERIANIA CUNEIFOLIA Gl. sp. nov, sect. UMBELLATAE

Caules, petioli, folia subtus, paniculae et hypanthia dense pubescentes, pilis basi incrassatis barbellatis, apice simplicibus. Dentes exteriores calycis ultra sepala producti. Stamina satis dimotpha; antherae complanatae; connectivum infra thecas rectum, dorse minute calcaratum, basi ima ad filamentum affixum.

Arbusto 1,5 m alto. Panícula, hipantios, tronco y superficie inferior de la hoja ligeramente cinéreos, los pelos delgados, suaves y corvos ascendentes sobre una base alargada, áspera o estrellada. Pecíolo 2—3 cm largo. Hojas oblanceoladas, 15 o más cm largas por 4 cm anchas, brusca y agudamente acuminadas, enteras, prolongadamente cuneiformes a la base. Pánicula terminal, las flores pentámeras en racimos subumbelados terminales, sobre pedúnculos 4—8 mm largos. Hipantio campanulado, 5,2 mm largo hasta el torus. Cáliz irregularmente roto hacia el torus, los lóbulos 8,5 mm largos, pubescentes como el hipantio, ligeramente engrosados a los alrgo de la línea mediana pero con dientes exteriores no desarrollados. Pétalos color «amarillo-salmón», redondos, 13 mm largos. Estambres dimorfos; filamentos 6,4 ó 8,5 mm largos, planos, transfor-mándose en cóncavos hacie el ápice; tecas 8,3 ó 5,3 mm largas, fuertemente comprimi-das en sentido tangencial; conectivo prolongado rectamente hacia el dorso, 2.5 mm acanalado en el lado inferior, soldado al filamento en su base misma, portando un espolón dorsal grande o muy pequeño, anchamente cónico, obtuso o redondeado. Estilo recto, 21 mm largo; estigma truncado.

Prov. Santiago-Zamora, Ecuador, en denso bosque entre Campanas y Arenillas, altitud 2195 m.s.m, Steyermark 53543. La especie contrasta considerablemente con sus afines aparentes de los párrafos anteriores.

Nota: El autor hace referencia a *M. weberbaueri, loxensis, steyermarkii, quintuplinervis, colombiana, boliviensis.*

MERIANIA LOXENSIS Gl. sp. nov. sect. UMBELLATAE

Caules, petioli, folia ad nervos subtus, et hipanthia dense sed tenuiter pubescentes, pilis basi incrassatis barbellatis, apice simplicibus. Dentes exteriores calycis ultra sepala bene producta. Stamina isomorpha; antherae complanatae; conectivum infra thecam in calcar dorsalem tuberculatum elevatum.

Arbusto de 3 metros altura. Tallo, nervaduras de la superficie inferior de la hoja, pecíolos e hipantios ligeramente cinéreos; los pelos delgados, suaves, corvos ascendentes sobre una base alargada, ápera o estrellada. Pecíolos 10—15 cm largos. Hojas fuertes elípticas, hasta 10 cm largas y 5 cm anchas, agudamente penta-plinervadas, densamente estelado-furfuráceas en las nervaduras de la cara inferior, sobre la superficie con pelos muy diminutos, estrellados y ralos, pocos de los pelos terminados en una cerda erecta muy corta. Flores pentámeras, aparentemente solitarias, sobre un pedúnculos de 8 mm largo. Hipantio campanulado, 8 mm largo hasta el torus, de paredes muy gruesas. Tubo del cáliz prolongado, 1—1,5 mm largo, sépalos anchamente ovados, delgados, 3,5 mm largos, agudos; dientes exteriores adnatos cerca al ápice de los sépalos, proyectándose a 3,5—5mm. Pétalos «salmón bermellón profundo», obovados, 27 mm largos. Estambres isomórficos; filamentos fuertemente aplanados; anteras subuladas, tangencialmente aplanadas, 9,4 mm, largas; conectivo prolongado hacia la aprte inferior del dorso como un lomo agudamente estrecho, ampliamente ensanchado directamente debajo de la teca, y por debajo del extremo del filamento, prolongado 3,3 mm en un órgano plano o subcónico, obtuso, fuertemente tuberculado hacia la extremidad. Ovario súpero, 10-costado; estigma truncado.

Prov. de Loja, Ecuador, sotobosque, entre Tambo Cachiyacu, La Entrada, y Nudo de Sabanilla. Steyermark 54468.

* * *

DESFONTAINIACEAE

Por. H. N. Moldenke

DESFONTAINIA STEYERMARKII MOLDENKE sp. nov.

Frutex; ramis ramulisque gracilibus griseis glabris marginatis; nodis annulatis; petiolis glabris paullo marginatis; laminis coriaceis ovato-ellipticis vel ellipticis acutis muticis, ad basin longe cuneato-attenuatis, glabris non conspicue marginatis 4—6 - denticulatis; calyce profundo 5-fido, lobis ovato-lanceolatis glabris; corolla 1,5—1,7 cm longa.

Arbusto, aproximadamente 4 pies alto; ramas y ramillas delgadas, grises, lampiñas, las partes más jóvenes más o menos subtetragonales y marginadas; la corteza se desprende pronto de las partes más viejas; nudos claramente anillados; entrenudos principales 1,5—5 cm largos; hojas decusado-opuestas, numerosas, a menudo con ramillas mucho más pequeñas y diversamente foliadas en sus axilas; pecíolos delgados, 3—8 cm largos, lampiños , ligeramente marginados; hojas coriáceas, intensamente verdes encima, verde claras por debajo, no brillantes, ovado-alípticas o elípticas, agudas y muticas al ápice, longo-cuneato-atenuadas a la base, con dos o tres dientes muticos irregulares a lo largo de cada margen, lampiñas, no revolutas o muy ligeramente revueltas al margen; nervaduras media delgada, plana encima, prominente por debajo; secundarias muy delgadas 3—5 por lado, en su mayor parte, algo oscuras encima o muy ligeramente subimpresas al secarse, conspícuas y prominulentas por debajo; reticulación venosa, por lo general oscura encima o muy ligeramente subimpresa al secarse, solamente las porciones más grandes prominentes por debajo inflorescencia axilar o subterminal, claramente erecta, solitaria; pedúnculos delgados, 1,5—1,8 mm largos, lampiños; cáliz profundaente 5-lobados, lóbulos ovato-lanceolados, 1—1,5 mm largos agudos, lampiños: tubo de la corola cilíndrico, rojo naranja, 1,5—1,7 cm largo, 2—4 mm ancho, bruscamente ensanchado a 6 mm exactamente debajo del limbo, lampiño; lóbulos de la corola elíptico lingulados, amarillo claros, aproximadamente 5 mm largos y 3 mm anchos, subagudos, venosos, lampiños, estilo aproximadamente 2 cm largos, encovardo al ápice, lampiño; fruto elíptico o subgloboso, apiculado, aproximadamente 9 mm largo y 8 mm ancho, lampiño.

El tipo de esta especie fue herborizado por Julián Steyermark (Nr. 54597), en cuyo honor se ha denominado la especie, en declives boscosos a lo largo del río Valladolid, entre Quebrada Honda y Tambo Valladolid, 2000—3000 m.s.m de altitud, Santiago-Zamora, Ecuador en Octubre 12 de 1943, y depositado en el Herbario del Chicago Natural History Museum (folio Nr. 1205653). La especie es sin duda alguna afín de *D. splendens* H. B. K. y *D. spinosa* R. & P., las que difieren en sus hojas mucho más notablemente correoso-coriáceas con largos dientes y márgenes mucho más revueltos, y por sus flores de 2,5—4 cm de longitud.

* * *

CONVOLVULACEAE

Por. H. N. Moldenke

IPOMOEA BATATA f. TRIFIDA MOLDENKE sp. nov.

Hace forma a forma typica speciei foliis profunde tripartitis recedit. Esta forma difiere de la forma típica de la especie, por cuánto tiene todas sus hojas uniformes y profundamete tripartidas o también los lóbulos laterales a veces nuevamente bifurcados. Los lóbulos son oblanceolados, largo-acuminados en el ápice y atenuados hacia la base.

El tipo fue herborizado por Reinaldo Espinosa (Nr. 492), en terrenos cultivados e

marginatis; laminis leviter chartaceis elliptico-ovatis acutis argute serratis, supra parce breviterque pubescentibus, subtus dense breviterque pubescentibus.

Planta leñosa; ramas agudamente tetragonales, puberulentas en pares alternantes a los lados, los ángulos con frecuencia ligeramente marginados, frecuentemente un poco ampliados y anillados en los nudos; entrenudos principales 1,5—4 cm largos; hojas opuestas decusadas; pecíolos delgados, aproximadamente 1 cm largos, casi densamente pubescentes, algo marginados; hojas delgadas acartonadas, elíptico-ovales, 3—4 cm largas (inmaturas?), 1,3—2,5 cm anchas, agudas al ápice, regularmente acuto-aserra-das, casi desde a base hasta el ápice, escasamente corto-pubescentes arriba, densamen-te corto pubescentes por debajo; nervadura media muy delgada, plana arriba, algo prominente debajo; las secundarias muy delgadas, 5 ó 6 por lado, ascendentes; ligeramente arqueadas, planas arriba, muy ligeramente prominentes abajo; inflorescencia terminal; pedúnculos de aproximadamente 3 cm largo, puberulentos, en pares laterales como las ramas; porción florífera de las espigas aproximadamente 20 cm larga después de la antesis; raquis robusta, aproximadamente 4 mm de diámetro, puberulento-estrigulosa en dos lados opuestos, profundamente esculpida en el fruto; brácteas lanceoladas, 5—7 mm largas, gradualmente atenuadas hacia un ápice largo-acuminado, comprimidas o recorvadas después de la antesis diminutamente puberulentas o lampiñas, más o menos ciliadas a lo largo del margen, igualando apenas al cáliz durante la antesis y luego más densamente puberulentas; cáliz aproximadamente 5 mm largo, densamente puberulento; corola violeta oscuro, hipocrateriforme, algo libre del cáliz, tubo aproximadamente 7 mm largo, lampiño.

El tipo de esta especie fue herborizado por mi buen amigo el Dr. Julián A. Steyermark (Nr. 54834), en collados secos, rocosos y desiertos encima de La Toma, alt. 1520—1830 m.s.m, Loja, Ecuador, en Octubre de 1943; está depositado en el Herbario del Chicago Natural History Museum. Me es placentero dedicar esta especie al Dr. Steyermark, quien está realizando una recolección uniforme, espléndida y valiosa en el Sur de los Estados Unidos, América Central y América del Sur.

INDICE ALFABETICO
DE NOMBRES CIENTIFICOS

INDICE DE NOMBRES VERNACULARES